人工智能前沿实践丛书

LlamaIndex 大模型 RAG 开发实践

[罗马尼亚] 安德烈·乔尔基乌（Andrei Gheorghiu） 著
杨 森 秦 婧 宋壬初 译

清华大学出版社
北京

内 容 简 介

本书是一本深入探讨基于 LlamaIndex 和 RAG 技术构建 LLM 应用和智能体的实践指南，旨在帮助读者掌握生成式 AI 的核心技能。本书介绍了 LLM 与 RAG 的概念，阐述了如何通过 LlamaIndex 增强 LLM 的检索、推理与回答能力。此外，本书还涵盖了工作流效率提升、RAG 项目的定制开发与部署、性能追踪与评估技术、智能体构建和提示工程最佳实践等多方面内容。

本书适合各阶段的开发者和生成式 AI 从业者。无论你是初学者还是资深专家，都能从本书中获得宝贵知识和实践经验。

北京市版权局著作权合同登记号 图字：01-2024-4651

Copyright © Packt Publishing 2024.First published in the English language under the title
Building Data Driven Applications with LlamaIndex.
Simplified Chinese-language edition © 2025 by Tsinghua University Press.All rights reserved.

本书中文简体字版由 Packt Publishing 授权清华大学出版社独家出版。未经出版者书面许可，不得以任何方式复制或抄袭本书内容。

本书封面贴有清华大学出版社防伪标签，无标签者不得销售。
版权所有，侵权必究。举报：010-62782989，beiqinquan@tup.tsinghua.edu.cn。

图书在版编目（CIP）数据

LlamaIndex 大模型 RAG 开发实践 /（罗）安德烈·乔尔基乌著；杨淼，秦婧，宋壬初译. -- 北京：清华大学出版社，2025.7. -- (人工智能前沿实践丛书).
ISBN 978-7-302-69708-4
I. TP391
中国国家版本馆 CIP 数据核字第 2025A832J9 号

责任编辑：	贾旭龙
封面设计：	秦　丽
版式设计：	楠竹文化
责任校对：	范文芳
责任印制：	沈　露

出版发行：清华大学出版社
网　　址：https://www.tup.com.cn，https://www.wqxuetang.com
地　　址：北京清华大学学研大厦 A 座　　邮　编：100084
社 总 机：010-83470000　　邮　购：010-62786544
投稿与读者服务：010-62776969，c-service@tup.tsinghua.edu.cn
质量反馈：010-62772015，zhiliang@tup.tsinghua.edu.cn

印 装 者：大厂回族自治县彩虹印刷有限公司
经　　销：全国新华书店
开　　本：185mm×230mm　　印　张：24.75　　字　数：415 千字
版　　次：2025 年 7 月第 1 版　　印　次：2025 年 7 月第 1 次印刷
定　　价：139.00 元

产品编号：107948-01

推荐序一
Preface of Recommendation 1

2022 年末，LlamaIndex（当时称为 GPT Index）起源于一个周末项目。当时只有我一个人在研究 OpenAI 的 API，尝试攻克一个根本性的难题：怎样才能有效地将个人数据与大语言模型（large language model，LLM）连接起来？我对大语言模型的潜力非常着迷，但也深刻认识到它们在处理私有数据或特定领域信息时存在局限性。LlamaIndex 作为为解决这个问题而设计的实验性解决方案，很快在全球开发者中引发共鸣。社区的积极反馈既让我谦卑又充满活力。开发者不只是在使用这个框架，他们还在构建我从未想象过的内容，不断拓展大语言模型与他们自己的数据所能实现的可能性边界。

这种自然增长让我领悟到一些关键的启示：在快速发展的 AI 领域，我们能做的最有价值的事情就是赋能开发者力量。语言模型每周都有新的进展、新的知识检索技术和新的构建 AI 应用模式出现。我们的角色不是制订具体的解决方案，而是提供灵活且强大的工具，使开发者能够实验、创新并构建他们所能想象的各种应用。

这就是为什么我对这本书对中国开发者社区的贡献感到特别兴奋：它体现了开源软件的独特之处——跨越国界、文化和语言的知识共享。作者将我们全面的文档转化为易于理解且实用的指南，这将帮助更多的开发者加入这场创新之旅。在此感谢 Epsilla 团队（Eric、Ricki、Richard）将本书翻译成中文，让更多中国开发者了解并掌握 LlamaIndex。

任何人都可以在 10 分钟内在笔记本电脑中快速搭建一个基本的检索增强生成（retrieval augmented generation，RAG）应用原型，大语言模型与私有数据协同工作所带来的最初的兴奋感是强大而鼓舞人心的。但是要如何构建能够在生产环境中可靠运行、性能良好的大语言模型应用呢？这是一个需要更深层次的理解和谨慎考虑的过程。本书为你提供这一过程所需的关键知识，带你从最初的激动人心的应用原型走向生产就绪的复杂系统。

当阅读这本书时，你不仅会学习如何使用 LlamaIndex，还会学习如何以一种既强大又实用的方式思考构建 AI 应用。你将从构建基于私有数据的问答式智能体开始，但很快就会进展到理解如何构建更复杂的系统。最后，你将具备构建复杂智能体工作流的能力，这些工作流可以采取行动、综合洞察并驱动应用程序的自动化。你将会以深思熟虑的方式将大语言模型与私有数据融合，探索从基本的检索增强生成 RAG 应用，到自主 AI 智能体的这一旅程中所能实现的全部可能性。

感谢你成为这次旅程的一部分，我迫不及待地想看看你会构建什么。

Jerry Liu，LlamaIndex 联合创始人兼首席执行官

推荐序二
Preface of Recommendation II

为什么你应该学 LlamaIndex？

这是我从事软件研发工作的第 29 个年头。从 VB 3.0 开始（感谢罗年珠博士作为我的首位编程老师），每一年都会涌现出新的开发框架和编程语言。坦白地讲，各类框架和语言层出不穷，尽管我在这个领域深耕多年，但依然感到学无止境。在如此多的选择中，为什么我们特别需要学习 LlamaIndex 呢？这里分享三点内容，帮助大家理解其价值。

1. 采用大语言模型 LLM 和 RAG 是未来开发的必然趋势

可以预见，我们正处在一个所有公司和开发者终将会在研发中采用 LLM/RAG 的必然趋势中。这也是我选择加入 LlamaIndex 的重要原因之一。在加入 LlamaIndex 之前，我曾在苹果公司从事软件研发，我们的团队在微信系统上开发了一个服务苹果客户的 Chatbot。虽然这项技术当时相当先进，但自 2023 年 1 月起，我发现这款 Chatbot 提供的所有服务几乎都可以被大语言模型替代。此后，越来越多的软件开发者逐渐意识到 LLM 的巨大价值。从当年开始，硅谷的开发者不断探索和应用 LLM 以取代传统开发，并深入研究如何利用 LLM 解决此前无法实现的编程挑战。这是一个不可阻挡的趋势，因此，了解 LlamaIndex 就如同掌握了一座桥梁和媒介。

2. LlamaIndex 为开发者提供了最便捷的 LLM/RAG 工具

LlamaIndex 最初的设计理念就是专注于开发者体验。除了框架设计，LlamaIndex 还在文档和工具上投入了大量精力，包括 create-llama 工具，使开发者能够快速上手 RAG、LLM 和向量数据库。

3. LlamaIndex 构建的 RAG 社区为开发者提供最新的 LLM/RAG 信息

LlamaIndex 不仅开发了首个基于 RAG 的框架，RAG 技术本身也在不断发展。在服务 LlamaIndex 的过程中，我最大的收获就是通过 RAG 社区每天发现和学习新的知识。来自各个行业的开发者在社区中会分享学术或案例文章，以及他们开发的应用。这里，我们可以看到各种实例和背后的 RAG 系统。LlamaIndex 的开发者们无疑非常幸运，因为大家都能快速接触并吸收关于 LLM/RAG 的最新信息。

时至 2024 年，我们依然处在 LLM 发展的早期阶段。感谢本书作者为广大读者带来前沿信息。无论你是软件开发者，还是仅想了解 LLM 和 AI，我很期待更多的伙伴可以加入 LlamaIndex 的社区。

最后，特别感谢 Eric Yang（杨森）和 Andrei Gheorghiu 为 LlamaIndex 社区的创建和发展所付出的不懈努力。

丁弋，LlamaIndex TS 版初始贡献者

大咖推荐
Recommendations

随着 DeepSeek 大模型的横空出世，犹如"忽如一夜春风来，千树万树梨花开"，大模型从技术圈进入了中国各行各业，几亿中国人开始热情地学习大模型，把大模型应用到生产生活的方方面面。但是，市场上还是缺少一本深入浅出教授开发者简单、高效地使用大模型并将其用于企业信息系统实践的教材，《LlamaIndex 大模型 RAG 开发实践》一书全面系统地讲解了如何结合 LlamaIndex 的强大索引检索能力和 RAG 的高质量回答生成能力来构建高效的智能问答系统。相信本书会成为国内广大大模型开发者、爱好者不可或缺的参考书。

阿呆（赵占祥），畅销书《深入浅出 SSD》作者，云岫资本合伙人兼 CTO

本书以深入浅出的方式，帮助读者了解大模型和 RAG 的理论基础，重点对 LlamaIndex 框架做了详细的分析，既有底层原理的介绍，又有实际应用部署的实例。从如何导入各种异构数据、构建索引和查询数据，到如何优化索引，并构建一个实际场景中的交互式应用，这种从原理到工具再到场景的全面介绍，既适合初探 RAG 的开发者构建系统认知，快速搭建属于自己的 RAG 系统，也能为资深工程师提供架构设计和优化的视角。

陈东，热门课程《检索技术核心 20 讲》作者，哈啰出行资深总监

在 AI 快速迭代的今天，将大语言模型真正落地生产已成为企业的核心竞争力。本书不仅展示了 LlamaIndex 如何连接模型与企业私有数据，更启发开发者跳出基础应用的边界，探索更具创造力的智能体产品。从创新视角到工程实践，本书将助力开发者快速理解产业

趋势，搭建具有实际商业价值的 AI 应用。

陈于思，AI 领域资深投资人，前纪源资本副总裁

如果你的目标是搭建一个生产级的大模型 RAG 应用，那么本书就是你的必读之物。《LlamaIndex 大模型 RAG 开发实践》可以帮助开发者从零构建生产级系统，解决索引管理、检索优化等挑战。书中结合真实案例，详细讲解索引优化、上下文检索和响应合成等关键技术。无论是初学者还是资深专家，这都是一本值得学习和实践的指南。

郭东白，畅销书《架构思维》作者，Coupang 副总裁

本书从生成式 AI 和大语言模型的基础概念讲起，逐步深入到 LlamaIndex 生态，再到具体的 RAG 工作流中的数据整合、索引详解以及索引数据的检索和使用等，内容系统全面。书中不仅有理论的阐述，更有大量实践案例和动手操作指导，如个性化智能辅导系统 PITS 的构建等。对于想要在生成式 AI 领域深入探索大语言模型 RAG 开发的读者来说，本书无疑是一本不可多得的指南，相信你会从中获得启发和收获，推荐大家阅读。

黄哲铿，畅销书《技术人修炼之道》作者，科技媒体"技术领导力"创办人

《LlamaIndex 大模型 RAG 开发实践》为开发者提供了全面的指南，系统地阐述了 LlamaIndex 框架从索引优化到响应合成的技术细节，结合真实案例帮助读者理解并应用检索增强生成技术。书中对架构、性能优化和 AI 智能体构建的深度解析，为每个阶段的开发者提供了清晰的实践路径，是提升 AI 技术能力的重要参考书籍。

蒋纪匀，众安保险 CTO

在快速发展的生成式 AI 领域，《LlamaIndex 大模型 RAG 开发实践》无疑是一盏指路明灯。作为技术出身的创业公司 CEO，我深知找到一本既能深入浅出地讲解复杂概念，又能提供实用指导的书籍是多么不易。本书不仅详细介绍了如何利用 LlamaIndex 框架和检索增强生成技术构建高效的大语言模型应用，还通过丰富的案例和实践经验，帮助读者掌握从数据导入、索引创建到查询优化等关键技能。对于任何希望在这个充满机遇的领域中保持

领先优势的人来说，这都是一本不可多得的好书。它让我看到了将我们的产品推向新高度的可能性，并且提供了实现这一目标所需的工具和知识。强烈推荐给所有渴望在 AI 时代有所建树的技术从业者和创业者们。

蒋孟枝，咕泡科技 CEO

本书为开发者搭建了一座从基础理论到生产落地的桥梁，清晰呈现了如何创造性地将私有数据与大语言模型有效结合。这不仅是一场深入理解 LlamaIndex 工具生态的学习旅程，更是培养"AI 系统化思维"的机会。无论你想构建交互式问答机器人，还是设计更复杂的自主智能体，本书都会帮助你掌握关键技术，启发你探索 AI 应用的边界。期待你用创造力与实践，共同塑造 AI 时代的未来！

孔令杰，CambioML CTO，前谷歌 DeepMind 研究员

RAG 是构建 AI 应用中不可或缺的技术，本书详细地介绍了如何通过 LlamaIndex 框架来落地 RAG，并通过聊天机器人和智能体的案例更全面地展现 RAG 的落地方法，无论是对于想了解在 AI 应用开发中如何落地 RAG 的开发者，还是已经有 RAG 开发经验的开发者，本书都提供了很好的参考和实战指南，是在 AI 时代非常值得常备的一本书。

林昊（毕玄），贝联珠贯创始人兼 CEO， CCF 杰出工程师，前阿里研究员

在生成式 AI 迅速发展的今天，《LlamaIndex 大模型 RAG 开发实践》为开发者提供了一本难得的实践指南。本书系统地介绍了 LlamaIndex 框架和 RAG 技术的理论与实践，通过个性化智能辅导系统这一典型案例，深入浅出地展示了从索引构建、上下文检索到响应合成的全流程开发。感谢杨森老师的精心翻译，让中文读者能够准确理解这些前沿技术。无论是构建企业知识库，还是打造智能客服系统，本书都将是开发者的得力助手。

谢孟军，《Go Web 编程》作者，ThinkInAI 社区发起人，积梦智能 CEO

RAG 是解决 LLM 在生产业务落地中的痛点的关键技术，也是构建业务壁垒的必要手段，LlamaIndex 则是 RAG 技术在生产落地中的"瑞士军刀"。本书是系统化学习 RAG 技术

和 LlamaIndex 框架的指导手册，既有深入的概念解释，也有完整的实战项目演练，提供了详细的技术指导和实践经验。译者深度参与技术社区，翻译精准，并结合国内开发者的需求进行了优化，是推动国内 LLM 应用社区发展的重要一环。

杨晶生，某顶级短视频公司 AI 技术专家

翻开本书，你收获的不仅是构建 AI 应用的密钥——利用 LlamaIndex 和 RAG 将大模型能力应用到实际业务中可落地的解决方案，更是一个与全球顶尖开发者同频共振的契机。愿每位读者都能在此找到属于自己的技术星辰，在生成式 AI 的星海中扬帆远航。

朱黎明，又拍云高级副总裁兼慧星云总经理

中文版序

Preface for the Chinese Edition

当我第一次接触"检索增强生成"（RAG）时，我意识到，这不仅是另一个 AI 技术潮流，它是真正颠覆游戏规则的变革性力量。值得注意，将结构化知识的精准性与生成式 AI 的创造力相结合，这正是 RAG 所做的事情，也是我撰写本书的初衷。有了 LlamaIndex 这一强大的工具包，你将亲身体验到如何轻松构建既具创造力，又可靠且具备事实依据的 AI 应用。

我特别感谢 Eric Yang 和清华大学出版社，正是他们的精心制作，让本书有机会走进中国充满活力的技术社区——一个在全球范围内因其在 AI 领域取得的卓越成就而被认可的社区，从大语言模型的前沿研究到创新应用的不断突破。我要向 Packt 出版社的全体团队成员表示由衷的感谢，感谢他们在整个出版过程中给予的支持与指导。

我希望这本书能够启发、点燃你的项目灵感，并成为你在构建有影响力的 AI 过程中值得信赖的伙伴。让我们共同努力，打造真正突破性的、负责任的 AI。就像昔日那些筑起宏伟城堡的大师工匠一样，我们今天写下的每一行代码，都是用智慧铺设出的未来基石，为更美好的世界而建。

Andrei Gheorghiu

致 谢
Acknowledgments

在过去 6 个月里，为了创作本书，我不得不将全部精力投入其中，这让我遗憾地暂时离开我所爱的人。对于我的家人和朋友，你们的理解和支持，在这漫长的工作时间和无数次修订过程中给予了我力量。

Andreea，你的爱如同明亮的灯塔，指引我前行的道路。致我的女儿 Carla 以及所有年轻的读者们：永远不要停止学习！人生就像一场旅行，有着无数目的地等待着我们去探索，记住，选择权始终掌握在自己手中。致我亲爱的 ITAcademy 的朋友们，你们真的出色极了！感谢你们一直以来的支持！同时，如果没有 Packt 团队的辛勤付出和始终如一的坚持，本书不可能顺利完成。在此，我向参与本书的所有人表示最诚挚的谢意。

Andrei Gheorghiu

作者简介
About the Author

Andrei Gheorghiu 是一位经验丰富的 IT 专业人士和 ITAcademy 的资深培训师，拥有超过 20 年的培训、咨询和审计经验。他拥有 ITIL Master、CISA、ISO2700 Lead Auditor 和 CISSP 等多项认证，这些证书彰显了他在 IT 服务管理、信息安全、IT 治理和审计等领域的深厚造诣。他曾经为数千名学生提供了关于 ERP 和 CRM 系统的实施，以及安全评估和审计的培训。Andrei 对突破性创新充满热情，致力于分享其广博的知识并提供实用的建议，帮助人们在技术不断进步的背景下解决实际问题。作为一名具有前瞻性的教育工作者，Andrei 致力于帮助人们提升技能、重塑技能，以提高他们的工作效率并在 AI 时代保持竞争力。

技术审稿人简介
About the Reviewers

Rajesh Chettiar 专攻 AI 和机器学习，他在机器学习、生成式 AI、自动化和 ERP 解决方案方面拥有超过 13 年的经验。他热衷于追踪 AI 领域的最新进展，并不断精进自己的技能以推动创新。Rajesh 与他的父母、妻子 Pushpa 和儿子 Nishith 一起居住在 Pune。在业余空闲时间，他喜欢与儿子玩耍、与家人一起看电影、驾车出游，还特别喜爱聆听宝莱坞音乐。

Elliot（姜炅浩）参与了 LlamaIndexTS（LlamaIndex 的 TypeScript 版本）部分代码库的编写。截至 2024 年初，他正在积极探索新的生成式 AI 项目，在 GitHub 和 LinkedIn 可联系到他。

  我感谢上帝赐予我的一切。感谢父亲、母亲和双胞胎姐姐的鼎力支持。感谢朋友们的真诚建议助我成长。感谢 LlamaIndex 的 Yi Ding（丁弋），是他引导我进入生成式 AI 的世界。同时也感谢 Yujian Tang（汤宇健），他一直支持开源项目并介绍我认识丁弋。最后，感谢每一位与我交流生成式 AI 的朋友，每天我都能从你们身上学到新的知识。

Srikannan Balakrishnan 是一位经验丰富的 AI/ML 专家和技术作家，热衷于将复杂信息简化。他拥有数据科学背景，特别是 AI/ML 方面的知识，使他能够深入理解主题，并以通俗易懂的方式向非技术背景的读者讲解复杂主题。除了技术能力，他还是一位优秀的沟通者，注重细节。他致力于编写用户友好的文档，帮助读者轻松掌握新概念并自信地驾驭复杂系统。

Arijit Das 是一位经验丰富的数据科学家，拥有超过 5 年的商业经验，曾为美国、英国和欧盟的财富 500 强客户提供基于数据的解决方案。他在金融、银行、物流和人力资源管理方面具有专业知识，在数据科学生命周期的各个阶段都表现出色，从数据收集到模型部署以及 MLOps。他精通监督和无监督机器学习技术，包括自然语言处理（natural language processing，NLP）。目前 Arijit 正专注于在花旗银行推广先进的机器学习实践。

前 言
Preface

穿越了生成式 AI 和大语言模型快速发展所引起的最初热潮，我们得以观察这项技术的优势和局限性。大语言模型是一种多功能且强大的工具，代表自然语言生成（natural language generation，NLG）技术的前沿应用，并推动了多个领域的创新发展。尽管大语言模型潜力巨大，但它也有局限性，如无法访问实时数据、难以辨别真伪、处理长篇文档时难以保持上下文连贯性，以及在推理和事实记忆方面表现出不可预测的错误。检索增强生成技术（retrieval-augmented generation，RAG）试图解决这些问题，而 LlamaIndex 可能是进入这一开发新范式的最简单、最友好的方式。开源框架 LlamaIndex 由一个繁荣且不断壮大的社区推动，它为各种 RAG 场景提供了丰富的工具，这也是本书编写的原因。作者第一次接触 LlamaIndex 框架时，对其全面的官方文档印象深刻。但很快发现，对于初学者来说，众多的选项可能会令人感到不知所措。因此，本书的目标是提供一个适合初学者的指南，帮助读者了解并使用 LlamaIndex 框架的功能。随着对 LlamaIndex 内部机制的深入了解，读者会更加欣赏它的高效性。本书通过简化复杂概念并提供实际案例，旨在确保读者能自信地构建 RAG 应用，同时避免常见的陷阱。

所以，请跟随我们一起踏上探索 LlamaIndex 生态系统的旅程：从理解 RAG 的基础概念到掌握高级技术，读者将学会如何从多样化的数据源导入数据、构建索引和查询数据、创建针对特定需求优化的索引，并构建能够展示生成式 AI 全部潜能的聊天机器人和交互式应用。本书提供了大量实用的代码示例、提示工程最佳实践以及故障排错技巧，这些都将协助读者应对构建基于大语言模型的应用程序并结合私有数据所面临的挑战。在阅读完本书后，读者将拥有使用 LlamaIndex 和 Python 创建强大、交互式、AI 驱动的应用程序所需的所有技能和专业知识。此外，读者还将掌握成本评估、隐私处理和应用部署的技能，助力读者成为生成式 AI 领域备受青睐的技术专家。

适用读者

本书适用于各技术层次的开发者，可助力其深入探索生成式 AI 技术的应用潜能，着重聚焦 RAG 检索增强生成技术体系。本书专为已具备 Python 编程基础且对生成式 AI 有所了解的读者提供系统性的入门指导。

本书核心受众涵盖：

- 初级开发者：如果你刚开始接触 Python 编程，并想踏入生成式 AI 的世界，那么本书将是你的理想选择。本书将带你逐步掌握使用 LlamaIndex 框架构建稳定且富有创意的应用程序的方法，你将了解核心组件、基础工作流和最佳实践，为 RAG 应用开发奠定坚实基础。
- 经验丰富的开发者：针对那些已掌握生成式 AI 核心知识，并希望进一步提升技能的读者，本书深度剖析 LlamaIndex 框架中的模块化设计理念和高级应用主题。你将学会如何运用现有技能开发和部署更为复杂的 RAG 系统，实现功能拓展和 AI 应用场景的多维突破。
- 大语言模型领域的从业者：如果你是想通过数据驱动方案提高效能的专业人员，本书不仅教授理论框架，更赋予你构建完整解决方案的能力。针对技术创新者，本书提供解决复杂问题的方法论体系，助你实现效率和创造力的双重跃升。

本书内容

第 1 章详细介绍生成式 AI 和大语言模型，阐述它们在现代技术中的角色、优势及局限性。本章旨在使读者对 LlamaIndex 所依赖的大语言模型能力有基础认识。

第 2 章从 LlamaIndex 的基本概念出发，逐步介绍其整体框架、生态系统及其如何增强

大语言模型的能力。本章还介绍了 LlamaIndex 动手实践项目——个性化智能辅导系统（personalized intelligent tutoring system，PITS），它将贯穿全书并帮助读者实践所学知识。

第 3 章详细阐述 LlamaIndex 中 RAG 应用的基本构成，如文档、节点、索引和查询引擎等关键组件，并通过典型的工作流程模式和实际案例，带领读者逐步构建 PITS 项目。

第 4 章深入探讨 RAG 工作流程中的数据处理部分，重点讲解如何将私有数据导入 LlamaIndex，特别强调 LlamaHub 连接器的使用。读者将学会如何将文档拆解为逻辑清晰、易于索引的数据块。本章还探讨数据处理流水线、数据隐私保护、元数据提取以及成本估算方法等内容。

第 5 章详细介绍 LlamaIndex 数据索引的相关话题。通过介绍索引的工作原理以及对比多种索引方法，帮助读者根据实际需求选择最合适的技术。此外，本章还介绍分层索引、持久索引存储、成本估算、向量嵌入、向量存储、相似性搜索和存储上下文等内容。

第 6 章详细介绍数据查询的第 1 部分——上下文检索，详细解释 LlamaIndex 中查询数据的机制和各种查询策略及架构，重点介绍检索器的使用。本章涵盖异步检索、元数据过滤器、工具、选择器、检索路由器和查询转换等高级概念，此外还讨论密集检索和稀疏检索等基本范式及其优缺点。

第 7 章深入探讨数据查询的第 2 部分——后处理和响应合成，继续讨论查询机制，重点介绍节点后处理和响应合成器在 RAG 工作流程中的作用。本章还介绍查询引擎的整体构造和输出解析，通过实际操作带领读者使用 LlamaIndex 在 PITS 项目中生成个性化内容。

第 8 章详细介绍如何使用 LlamaIndex 构建聊天机器人和智能体。通过学习聊天机器人、智能体和对话追踪的基础知识，并将这些知识应用于实践项目中，读者将掌握如何利用 LlamaIndex 实现流畅的对话交互、保留上下文和管理自定义检索与响应策略，这些对于打造高效的对话接口至关重要。

第 9 章给出如何定制化 LlamaIndex 项目和部署的详细指南，内容涵盖 RAG 流水线组件的调整方法、Streamlit 部署指引、高级追踪和调试技巧，以及 LlamaIndex 应用评估和微调技术。

第 10 章介绍提示工程技术及其最佳实践，详细讲解提示工程在提升 RAG 流水线效率方面所起到的关键作用，以及提示工程在 LlamaIndex 框架内部的运作机制。通过本章学习，

读者将掌握定制和优化提示工程的诀窍，以充分挖掘 LlamaIndex 的潜力，确保更可靠和个性化的 AI 输出。

第 11 章作为全书的总结，概述 LlamaIndex 框架的主要特点，指出其他相关项目和进阶学习路径，并提供一系列精选附加学习资源供读者进一步探索。

技术需求

读者应具备基本的 Python 编程基础，同时建议拥有使用生成式 AI 模型的相关经验。本书中的所有示例都是专门为本地 Python 环境设计的，因此建议读者的计算机至少预留 20 GB 的存储空间以容纳所需的各种库。

软件/硬件	操作系统需求
Python 版本>= 3.11	Windows 或 Linux
LlamaIndex 版本>= 0.10	

由于本书中的大部分示例都依赖 OpenAI API，读者需要获取一个 OpenAI API 密钥。

阅读本书电子版时，建议动手输入代码或从本书的 GitHub 代码库（稍后将提供链接）获取代码，这有助于避免因复制/粘贴代码而可能出现的错误。

注意，运行本书中依赖 OpenAI API 的代码示例会产生费用。尽管我们已经尽可能优化以减少开支，但作者与出版商概不承担由此产生的费用。此外，使用如 OpenAI 提供的公共 API 时，也请留意相关安全问题。如果读者打算使用自己的私有数据进行实验，请务必提前查阅 OpenAI 的隐私政策。

下载示例代码文件

读者可从 Github 下载本书的代码包，对应网址为 https://github.com/PacktPublishing/Building-Data-Driven-Applications-with-LlamaIndex。该仓库按不同章组织成不同的文件夹。

每章都有一个对应的文件夹 ch<x>，其中<x>代表章编号。名为 PITS_APP 的文件夹包含了贯穿全书的 PITS 项目的源代码。若本书代码有更新，GitHub 仓库也将同步更新。

读者还可以访问 https://github.com/PacktPublishing/ 并从对应分类中查看其他代码包和视频内容。

排版约定

为了帮助用户更好地理解和使用本书，我们采用了以下排版约定。

正文中的代码：表示正文中的代码词、数据库表名、文件夹名、文件名、文件扩展名、路径、虚拟 URL、用户输入和 Twitter 句柄。例如："[…]使用 download_llama_pack() 方法并指定下载位置，例如[…]"。

代码块格式如下。

```
from llama_index.llms.openai import OpenAI
llm = OpenAI(
    api_base='http://localhost:1234/v1',
    temperature=0.7
)
```

当需要特别强调代码块中的某一部分时，该部分将以粗体显示。

```
from llama_index.llms.openai import OpenAI
llm = OpenAI(
api_base='http://localhost:1234/v1',
temperature=0.7
)
```

命令行输入或输出的格式如下。

```
$ pip install llama-index-llms-neutrino
```

粗体：表示一个新术语、一个重要的单词，或者在屏幕上看到的单词。

> 提示或重要注意事项
> 示例。

读者反馈和客户支持

欢迎读者对本书提出建议或意见并予以反馈。

对此，读者可向 c-service@tup.tsinghua.edu.cn 发送邮件，并以书名作为邮件标题。

勘误表

尽管我们希望将此书做到尽善尽美，但其中疏漏在所难免。如果读者发现谬误之处，还望不吝赐教。对此，读者可访问 www.packtpub.com/support/errata，输入并提交相关问题的详细内容。

版权须知

一直以来，互联网上的版权问题从未间断，Packt 出版社对此类问题异常重视。若读者在互联网上发现本书任意形式的副本，请告知我们网络地址或网站名称，我们将对此予以处理。关于盗版问题，读者可以发送邮件至 copyright@packtpub.com。

若读者针对某项技术具有专家级的见解，抑或计划撰写书籍或完善某部著作的出版工作，则可访问 authors.packtpub.com。

目 录
Contents

第一篇　生成式 AI 和 LlamaIndex 入门

第1章　大语言模型入门 ·· 2
1.1　生成式 AI 与大语言模型 ··· 3
　　1.1.1　什么是生成式 AI ··· 3
　　1.1.2　什么是大语言模型 ··· 3
1.2　大语言模型在现代技术中的角色 ··· 5
1.3　大语言模型面临的挑战 ·· 7
1.4　使用 RAG 技术增强大语言模型 ··· 11
1.5　本章小结 ··· 13

第2章　LlamaIndex 生态概览 ·· 14
2.1　技术需求 ··· 14
2.2　优化语言模型——微调、RAG 和 LlamaIndex 的关系 ························· 15
　　2.2.1　RAG 是唯一的解决方案吗 ·· 16
　　2.2.2　LlamaIndex：构建可注入数据的大语言模型应用 ···················· 17
2.3　渐进式揭示复杂性的优势 ·· 19

2.4 实践项目——个性化智能辅导系统 PITS 简介 ·········· 21
2.5 配置开发环境 ·········· 23
   2.5.1 安装 Python ·········· 23
   2.5.2 安装 Git ·········· 24
   2.5.3 安装 LlamaIndex ·········· 25
   2.5.4 注册 OpenAI 获取 API 密钥 ·········· 25
   2.5.5 Streamlit 快速构建和部署应用的理想工具 ·········· 28
   2.5.6 安装 Streamlit ·········· 29
   2.5.7 完成环境配置 ·········· 29
   2.5.8 最终检查 ·········· 30
2.6 熟悉 LlamaIndex 代码仓库的组织结构 ·········· 31
2.7 本章小结 ·········· 33

第二篇　LlamaIndex 从入门到实践

第 3 章　LlamaIndex 入门 ·········· 36
3.1 技术需求 ·········· 36
3.2 LlamaIndex 的核心构建块——文档、节点和索引 ·········· 37
   3.2.1 文档 ·········· 37
   3.2.2 节点 ·········· 41
   3.2.3 手动创建节点 ·········· 42
   3.2.4 从文档中提取节点 ·········· 43
   3.2.5 节点间的关系 ·········· 45
   3.2.6 为什么节点间的关系很重要 ·········· 46
   3.2.7 索引 ·········· 47
   3.2.8 检索和响应合成 ·········· 49
   3.2.9 查询引擎的工作原理 ·········· 50
   3.2.10 快速回顾关键概念 ·········· 51

目　录

3.3　构建第 1 个交互式增强型大语言模型应用 ·· 52
    3.3.1　借助 LlamaIndex 日志特性理解逻辑并调试应用 ······························ 53
    3.3.2　使用 LlamaIndex 定制大语言模型 ·· 54
    3.3.3　三步完成大语言模型定制 ·· 55
    3.3.4　Temperature 温度系数 ··· 56
    3.3.5　如何使用 Settings 用于定制 ·· 58
3.4　动手实践——构建个性化智能辅导系统 PITS ··· 59
3.5　本章小结 ·· 64

第 4 章　RAG 工作流中的数据整合 ·· 65

4.1　技术需求 ·· 65
4.2　通过 LlamaHub 导入数据 ·· 66
4.3　LlamaHub 概述 ··· 67
4.4　使用 LlamaHub 数据读取器导入内容 ·· 68
    4.4.1　从网页导入数据 ·· 69
    4.4.2　从数据库导入数据 ·· 70
    4.4.3　从多种文件格式的数据源批量导入数据 ·································· 72
4.5　将文档解析为节点 ·· 76
    4.5.1　简单的文本切分器 ·· 76
    4.5.2　高级的节点解析器 ·· 79
    4.5.3　节点关系解析器 ·· 82
    4.5.4　节点解析器和文本切分器的区别 ·· 83
    4.5.5　理解 chunk_size 与 chunk_overlap ··· 84
    4.5.6　使用 include_prev_next_rel 包含关系 ·· 85
    4.5.7　节点生成的三种实践方式 ·· 86
4.6　善用元数据优化上下文理解 ·· 88
    4.6.1　摘要提取器 ·· 90

XXI

- 4.6.2 问答提取器 ····· 91
- 4.6.3 标题提取器 ····· 92
- 4.6.4 实体提取器 ····· 92
- 4.6.5 关键词提取器 ····· 94
- 4.6.6 Pydantic 程序提取器 ····· 95
- 4.6.7 Marvin 元数据提取器 ····· 95
- 4.6.8 自定义提取器 ····· 96
- 4.6.9 元数据越多越好吗 ····· 97
- 4.7 元数据提取的成本评估 ····· 98
  - 4.7.1 遵循最佳实践以最小化成本 ····· 98
  - 4.7.2 在真正运行前评估最大成本 ····· 99
- 4.8 通过元数据提取器保护隐私 ····· 101
- 4.9 通过数据导入流水线提高效率 ····· 104
- 4.10 处理包含文本和表格数据的文档 ····· 109
- 4.11 动手实践——将学习资料导入 PITS 项目 ····· 110
- 4.12 本章小结 ····· 112

第5章 LlamaIndex 索引详解 ····· 113

- 5.1 技术需求 ····· 113
- 5.2 索引数据概览 ····· 114
- 5.3 理解 VectorStoreIndex ····· 116
  - 5.3.1 VectorStoreIndex 使用示例 ····· 116
  - 5.3.2 理解向量嵌入 ····· 118
  - 5.3.3 理解相似度搜索 ····· 120
  - 5.3.4 LlamaIndex 如何创建向量嵌入 ····· 124
  - 5.3.5 如何选择合适的嵌入模型 ····· 125
- 5.4 索引持久化和重用 ····· 127

目 录

　　　5.4.1　理解存储上下文···128
　　　5.4.2　向量存储和向量数据库的区别·······························131
　5.5　LlamaIndex 的其他索引类型···132
　　　5.5.1　摘要索引···132
　　　5.5.2　文档摘要索引···134
　　　5.5.3　关键词表索引···136
　　　5.5.4　树索引··139
　　　5.5.5　知识图谱索引···143
　5.6　使用 ComposableGraph 构建组合索引·······························146
　　　5.6.1　ComposableGraph 的基本使用································147
　　　5.6.2　ComposableGraph 的概念解释································148
　5.7　索引构建和查询的成本评估··149
　5.8　动手实践——为 PITS 项目的学习资料构建索引·················154
　5.9　本章小结··156

第三篇　索引数据的检索和使用

第 6 章　数据查询——上下文索引···158
　6.1　技术需求··158
　6.2　查询机制概述···159
　6.3　基本检索器的原理··160
　　　6.3.1　向量存储索引检索器··161
　　　6.3.2　摘要索引检索器···163
　　　6.3.3　文档摘要索引检索器··166
　　　6.3.4　树索引检索器···168
　　　6.3.5　关键词表索引检索器··172
　　　6.3.6　知识图谱索引检索器··174

XXIII

	6.3.7	检索器的共同特点	178
	6.3.8	检索机制的高效使用——异步操作	178
6.4	构建更高级的检索机制		179
	6.4.1	朴素的检索方法	180
	6.4.2	实现元数据过滤器	180
	6.4.3	使用选择器实现更高级的决策逻辑	184
	6.4.4	工具的重要性	186
	6.4.5	转换和重写查询	188
	6.4.6	生成更具体的子查询	190
6.5	密集检索和稀疏检索		193
	6.5.1	密集检索	193
	6.5.2	稀疏检索	194
	6.5.3	在 LlamaIndex 中实现稀疏检索	196
	6.5.4	探索其他高级检索方法	199
6.6	本章小结		200

第7章 数据查询——后处理和响应合成 ... 201

7.1	技术需求		201
7.2	后处理器——对节点进行重排、转换和过滤		202
	7.2.1	探索后处理器如何对节点进行过滤、转换和重排	203
	7.2.2	相似度后处理器	205
	7.2.3	关键词节点后处理器	207
	7.2.4	前后节点后处理器	209
	7.2.5	长文本记录后处理器	210
	7.2.6	隐私信息屏蔽后处理器	211
	7.2.7	元数据替换后处理器	212
	7.2.8	句子嵌入优化后处理器	214
	7.2.9	基于时间的后处理器	215

目 录

  7.2.10 重排后处理器 ·· 217
  7.2.11 关于节点后处理器的小结 ·· 222
 7.3 响应合成器 ·· 222
 7.4 输出解析技术 ·· 226
  7.4.1 使用输出解析器提取结构化输出 ··· 227
  7.4.2 使用 Pydantic 程序提取结构化输出 ·· 231
 7.5 查询引擎的构建和使用 ·· 232
  7.5.1 探索构建查询引擎的各种方法 ·· 232
  7.5.2 查询引擎接口的高级用法 ·· 234
 7.6 动手实践——在 PITS 项目中构建测验 ··· 241
 7.7 本章小结 ·· 244

第8章 构建聊天机器人和智能体 ··· 246

 8.1 技术需求 ·· 246
 8.2 理解聊天机器人和智能体 ·· 247
  8.2.1 聊天引擎 ChatEngine ··· 249
  8.2.2 不同的聊天模式 ··· 251
 8.3 在应用中实现自主智能体 ·· 261
  8.3.1 智能体的工具和 ToolSpec 类 ·· 261
  8.3.2 智能体的推理循环 ··· 264
  8.3.3 OpenAI 智能体 ··· 266
  8.3.4 ReAct 智能体 ··· 271
  8.3.5 如何与智能体互动 ··· 273
  8.3.6 借助实用工具提升智能体 ·· 273
  8.3.7 使用 LLMCompiler 智能体处理更高级的场景 ······························· 278
  8.3.8 使用底层智能体协议 API ·· 281
 8.4 动手实践——在 PITS 项目中实施对话追踪 ··· 284

8.5 本章小结 289

第四篇 定制化、提示工程与总结

第9章 LlamaIndex 项目定制与部署 292
9.1 技术需求 292
9.2 定制 RAG 组件 293
    9.2.1 LLaMA 和 LLaMA 2 推动开源领域变革 294
    9.2.2 使用 LM Studio 运行本地大语言模型 295
    9.2.3 使用 Neutrino 或 OpenRouter 等服务智能路由大语言模型 302
    9.2.4 自定义嵌入模型 304
    9.2.5 利用 Llama Packs 实现即插即用 305
    9.2.6 使用 Llama CLI 307
9.3 高级追踪和评估技术 309
    9.3.1 使用 Phoenix 追踪 RAG 工作流 310
    9.3.2 评估 RAG 系统 313
9.4 利用 Streamlit 进行部署 320
9.5 动手实践——部署指南 322
9.6 本章小结 328

第10章 提示工程指南和最佳实践 330
10.1 技术需求 330
10.2 为什么提示词是秘密武器 331
10.3 理解 LlamaIndex 如何使用提示词 334
10.4 自定义默认提示词 337
10.5 提示工程的黄金法则 342
    10.5.1 表达的准确性和清晰度 342

10.5.2　提示的指导性 ·· 342
　　10.5.3　上下文质量 ·· 343
　　10.5.4　上下文数量 ·· 343
　　10.5.5　上下文排列 ·· 344
　　10.5.6　输出格式要求 ·· 344
　　10.5.7　推理成本 ··· 345
　　10.5.8　系统延迟 ··· 345
　　10.5.9　选择适合任务的大语言模型 ··· 345
　　10.5.10　创造有效提示词的常用方法 ··· 349
10.6　本章小结 ·· 352

第11章　结论与附加资源 ·· 353
11.1　其他项目和深入学习 ·· 353
　　11.1.1　LlamaIndex 示例集合 ·· 354
　　11.1.2　Replit 任务和挑战 ·· 357
　　11.1.3　LlamaIndex 社区的力量 ··· 358
11.2　要点总结、展望和勉励 ··· 359
　　11.2.1　生成式 AI 背景下 RAG 的未来展望 ··································· 360
　　11.2.2　一段值得深思的哲理分享 ··· 363
11.3　本章小结 ·· 364

第一篇
生成式 AI 和 LlamaIndex 入门

本篇对生成式 AI 和大语言模型的基本概念进行介绍，详细阐述它们能够生成类人文本的能力及存在的局限性。随后，本篇深入探讨检索增强生成 RAG 技术，揭示它是如何通过增强大语言模型的准确度、推理能力和相关性有效地克服大语言模型固有的局限性。本篇进一步分析了 LlamaIndex 如何利用 RAG 技术，将大语言模型的广泛知识与私有数据相结合，从而显著提升交互式 AI 应用的潜力。

本篇内容包含以下 2 章。

- 第 1 章　大语言模型入门。
- 第 2 章　LlamaIndex 生态概览。

第1章
大语言模型入门

对于正在阅读本书的读者，想必已经对大语言模型有所了解，并且已经认识到大语言模型的应用潜力以及所存在的问题。针对大语言模型所面临的挑战，本书提供了一份实践指南，旨在帮助读者使用 LlamaIndex 构建基于数据驱动的大语言模型应用。这份实践指南从基础概念出发，带领读者逐步深入至高级技术，特别是如何运用检索增强生成技术创建由外部数据增强的高性能交互式 AI 系统。

本章将引导读者认识生成式 AI 和大语言模型，阐述在大规模数据集上训练后，大语言模型是如何生成文本的。同时，本章还将探讨大语言模型的能力及其局限性，例如由于知识更新不及时可能导致的信息失真，以及推理能力不足的问题。随后，读者将了解检索增强生成技术作为改进方案，通过索引数据的检索模型与生成模型相结合，以提高事实准确性、逻辑推理能力和上下文相关性。通过本章的学习，读者将对大语言模型有基本认识，并了解 RAG 技术是一种有效弥补大语言模型缺陷的方法，为后续实际应用奠定基础。

本章将涵盖以下主要内容。
- 生成式 AI 与大语言模型。
- 大语言模型在现代技术中的角色。
- 大语言模型面临的挑战。
- 使用 RAG 技术增强大语言模型。

1.1 生成式 AI 与大语言模型

在深入探讨 LlamaIndex 之前，建立必要的背景知识并熟悉生成式 AI 和大语言模型是十分重要的。为了确保信息完整，本节将简要回顾一些基础知识。若读者对此已有了解，可略过本节内容。

1.1.1 什么是生成式 AI

生成式 AI 指的是能够生成新内容（如文本、图像、音频或视频）的人工智能系统。不同于那些专为特定任务（如图像分类或语音识别）设计的专业 AI 系统，生成式 AI 模型能够创造全新的内容，这些内容通常很难与人类创造的作品区分开来。

这些系统运用了机器学习（machine learning，ML）技术，尤其是基于海量数据训练的神经网络（neural networks，NNs）。通过学习训练数据中的模式和结构，生成式模型能够捕捉数据背后的概率分布特征，并从这个分布中提取样本生成新的内容。换句话说，它们就像大型预测引擎，可以根据所学的知识生成新的内容。

接下来，我们将聚焦于生成式 AI 领域中最受关注的一个分支——大语言模型。

1.1.2 什么是大语言模型

在生成式 AI 中，基于大语言模型的自然语言生成是发展迅速且最为突出的分支之一，如图 1.1 所示。

大语言模型是一种经过特殊设计和优化的神经网络，旨在理解和生成人类语言。它们之所以称为"大"，是因为这类模型是在数十亿甚至数万亿单词的海量文本数据上训练而成的，这些文本来自互联网和其他数据源。较大的模型在基准测试中表现出更高的性能、更强的泛化能力和新的涌现能力。与早期基于规则的生成系统不同，大语言模型最显著的特点在于它能生成既新颖又自然的文本内容。

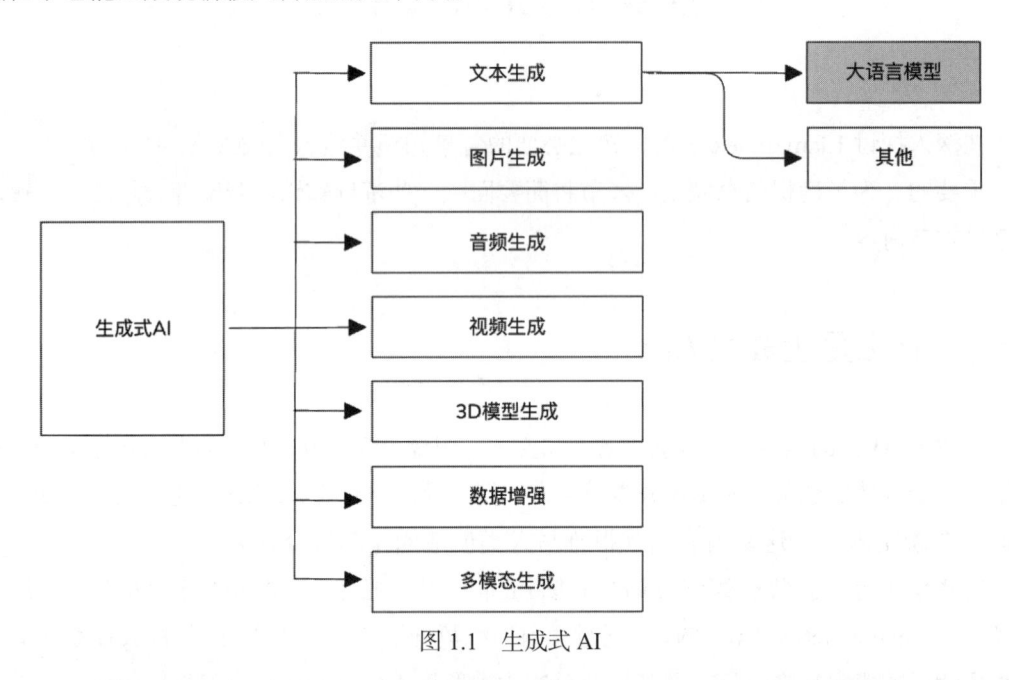

图 1.1　生成式 AI

通过多种数据源学习模式，大语言模型掌握了从训练数据中发现的多种语言技能：从细致入微的语法到特定话题的知识，甚至包括基本的常识推理。这些学习到的模式使大语言模型能够根据上下文合理地延续或补充人类书写的文本。随着技术的不断进步，大语言模型正在开启大规模自动化生成自然语言内容的新篇章。

在训练过程中，大语言模型逐步从其庞大的训练数据集中学习词语间的概率关系及语言结构的规则。训练完成后，它们能够通过预测序列中下一个词出现的概率生成极为接近人类书写风格的文本，这种预测是基于前面的单词序列。很多时候，大语言模型生成的文本如此自然，几乎可以以假乱真，这不禁让人联想到：人类是否只是一个类似但更为复杂的预测机器呢？但这又是另一个话题了。

其中一项关键的架构创新是 Transformer（即 GPT 中的 T），它引入了注意力机制学习词语间的上下文关系。注意力机制使得模型能够捕捉文本中的长距离依赖关系，这就像我

们在对话中仔细倾听上下文以理解整体意思一样。这意味着 Transformer 不仅能理解相邻词语的关系，还能把握句子或段落中相隔较远词语之间的联系。

注意力机制允许模型在进行预测时专注于输入序列中相关部分，从而识别数据中的复杂模式和依赖关系。因此，这一特性使得大型 Transformer 模型（具有大量参数并基于大规模数据集训练）展现出惊人的新能力，比如上下文学习——它们仅需几个示例便能在提示下完成任务。想要深入了解 Transformer 和生成式预训练 Transformer（generative pre-trained Transformer，GPT）的原理，可以参阅 Alec Radford，Karthik Narasimhan，Tim Salimans 和 Ilya Sutskeve 编写的 *Improving Language Understanding with unsupervised learning*（`https://openai.com/research/language-unsupervised`）。

表现最好的大语言模型（如 GPT-4、Claude 2.1 和 Llama 2）包含数万亿个参数，并利用先进的深度学习（deep learning，DL）技术在互联网级别的数据集上训练而成。这些模型拥有广泛的词汇量和丰富的语言结构（如语法和词法）知识，以及关于世界的丰富知识。凭借这些特点，大语言模型能够生成连贯、语法正确且语义相关的文本。虽然有时它们的输出并不总是完全合乎逻辑或事实准确性，但通常读起来非常真实，仿佛出自人类之手。然而，模型的性能并非仅由规模决定，数据质量、训练算法等因素同样至关重要。

许多模型都提供了用户界面，允许用户通过输入提示生成响应。此外，部分模型还提供了 API，方便开发人员能够以编程方式调用模型。在本书后续章节中，我们将重点关注这种交互方式。

接下来将探讨大语言模型是如何在技术领域带来重大变革的。大语言模型带来的好处不仅限于大型公司，也惠及到每一个人。如果读者对此感兴趣，不妨继续阅读以了解更多。

1.2 大语言模型在现代技术中的角色

我们确实生活在一个充满机遇的时代。对于中小企业和创业者而言，从未有过比现在更有利的时期。得益于大语言模型技术的强大潜能，这种技术并没有被大型企业或政府垄

断，而是广泛普及，使得几乎每个人都能够实现自己的创意，解决过去看似需要大量资源才能攻克的难题。

大语言模型对几乎所有行业的潜在影响是巨大的。虽然有人担忧这项技术可能会替代人类的工作，然而，技术的目的是让生活变得更轻松，接管重复性任务。我们可以继续从事原本的工作，只不过借助大语言模型，我们做事效率更高、质量也更好。我们将能够以更少的投入获得更多的产出。

可以说，大语言模型已成为自然语言生成技术的基石。它们已经被应用于聊天机器人、搜索引擎、编程助手、文本摘要工具等各类能够交互或自动合成文字的应用中。随着数据集和模型规模的扩大，大语言模型的能力也在快速提升。

此外，还有一类称为智能体的自动化系统，它们不仅能够感知并解析数字环境中的信息，还能据此做出决策并采取行动。在大语言模型的支持下，智能体可以处理复杂问题，彻底改变我们与科技的互动方式。我们将在第 8 章进行更深入的探讨。

尽管大语言模型出现的时间不长，它已展现出非凡的多样性和强大力量。凭借恰当的方法和引导，大语言模型可以在大规模应用场景中发挥积极效用。大语言模型正在推动多个领域的创新，随着其生成能力的不断发展，它们的能力也在从细腻对话扩展到多模态智能技术。目前，大语言模型推动的跨行业的技术创新浪潮仍在持续加速，且未见减缓现象。

Gartner 技术成熟度曲线模型，作为技术领导者的战略指南，不仅助力评估新技术的价值，还兼顾了组织的特定需求与目标（https://www.gartner.com/en/research/methodologies/gartner-hype-cycle）。

鉴于当前大模型的采纳趋势，它正稳步进入复苏期，并即将迎来生产成熟期——标志着主流应用的加速增长阶段（参见图 1.2）。企业对大语言模型的应用日益注重实际效益，聚焦于那些能够最大化其价值的特定场景。然而，与其他更具体的技术不同，大语言模型更类似于新型基础设施的一部分：一个孕育新概念、催生革命性应用的生态系统。

这正是大语言模型真正的潜力所在，也是掌握并运用它们所带来的机遇的最佳时机。

在深入探讨可能最大化大语言模型潜力的创新解决方案之前，我们不妨先审视一下所面临的挑战与限制。

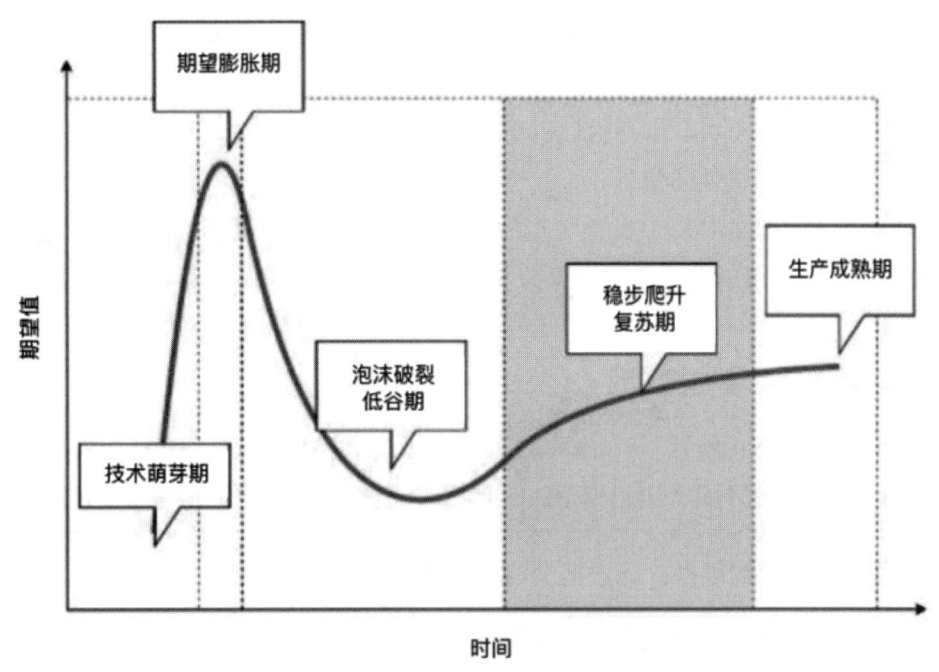

图 1.2　Gartner 技术成熟度曲线

1.3　大语言模型面临的挑战

并非所有关于大语言模型的报道都是积极的。我们同样需要审视其所面临的挑战。

大语言模型确实有其显著的局限性，并且引发了某些间接影响。以下列举了一些较为突出的问题，但需要明确的是，本清单并不全面，所列项目并无优先级之分，可能尚有其他未被提及的问题。

1. 大语言模型的局限性：缺乏实时数据访问能力

由于大语言模型是在静态数据集上训练的，这意味着它们掌握的信息仅限于数据训练

的时间范围内,这可能导致它们无法涵盖最新的新闻、科学研究成果或社会动态。

对于需要实时或最新信息的用户而言,这一局限性尤为重要。大语言模型可能会提供过时或不相关的信息。此外,即便它们引用了数据或统计数据,这些数字也可能已经发生变化,从而可能导致误导性的信息。

这种无法实时更新的特点也表明,大语言模型本身并不适合处理诸如实时客户服务查询这样的任务,因为这些任务可能需要实时访问用户数据、库存水平、系统状态等最新信息。

> **注意**
> OpenAI 最近引入的特性,例如,允许底层的大语言模型与 Bing 集成,可从互联网检索新鲜的上下文,这不是大语言模型的固有特性,而是 ChatGPT 界面提供的增强功能。

2. 大语言模型的局限性:无法区分事实与虚假信息

在缺乏适当监控的情况下,大语言模型可能会生成令人信服的错误信息。注意,这并不是它故意为之,而是因为大语言模型本质上是在寻找能够组合在一起的词语序列。

如图 1.3 所示,它展示了 GPT-3.5 模型早期版本生成错误信息的一个例子。

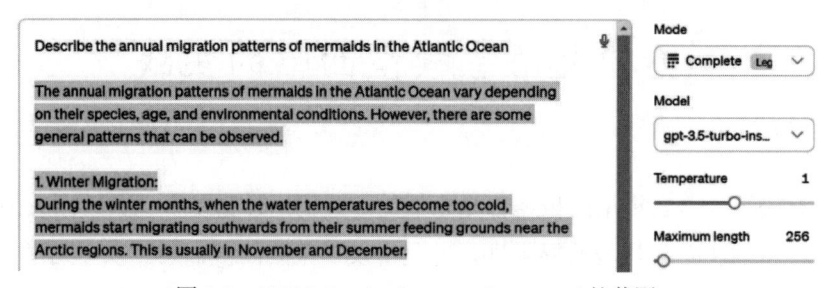

图 1.3　GPT 3.5-turbo-instruct playground 的截图

由于大语言模型是通过随机方式生成文本的,其输出无法保证总是合乎逻辑、事实准确或完全无害。此外,训练数据中固有的倾向性也可能会影响模型,导致大语言模型可能会在没有任何提示的情况下生成有害、错误或无意义的内容。值得注意的是,训练数据中有时会包含网络讨论中的负面元素,这增加了大语言模型放大有害偏见和有毒内容的风险。

> **注意**
>
> 尽管在实验性的环境中使用旧版 AI 模型可能比较容易产生这类结果,但 OpenAI 的 ChatGPT 采用更新的模型并引入额外安全措施,这使得此类情况出现的可能性大大降低。

3. 大语言模型在处理长文档时难以维持上下文连贯性与记忆

尽管标准大语言模型在进行主题讨论或简短问答会话时表现出色,但一旦超出其上下文窗口的限制,用户将很快会察觉到它的局限性:模型难以保持对话的连贯性,可能会遗漏对话或文档早期部分的关键信息。这会导致响应变得支离破碎或不完整,无法充分应对长篇讨论或深入分析的复杂问题,这就像一个人遭遇短期记忆丧失一样。

> **注意**
>
> 尽管最近发布的 AI 模型,比如 Anthropic 的 Claude 2.1 和谷歌公司的 Gemini Pro 1.5 在上下文窗口方面都有了显著提升,但从成本角度考虑,让模型处理整本书并在如此大的上下文中进行推理可能会非常昂贵。

4. 大语言模型在推理和事实记忆方面可能产生不可预测的错误

例如,图 1.4 展示了一个典型的逻辑推理问题,即使是像 GPT-4 这样的较新模型来说,这个问题也颇具挑战性。

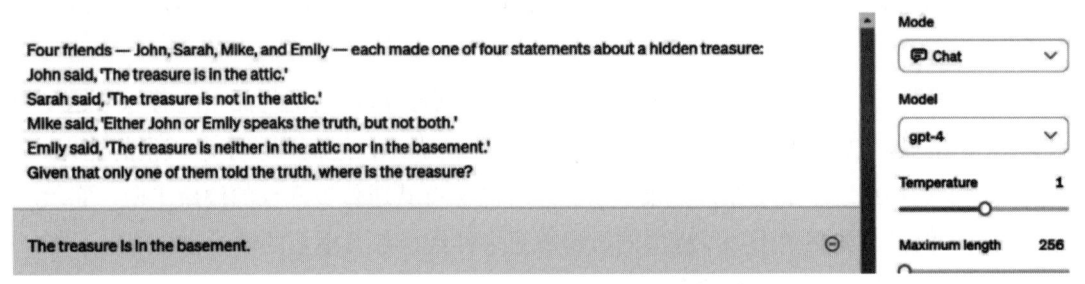

图 1.4 GPT-4 playground 的截图

在这个例子中,大语言模型的答案是错误的,因为唯一合理的情景是艾米丽说的是真

话。这意味着宝藏既不在阁楼，也不在地下室。

除了生成流畅的文本，大语言模型的其他能力仍然不稳定且有限。如果盲目地信任它们的输出而不持怀疑态度，则会很容易引入错误。

5. 大语言模型的复杂性降低了其工作原理的透明度

由于缺乏可解释性，审查问题或准确理解这些模型在何种情况下及为什么会失效将变得困难。我们仅能看到最终的输出结果，却难以知晓生成该结果的具体决策过程或基于的事实依据。因此，为了应对有偏差、虚假或危险输出带来的风险，大语言模型仍需谨慎管理和监督。

6. 大语言模型目前尚不能被视为真正的可持续技术

大语言模型庞大的规模不仅使训练成本昂贵，而且由于巨大的计算需求，对环境造成了显著负担。这种影响不仅体现在训练阶段，也体现在日常使用中。据估计，ChatGPT 一次会话中 20～50 次查询的水消耗量约为 500 毫升（https://www.cutter.com/article/environmental-impact-large-language-models）。这一数字不容忽视。考虑到用户为了从大语言模型获得满意答案而进行的无数次尝试，以及无数用户每分钟都在练习提示工程技术，这种资源消耗的影响是相当大的。

7. 大语言模型正迅速成为大量机器生成文本的来源

预测表明，这种趋势将导致机器生成的文本几乎完全替代人类创作的内容，参考 Brown 等人的 *Language Models are Few-Shot Learners*（https://arxiv.org/abs/2005.14165）。

在某种程度上，这意味着大语言模型可能会成为自身成功的牺牲品。随着越来越多的数据由 AI 生成，这些数据反过来会逐渐污染新模型的训练，进而削弱了新模型的能力。

类似于生物系统中的现象，如果一个生态不能保持其遗传多样性的健康平衡，它就会逐渐衰退。同样，如果用于训练模型的数据缺乏多样性，那么模型的质量也会随之下降。

最后，让我们分享一个好消息。

事实上，存在至少一种解决方案可以部分解决上述提到的几乎所有问题。语言模型与

操作系统在很多方面有着惊人的相似之处。它提供了构建应用程序的基础平台。就像操作系统负责管理硬件资源并向计算机程序提供服务一样，大语言模型则管理语言资源，并为各类自然语言处理任务提供支持。我们通过提示与这些模型互动，这有点像用汇编语言编写代码，这是一种较为底层的交互方式。但是正如你将很快了解到的，还有更高级、更实用的方法充分挖掘大语言模型的潜力。

接下来，我们将介绍一种名为检索增强生成的技术。

1.4 使用 RAG 技术增强大语言模型

RAG 这一术语首次出现在 2020 年的一篇论文中，由 Meta 公司的研究人员 Lewis Patrick 等人撰写，题为 *Retrieval-Augmented Generation for Knowledge-Intensive NLP Tasks*（https://arxiv.org/abs/2005.11401）。检索增强生成是一种结合了检索方法和生成模型的技术，旨在提高回答用户问题的效率，其核心思想是：首先根据用户的查询，从专有知识库的索引数据中检索出相关信息，然后再利用这些检索到的上下文信息通过模型生成更加丰富、准确的响应，具体过程可参见图 1.5。

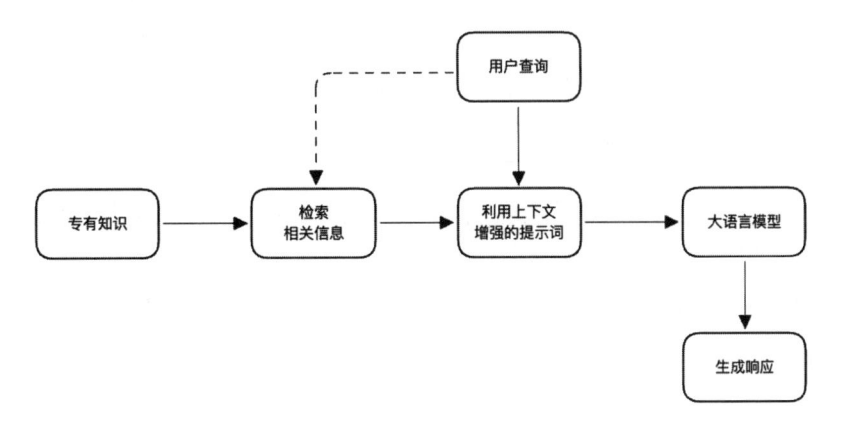

图 1.5　RAG 模型示意图

接下来，探讨 RAG 在实际应用中的几个主要优势。

- **更好的事实保留**：RAG 的一个显著优势在于它能从特定的数据源中提取信息，从而提高事实保留的准确性。相比于单纯依赖生成模型自身的知识——通常是泛化信息——RAG 通过引用外部文档构建答案，这增加了信息准确的可能性。
- **改进的推理能力**：RAG 通过检索步骤能获取与问题直接相关的特定信息。这通常会使推理过程逻辑清晰、连贯，有助于克服大语言模型在处理复杂推理时的局限性。
- **上下文相关性**：RAG 根据用户查询从外部数据源检索信息，因此它可以提供比仅依赖模型自身知识更准确的上下文信息。此外，用户还可以获得模型对答案中使用的知识来源的具体引用。
- **减少信任问题**：尽管不能完全避免错误，但 RAG 的混合方法在理论上减少了生成完全错误或无意义回答的可能性。这提高了用户收到有效输出的几率。
- **可验证性**：在 RAG 架构中，通过建立机制提供生成响应所依据的原始信息参考，通常可以更容易地验证检索文档的可靠性。这一步骤有助于提高模型行为的透明度和可信度。

> **注意**
>
> 尽管 RAG 技术显著提升了大语言模型的性能和可靠性，但它并不能完全避免模型偶尔提供错误或令人困惑的答案。不存在一劳永逸的解决方案能够彻底消除所有上述问题。因此，仔细检查和评估模型的输出仍然是明智做法。我们将在本书后续章节中介绍一些具体的方法进行验证。正如你可能已经了解或猜到的，LlamaIndex 是利用 RAG 技术增强大语言模型应用程序的众多方法之一，并且效果卓越。

虽然一些大语言模型的提供商已经开始在其 API 中集成 RAG 组件，例如 OpenAI 的 Assistants 功能，但采用像 LlamaIndex 这样的独立框架将提供更多的定制化选项。此外，它还支持本地部署模型，实现了自主可控的解决方案，从而显著降低了与托管模型相关的成本和隐私问题。

1.5 本章小结

本章简要介绍了生成式 AI 和大语言模型，并探讨了大语言模型的工作能力及其局限性。关键在于，尽管大语言模型非常强大，但它们也存在不足之处，如可能产生虚假信息和推理能力有限等问题，这些问题需要通过特定的技术手段来缓解。对此，我们讨论了 RAG 作为一种克服某些大语言模型局限性的方法。

这些内容为我们提供了实用的背景知识，帮助读者在实际应用大语言模型时能够充分考虑其潜在风险并认识到采用 RAG 等技术的重要性，以此改善大语言模型的性能和可靠性。

第 2 章将探索 LlamaIndex 生态系统。LlamaIndex 提供了一个高效的 RAG 框架，用于增强大语言模型，通过索引数据以获得更准确、更合乎逻辑的输出。学习如何利用 LlamaIndex 工具将是熟练掌握大语言模型的关键一步。

第2章
LlamaIndex 生态概览

相信读者已经对大语言模型有了深入的理解，并了解了它们的能力以及局限性。在本章中，我们将探讨如何利用 LlamaIndex 实现检索增强型生成 RAG，以弥合大语言模型在通用知识和个人私有数据之间的差距。

本章将涵盖以下主要内容。
- 优化语言模型——微调、RAG 和 LlamaIndex 的关系。
- 渐进式揭示复杂性的优势。
- 实践项目——个性化智能辅导系统 PITS 简介。
- 配置开发环境。
- 熟悉 LlamaIndex 代码仓库的组织结构。

2.1 技术需求

要完成本章的内容，读者需要准备以下工具。
- Python 3.11：`https://www.python.org/`。

- Git：https://git-scm.com/。
- LlamaIndex：https://github.com/run-llama/llama_index。
- OpenAI 账户和 API 密钥[①]。
- Streamlit：https://github.com/streamlit/streamlit。
- PyPDF：https://pypi.org/project/pypdf/。
- DOC2Txt：https://github.com/ankushshah89/python-docx2txt/blob/master/docx2txt/docx2txt.py。

本章的所有示例代码都可以在本书配套的 GitHub 仓库的 ch2 子文件夹中找到：https://github.com/PacktPublishing/Building-Data-Driven-Applications-with-LlamaIndex。

2.2　优化语言模型——微调、RAG 和 LlamaIndex 的关系

在第 1 章中，我们介绍了基础大语言模型存在的一些固有限制，例如其知识更新滞后，且可能生成不合理或不符合常识的回答。我们也初步探讨了 RAG 作为一种可行方案用于改善这些问题。通过结合提示工程技术和程序化手段，RAG 能够在一定程度上弥补大语言模型的不足。

> **什么是提示工程**
>
> 提示工程指的是构造能够被生成式 AI 模型有效理解和处理的输入内容。这些提示通常以自然语言形式呈现，用于明确告知 AI 需要完成的具体任务。我们将在第 10 章对此进行详细探讨。

[①] 译者注，对于国内的读者，建议使用 DeepSeek 提供的 API，申请地址为 https://platform.deepseek.com/api_keys。

2.2.1　RAG 是唯一的解决方案吗

当然不是。另一种方法是对 AI 模型进行微调，即利用专有数据对大语言模型进行额外训练，并嵌入新数据。这种方法是在一个通用数据集预训练过的基础模型上，继续进行更专业的数据集训练。这个专业数据集可以根据感兴趣的特定领域、语言或任务进行定制，最终得到一个既能保持广泛知识又能掌握特定领域专业知识的模型。图 2.1 展示了微调过程的示意图，供读者参考。

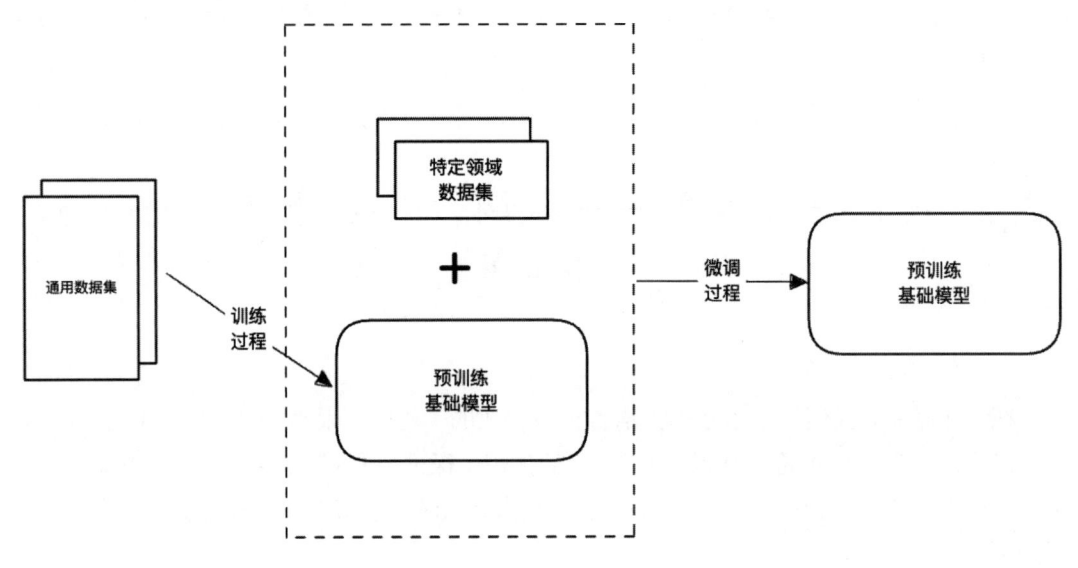

图 2.1　大语言模型微调过程

微调可以提高性能，但也存在如成本高、需要大量数据集，以及难以更新信息等缺点。此外，微调还会永久性地改变原始 AI 模型，这使得它不适用于个性化场景。这里，可以将原始 AI 模型比作一道受欢迎菜肴的经典配方，微调就像是根据特殊口味或需求修改这个配方。虽然这种改动可以让菜品更适合部分人群，但同时也改变了原有的配方。

> **注意**
>
> 并非所有的微调方法都会永久改变基础 AI 模型：例如，低秩适应（low-rank adaptation，LoRA）是一种适用于大语言模型的微调技术，相较于传统的全微调方法，它更为高效。在全微调中，神经网络的所有层都会被优化，这种方式虽然效果显著，但非常耗费资源。而 LoRA 仅对两个较小的矩阵进行微调，这两个矩阵近似于预训练大语言模型的较大权重矩阵。采用 LoRA 方法时，原始模型的权重被冻结，这意味着在微调过程中这些权重不会被直接更新。模型行为的改变是通过引入这些低秩矩阵实现的。这样既保留了原始模型，同时又能使模型适应新的任务或提高性能。有关该方法的更多信息，请参见如下链接：https://ar5iv.labs.arxiv.org/html/2106.09685。

尽管 LoRA 在内存使用上比完全微调更有效率，但其实施和优化仍需计算资源和专业技能，这对某些用户来说可能是障碍。若要为众多用户提供个性化体验，则需要为每位用户重新执行调优过程，这样做并不具有成本效益。

这并不是说 RAG 比大语言模型微调更优秀。事实上，RAG 和微调是相辅相成的技术，常常联合使用。不过，为了快速接入变动的数据和实现个性化需求，RAG 显得更加合适。

2.2.2　LlamaIndex：构建可注入数据的大语言模型应用

LlamaIndex 允许读者快速构建出适应特定场景的大语言模型应用。通过注入目标数据，读者可以利用大语言模型提供准确、相关的结果，而不是仅依赖其预训练的知识。LlamaIndex 提供了一种简便的方法，可以将外部数据集与诸如 GPT-4、Claude 和 Llama 等大语言模型连接起来，从而在个人专有知识与大语言模型的强大功能之间架起一座桥梁。

> **注意**
>
> LlamaIndex 框架由普林斯顿大学毕业生兼企业家 Jerry Liu 于 2022 年创立，在开发者社区中获得了广泛关注和认可。LlamaIndex 不仅使得用户能够充分利用大语言模型的强大计算和语言理解能力，而且确保其输出基于特定且可靠的数据。这一独特优势使得

企业和个人都能从 AI 投资中获得最大收益,即通过同一核心技术实现多样化的专业场景应用。

例如,读者可以创建一个公司文档集合的索引。当读者提出与业务相关的问题时,结合 LlamaIndex 增强的大语言模型将依据真实数据提供答案,而非含糊不清的回复。

这样,你既能利用大语言模型的强大表达能力,又能显著减少错误或无关信息的产生。LlamaIndex 引导大语言模型从提供的可信数据源中获取信息,这些数据源可以包含结构化和非结构化数据。实际上,LlamaIndex 这个框架能够处理几乎所有类型的数据源。

如果读者还没有考虑过这个框架的各种潜在应用,这里简单列举几个想法,借助 LlamaIndex 可以实现如下功能。

- **构建专属的文档搜索引擎**:这一功能允许索引所有类型的文档,包括 PDF、Word、Notion 文档、GitHub 仓库等。索引建立后,你可以查询大语言模型搜索特定信息,从而打造一个专门为你的资源量身定制的高效搜索引擎。
- **创建具有定制知识的企业聊天机器人**:如果你的企业有特定的术语、政策或专业知识,可以让大语言模型理解这些细节。这样一来,聊天机器人既能处理基础的客户服务问题,也能应对通常需要人类专家处理的专业化查询。
- **生成大型报告或论文的精要摘要**:如果经常处理大量文档或报告,LlamaIndex 可以让大语言模型学习文档内容,并根据要求生成简明扼要的摘要,以突出关键点。
- **开发支持复杂工作流的智能助手**:通过在大语言模型上训练与组织相关的多步骤任务或程序,可以将大语言模型转化为智能助手,提供有价值的洞察和指导。

此外,图 2.2 展示了使用智能 RAG 策略降低特定领域模型微调成本的效果。

在深入探讨 LlamaIndex 框架的应用场景和实例之前,我们先来介绍该框架的架构及其设计原则。

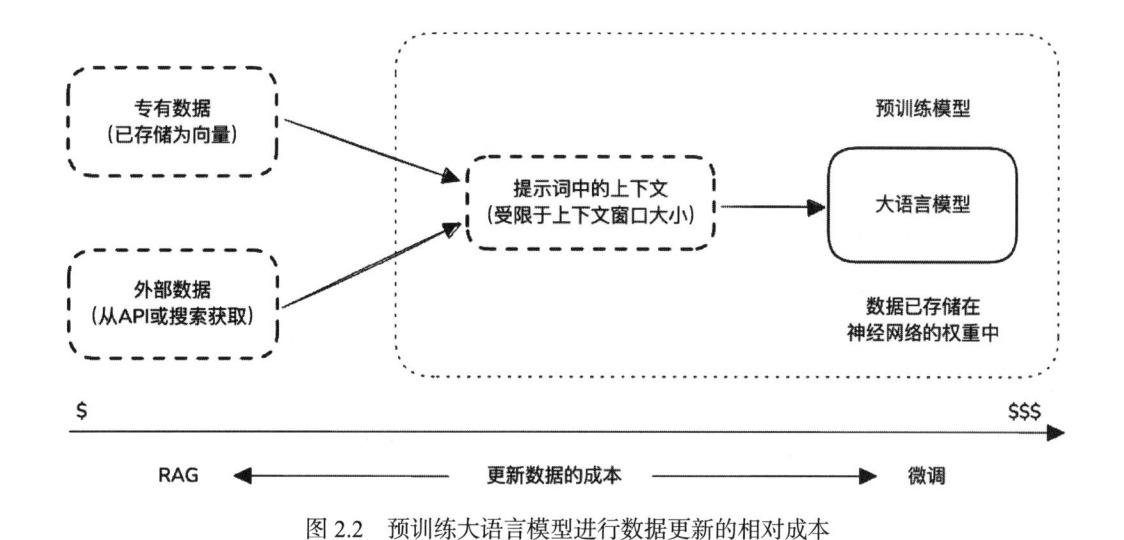

图 2.2　预训练大语言模型进行数据更新的相对成本

2.3　渐进式揭示复杂性的优势

LlamaIndex 的创建者希望这一工具能够被所有人轻松使用——无论是初探大语言模型的新手，还是打造复杂系统的专家级开发者。为此，LlamaIndex 遵循了"渐进式揭示复杂性"的设计原则。这个名字听起来可能有些花哨，但它本质上是一种设计理念：从简单起步，根据需要逐步引导用户接触更复杂的功能。

初次体验 LlamaIndex 时，读者将感受到如魔法般的便捷体验。仅需数行代码，读者就能完成数据连接并启动对大语言模型的查询。在内部实现上，LlamaIndex 负责将数据转换成高效索引，以便大语言模型能够利用它们。

查看下面的例子，它非常简单，只有 6 行代码。这个例子演示了如何使用 LlamaIndex 从本地目录加载一组文本文档，随后基于这些文档构建索引，并通过自然语言查询获取文档摘要视图。

```python
from llama_index.core import VectorStoreIndex, SimpleDirectoryReader
documents = SimpleDirectoryReader('files').load_data()
index = VectorStoreIndex.from_documents(documents)
query_engine = index.as_query_engine()
response = query_engine.query(
    "summarize each document in a few sentences"
)
print(response)
```

> **注意**
>
> 该示例仅用于演示目的。在实际运行前，我们仍需完成相应的环境配置。稍后将对此进行详细说明。

随着对 LlamaIndex 的使用增多，读者会发现更多强大的功能。LlamaIndex 提供了大量可调参数，允许选择针对不同用途优化的专门索引结构，对不同的提示策略进行详细的性能评估，自定义查询算法等。不过，LlamaIndex 始终以温和的方式开始，逐步引导用户深入了解其工作原理，对于快速和简单的项目，并不需要过多地深入细节。这种方式确保无论是初学者还是专家都能充分利用它的多功能性和强大能力。

接下来将简要介绍本书中的 LlamaIndex 实践项目，并为后续编写代码做好准备。

在深入学习本书内容并尝试练习其中的示例时，读者需要特别留意一个关键问题：成本控制。默认情况下，LlamaIndex 框架配置为调用 OpenAI 提供的 AI 模型。尽管这些模型具备强大的语言理解和生成能力，但其调用会产生一定的 API 使用成本。本书展示的许多 LlamaIndex 功能，如元数据提取、索引构建、检索及响应合成，均依赖于这些模型或嵌入模型。为了尽量减少这些不必要的开销，书中示例尽可能采用了简单的小规模数据集。

> **注意**
>
> 强烈建议读者密切关注 OpenAI API 的使用情况，并通过以下链接查看和监控：https://platform.openai.com/usage。同时建议读者在隐私方面保持谨慎。API 使用和隐私问题将在第 4 章和第 5 章中进行更详细的讨论。

此外，如果读者想避免外部大语言模型带来的成本以及潜在隐私风险，可以参考第 9 章中描述的方法。不过需要注意，书中所有示例均是基于 OpenAI 提供的默认模型编写并测试的。因此，在本地部署环境中，部分功能可能表现不一致，甚至无法如期运行。

2.4　实践项目——个性化智能辅导系统 PITS 简介

　　动手实践是掌握技术最有效的学习方式之一。

　　为了帮助读者深入理解 LlamaIndex 的实际应用，本书设计了一个完备的实践项目——个性化智能辅导系统 PITS，一个能够互动式辅导用户学习新概念的 AI 导师。下面介绍 PITS 的工作原理。

　　第一步：自我介绍。初次使用 PITS 时，用户可以描述其希望学习的主题，并设定个性化的学习偏好。

　　第二步：上传资料。接下来，用户可上传与学习该主题相关的已有资料，例如 PDF、Word 文档或文本文件等，PITS 将接收并处理这些资料。

　　第三步：初步评估。系统将基于用户上传的学习资料自动生成测验。用户可选择完成该测验，以帮助 PITS 评估其对目标主题的理解程度，并据此动态调整学习路径。

　　第四步：生成学习资料。随后，PITS 将为用户量身定制学习资料，包括每张幻灯片的配套讲义和讲解文本，并将内容结构化分章，形成系统化的培训课程。

　　第五步：启动学习流程。个性化的学习过程由此正式开始。系统将根据用户设定的偏好逐步推进课程进度，确保每次学习内容均与其当前知识水平相适应。

　　第六步：互动学习。每当一个概念讲解结束，用户可提出疑问或请求补充示例以加深理解。PITS 将实时响应问题，生成新的测验内容，进一步解释关键概念，并根据用户反馈动态调整教学策略。

　　第七步：持续记录与回顾。用户与 PITS 辅导智能体的所有对话内容将被完整记录。它不仅能够记住用户的历史提问，还会保留自身的回应，避免信息重复，并确保学习过程的上下文连贯性。

在学习的过程中，如果用户感到疲惫，可随时选择暂停。重新开始时，PITS 将会自动从上次中断的位置恢复，并简要回顾此前的学习内容要点。

图 2.3 展示了 PITS 系统的整个工作流程，以便更直观地理解其运行机制。

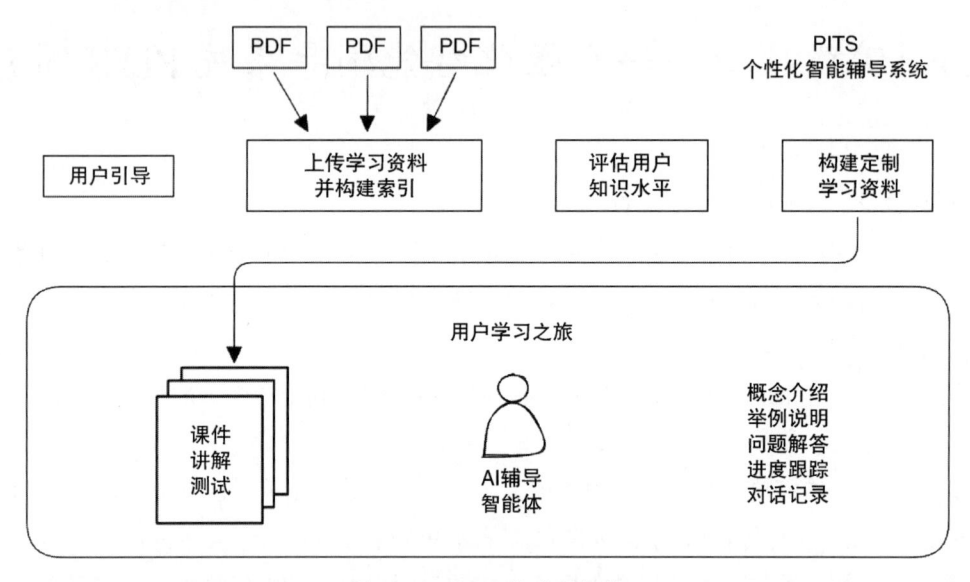

图 2.3　PITS 工作流程概览

这一流程高度体现了个性化原则，构建出近似"专属导师"的终极学习体验。

显而易见，要实现上述流程，PITS 需要在多个方面展现出高度智能性，主要包括：

- 能够解析并索引用户上传的学习资料。
- 能够与用户流畅对话，并持续记录对话上下文。
- 能够利用已索引的知识，实施有针对性的个性化教学。

在实现的过程中，LlamaIndex 发挥了关键作用，导入并索引用户提供的多种培训资料，包括培训手册、幻灯片，甚至是学生笔记和练习题等。而 GPT-4 则承担了与用户的交互式教学任务。可以说，LlamaIndex 所提供的知识增强能力是整个系统智能行为的基础。

PITS 让我们拥有一个量身定制的 AI 导师。

> **作者注**
> 不确定你是否读过我的传记，我是一名培训师。当我第一次接触生成式 AI 并了解到 GPT-3 的强大之处时，我立刻意识到未来必将涌现出类似 PITS 这样能够辅助个性化学习的智能系统。随着 RAG 技术和 LlamaIndex 等工具的发展，这一构想正在迅速变为现实。我坚信，这类系统将为全球各地的人们提供更普惠的高质量教育资源，无论他们的位置、背景或经济状况如何。

接下来将开始准备 PITS 项目的开发环境，为后续的实践操作做好准备。

2.5 配置开发环境

在开始 LlamaIndex 的编码实践之前，正确配置开发环境是必不可少的前提。这一准备工作将确保读者能够顺利运行书中的示例代码和练习内容。

> **注意**
> 为了保持简单性和一致性，本书的示例代码默认在本地 Python 环境中运行。虽然许多开发者习惯使用 Google Colab 或 Jupyter Notebooks 等在线平台，但部分示例可能不兼容。敬请读者谅解。本书的目标是最大限度地简化环境设置，让大家专注于核心内容学习，而非环境配置细节。

接下来，让我们快速配置计算机，准备开启激动人心的 LlamaIndex 编码体验。

2.5.1 安装 Python

本书建议读者使用 Python 3.7 或更高版本。推荐安装 Python 3.11 以获得更佳性能。

若尚未安装 Python，请访问官网 https://www.python.org 下载并安装。如果已安装旧版本，读者可以选择升级或并行安装更新的版本。

关于编程环境，作者个人偏好的编辑器是 NotePad++（https://notepad-plusplus.org/），虽然它不是一个完整的集成开发环境（integrated development environment，IDE），但它的速度非常快。当然，读者也可以选择 Microsoft 的 VS Code（https://code.visualstudio.com/）、PyCharm（https://www.jetbrains.com/pycharm/）或任何其他喜欢的工具。

2.5.2 安装 Git

请确保已安装 Git，这是一款用于版本控制的必备工具，帮助管理和跟踪代码变更，也便于团队协作。此外，Git 对于克隆代码仓库至关重要，比如我们将用到本书的代码仓库。

请访问官方 Git 网站（https://git-scm.com/book/en/v2/GettingStarted-Installing-Git）下载适合个人系统的安装包。

本书提供的所有示例代码片段及完整项目代码，均托管在这个 GitHub 仓库：https://github.com/PacktPublishing/Building-Data-Driven-Applications-with-LlamaIndex。

因此，如果想将项目文件下载到本地，在安装 Git 后，只需按以下步骤操作：

（1）进入目标目录，打开命令提示符或终端窗口，使用 cd 命令切换到想要存放项目的目录。

```
cd path/to/your/directory
```

（2）克隆仓库：运行以下命令克隆 GitHub 仓库：

```
git clone https://github.com/PacktPublishing/Building-DataDriven-Applications-with-LlamaIndex
```

此操作会将项目的副本下载到本地计算机。

（3）进入项目目录，使用如下命令进入新创建的项目文件夹。

```
cd Building-Data-Driven-Applications-with-LlamaIndex
```

在项目实践过程中,读者可以选择以下两种方式。
- 自己编写代码,之后与仓库中的代码进行对比。
- 或者可以直接查看仓库中的代码文件,以便更好地理解代码结构。

当读者正确地完成了上述步骤后,列出当前文件夹的内容,会看到多个名为 chX 的子文件夹(其中 X 是章编号),以及一个名为 PITS_APP 的独立子文件夹。这些章文件夹内含各章对应的示例源文件,而 PITS_APP 文件夹则包含主项目的源代码。

2.5.3 安装 LlamaIndex

在终端中运行以下命令安装 LlamaIndex 及其集成模块:

```
pip install llama-index
```

此命令会安装 LlamaIndex 包,该包不仅包含 LlamaIndex 的核心组件,还附带了一系列实用的集成模块。为了确保部署效率,读者也可以选择仅安装最基本的核心组件和必要的集成。不过,对于本书的学习目的来说,上述推荐的安装方式已经足够了。

> **注意**
>
> 如果读者当前使用的 LlamaIndex 版本低于 v0.10,建议在新的虚拟环境中重新安装以避免冲突。详细迁移说明请参阅:https://pretty-sodium-5e0.notion.site/v0-10-0-Migration-Guide-6ede431dcb8841b09ea171e7f133bd77。

完成安装后,读者就可以导入 LlamaIndex 并开始使用了。

2.5.4 注册 OpenAI 获取 API 密钥

LlamaIndex 默认集成 OpenAI 提供的 GPT 模型[1],使用时需要配置 API 密钥用于认证。

---

[1] 译者注,如果读者使用 OpenAI 密钥不方便,也可以使用 DeepSeek 密钥,申请地址为 https://platform.deepseek.com/usage。

请前往 `https://platform.openai.com` 完成注册并登录，读者可以创建一个新的 API 密钥。请务必妥善保管好密钥。

LlamaIndex 与 OpenAI 的模型交互时均会用到这个密钥。出于安全性考虑，建议将密钥存储在本地计算机的环境变量中。

1. Windows 用户配置

在 Windows 环境中，读者可以通过以下步骤实现这一点。

（1）打开环境变量：打开"开始"菜单并搜索"环境变量"，或者右键单击"此电脑"或"我的电脑"并选择"属性"。

（2）然后单击 Advanced system settings 选项，单击 Advanced 选项卡中的 Environment Variables...按钮，参见图 2.4。

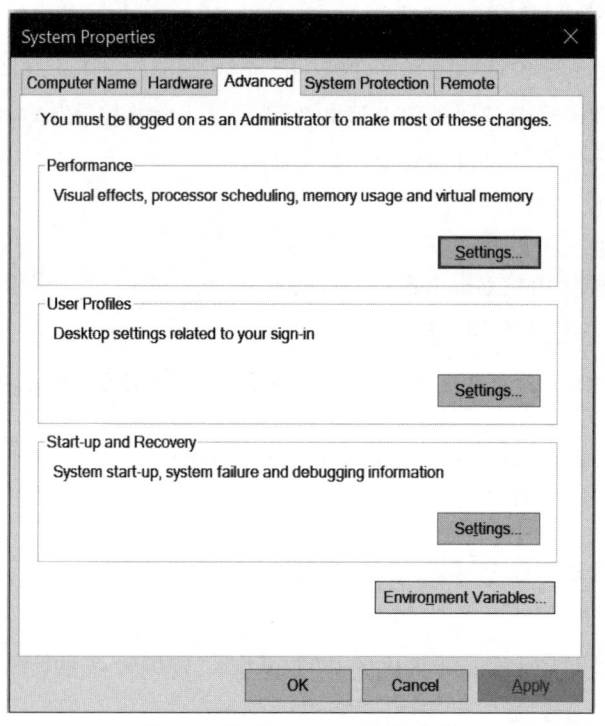

图 2.4　编辑 Windows 环境变量

（3）创建新的环境变量：在 Environment Variables 窗口中，User variables 部分下，单击 New 按钮。

（4）输入变量详情：Variable name 输入 `OPENAI_API_KEY`。Variable value 粘贴从 OpenAI 获得的 API 密钥，如图 2.5 所示。

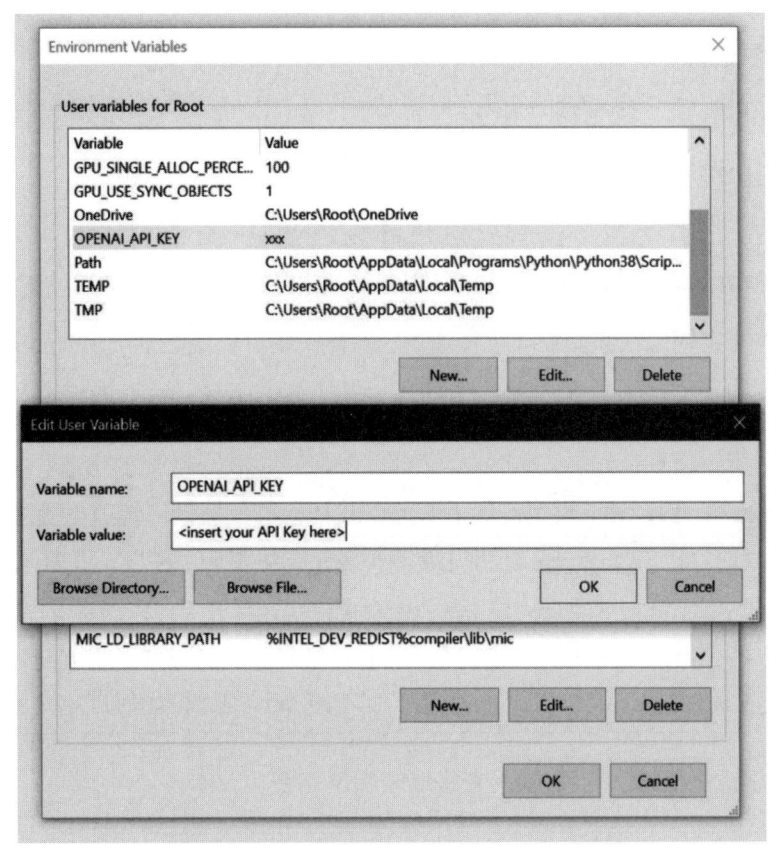

图 2.5　创建 OPENAI_API_KEY 环境变量

（5）确认并应用：单击 OK 按钮关闭所有的对话框。需要重启计算机才能使更改生效。
（6）验证环境变量：为确保已正确设置，打开新的命令提示符并运行以下命令。

```
echo %OPENAI_API_KEY%
```

该命令应显示读者刚刚存储的 API 密钥。

2. Linux/Mac 用户配置

在 Linux/Mac 上，读者可以通过以下步骤完成 OpenAI API 密钥的注册。

（1）在终端中运行以下命令，将<yourkey>替换为读者的 API 密钥。

```
echo "export OPENAI_API_KEY='yourkey'" >> ~/.zshrc
```

（2）更新 `shell` 以包含新的变量。

```
source ~/.zshrc
```

（3）使用以下命令，确保已经设置了环境变量。

```
echo $OPENAI_API_KEY
```

OpenAI API 密钥现在存储在环境变量中，这样密钥可以轻松地被 LlamaIndex 访问，而不会在代码或系统中暴露。

> **注意**
>
> 尽管 OpenAI 为其 GPT 模型提供了通过 API 访问的免费试用选项，但提供的免费信用额度是有限的。目前，用户可以获得最多 5 美元的免费信用额度，并且这些额度会在 3 个月内过期。这应该足以满足项目实验和阅读本书的目的。不过，如果读者希望认真构建基于大语言模型的应用程序，则需要在 OpenAI 平台上注册付费账户。另一种是使用其他 AI 模型与 LlamaIndex 配合工作。我们将在第 10 章详细讨论如何自定义 AI 模型。

至此，后端环境配置完毕。接下来将继续配置完整的技术栈。

2.5.5　Streamlit 快速构建和部署应用的理想工具

在开始构建像 PITS 这样的应用程序之前，我们需要一个平台构建和运行它们。这时 Streamlit 就派上了用场。Streamlit 是一个出色的开源 Python 库，它让创建和部署 Web 应用

程序和仪表板变得异常简单。

只需要几行 Python 代码，读者就可以构建完整的 Web 界面并及时查看效果。Streamlit 最大的优势是，Streamlit 应用程序几乎可以在任何地方部署——在服务器上、在 Heroku 等平台，甚至可直接从 GitHub 处部署。

Streamlit 的优势在于，它让开发者能够专注于应用逻辑的实现，比如使用 LlamaIndex 创建 PITS，而不是在复杂的 Web 开发上纠结。对于 AI 实验，它是完美的。

我们将主要使用 Streamlit 构建上传学习指南和与 PITS 导师互动的界面。在接下来的章节中，我们会使用 Streamlit 进行本地运行和测试应用程序。然而，在第 9 章中，我们还将进一步探讨如何用 Streamlit Share 或任何其他托管服务部署我们的应用程序。

Streamlit 拥有丰富而灵活的功能，如数据框、图表和小部件，但现在不用担心学习所有这些组件。在构建功能的过程中，我们将解释相关部分，以便你一路掌握 Streamlit 技能。

2.5.6　安装 Streamlit

最后安装 Streamlit 库。

```
pip install streamlit
```

至此，核心环境配置完成。我们有了后端工具（LlamaIndex）、前端层（Streamlit）和目标（PITS）。现在是时候做最后的润色了。

2.5.7　完成环境配置

因为我们的项目需要支持 PDF 和 DOCX 文档的处理，所以还需要安装另外两个库。

```
pip install pypdf
pip install docx2txt
```

至此，我们的开发环境已经为使用 LlamaIndex 做好准备。

现在，让我们回顾一下目前所具备的资源。
- Python 3.11。
- Git 版本控制系统。
- LlamaIndex 库。
- OpenAI 账户和 API 密钥。
- Streamlit，用于快速搭建应用程序界面的工具。
- 数据处理：PyPDF 和 DOC2Txt。

2.5.8 最终检查

为了验证开发环境配置成功，可依次执行以下命令检查相关依赖项。

```
python --version
git --version
pip show llama-index
echo %OPENAI_API_KEY%
pip show streamlit
pip show pypdf
pip show docx2txt
```

如无异常，即可运行 ch2 子文件夹中名为 sample1.py 的文件进行验证。

```
python sample1.py
```

执行上述命令，读者可看到位于 ch2/files 子文件夹下两个示例文档的简要概述。

如果读者遇到任何问题，请务必返回并仔细检查之前的步骤，以确保没有遗漏任何关键环节。这样做有助于避免后续工作中可能出现的问题。

至此，开发环境已配置完成。我们具备了利用 LlamaIndex 构建个性化智能辅导系统 PITS 所需的全部基础工具，这让我迫不及待地想动手实践了。

在接下来的章节中，我们将动手实践第一个 LlamaIndex 程序。从这里开始，我们将体

验到真正的乐趣：探索数据导入、索引构建、查询执行等一系列功能。每一步都配有清晰的代码示例和概念讲解。旨在帮助读者系统掌握 LlamaIndex 的核心功能与使用方法。在掌握了这些核心技能后，读者可进一步扩展 PITS 系统的功能，迈出构建智能应用的第一步。

在此之前，让我们先了解 LlamaIndex 框架代码仓库的整体结构。

2.6　熟悉 LlamaIndex 代码仓库的组织结构

为便于后续查阅和开发，读者有必要了解 LlamaIndex 官方代码仓库的整体结构。熟悉其组织方式将有助于提升项目构建与调试效率。官方代码仓库位于 `https://github.com/run-llama/llama_index`。

自 0.10 版本起，LlamaIndex 的代码结构进行了模块化重构，旨在减少不必要的依赖加载，提高运行效率，同时增强代码的可读性和开发人员的用户体验。

图 2.6 描述了 LlamaIndex 代码结构的主要组成部分。

```
核心包
llama-index-core

集成                        组件包
llama-index-integration     llama-index-packs

命令行界面
llama-index-cli

其他：llama-index-experimental + llama-index-finetuning
```

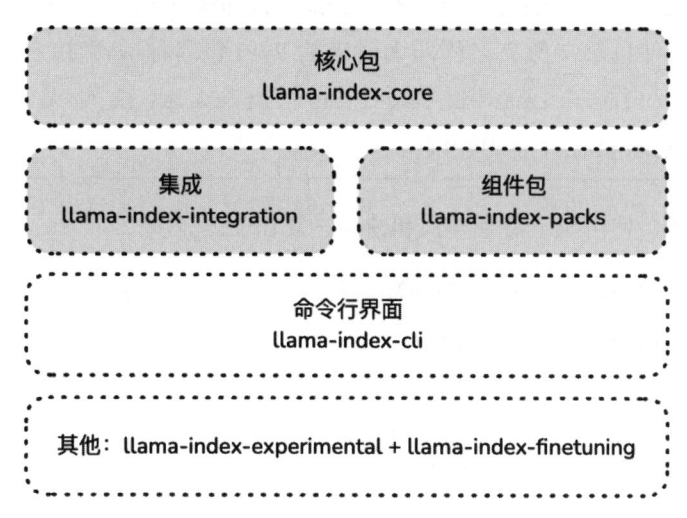

图 2.6　LlamaIndex Github 代码仓库结构

`llama-index-core` 文件夹包含了 LlamaIndex 的核心组件，提供了安装基本框架的功能，并支持开发者根据需求选择性地添加超过 300 个集成包和多种 Llama-packs，以实现定制化功能。

`llama-index-integrations` 文件夹包含各种拓展包，用以扩展核心框架的功能。这些拓展包允许开发人员选择特定元素（如自定义大语言模型、数据读取器、嵌入模型和向量存储提供者）定制他们的构建，以最好地满足其应用的需求。我们将从第 4 章开始探讨其中的部分集成。

`llama-index-packs` 文件夹包含超过 50 个 Llama 包，由 LlamaIndex 开发者社区持续开发和完善。这些包作为预配置的模板，旨在帮助用户快速启动应用。更多详情请参见第 9 章。

`llama-index-cli` 文件夹用于实现 LlamaIndex 命令行接口，相关内容也将在第 9 章中提及。

图 2.6 中的最后一部分"其他："包含两个文件夹，目前它包含微调抽象和一些实验性功能，这些内容不在本书的讨论范围内。

> **注意**
>
> `llama-index-integrations` 和 `llama-index-packs` 下的子文件夹分别代表各个独立的软件包。文件夹名称即为对应的 PyPI 包名称。例如，`llama-index-integrations/llms/llama-index-llms-mistralai` 文件夹对应于 `llama-index-llms-mistralai` 的 PyPI 包。

根据这个例子，使用如下命令导入和使用 `mistralai` 包。

```
from llama_index.llms.mistralai import MistralAI
```

可通过以下命令安装相应的 PyPI 包。

```
pip install llama-index.llms.mistralai
```

读者无需担心遗漏书中包含的示例所需的重要包，因为每章的技术需求部分都已列出了所需要的包。

2.7 本章小结

在本章中，我们介绍了 LlamaIndex，一种用于将大语言模型与外部数据源连接的框架。我们探讨了该框架如何增强模型的知识获取能力，使其回答更加贴近现实语境。

我们还对比了 LlamaIndex 与模型微调方案的不同，指出其在数据更新效率与个性化支持方面的显著优势。此外，我们引入"渐进式复杂度揭示"的理念，即 LlamaIndex 初始使用门槛较低，但在功能拓展时具备良好的可拓展性和灵活性。

本章还引入了实践项目 PITS，并详细讲解了开发环境配置的各项工具（如 Python、Git 和 Streamlit）的安装与配置过程，以及 OpenAI API 密钥的获取方法。随着开发环境的成功搭建，我们已为后续的 LlamaIndex 应用开发做好了准备。

现在我们可以继续深入探索，学习更多关于 LlamaIndex 框架的内部工作原理和技术细节。期待在第 3 章中继续与你一同深入探索。

第二篇
LlamaIndex 从入门到实践

本篇我们将深入探讨 LlamaIndex 的核心功能，涵盖从数据导入、文档解析、索引构建到数据查询的完整流程。本篇会详细介绍如何利用 LlamaHub 连接器实现数据的高效导入、探讨文本分块工具的应用、讲解元数据注入的方法、讨论数据隐私保护的重要性，以及如何构建高效数据导入的流水线。此外，本篇还将提供关于 LlamaIndex 索引功能的详尽指南，帮助读者了解不同类型的索引、定制化设置以及可扩展 RAG 系统的构建策略。

本篇内容包含以下 3 章。
- 第 3 章　LlamaIndex 入门。
- 第 4 章　RAG 工作流中的数据整合。
- 第 5 章　LlamaIndex 索引详解。

第 3 章
LlamaIndex 入门

本章将从技术角度深入解析 LlamaIndex 框架的内部工作机制，重点介绍 LlamaIndex 架构的关键要素。通过学习数据导入、索引构建和数据查询等核心模块，读者可以为实际操作打下坚实的基础。我们将逐一解析这些基本概念并将其与具体的应用场景相结合，帮助读者更好地掌握和运用这些知识。

本章将涵盖以下主要内容。
- LlamaIndex 的核心构建块——文档、节点和索引。
- 构建第一个交互式增强型大语言模型应用。
- 动手实践——构建个性化智能辅导系统 PITS。

3.1 技术需求

为了能够顺利运行本章所提供的示例代码，请确保已安装以下 Python 库。
- PYYAML：https://pyyaml.org/wiki/PyYAMLDocumentation。
- Wikipedia：https://wikipedia.readthedocs.io/en/latest/。

此外，还需要安装两个 LlamaIndex 集成包。

- Wikipedia 数据读取器：https://pypi.org/project/llama-index-readers-wikipedia/。
- OpenAI 大语言模型：https://pypi.org/project/llama-index-llms-openai/。

本章的所有代码示例都可以在本书配套的 GitHub 仓库的 ch3 子文件夹中找到：https://github.com/PacktPublishing/Building-Data-Driven-Applications-with-LlamaIndex。

3.2　LlamaIndex 的核心构建块——文档、节点和索引

在开始使用 LlamaIndex 时，我们需要深入了解支撑其架构的一些关键概念和组件。读者可以将本章看作是 LlamaIndex 典型的检索增强生成 RAG 架构的快速入门，并简要介绍该框架所提供的主要工具。通过本章的学习，读者将掌握构建简单 RAG 应用的基础知识。在后续章节中，我们将逐一详细解析本章介绍的各个组件。

从宏观角度来看，LlamaIndex 将外部数据源与大语言模型连接起来。为了高效达成这一目标，LlamaIndex 必须能够导入、结构化和组织数据，以便支持高效的检索和查询操作。在本章的第一部分中，我们将探索 LlamaIndex 增强大语言模型的核心元素——文档、节点和索引。

3.2.1　文档

一切都始于数据。

在处理数据时，原始数据往往因为缺乏结构而难以直接管理。因此，LlamaIndex 引入了"文档"这一概念，用来封装和组织各种形式的数据。无论是手动输入的数据，还是从

外部来源加载的信息，都可以通过文档进行有效管理。文档就像是一个容器，让无序的数据变得有序，易于处理。

例如，如果你拥有一系列公司内部流程的 PDF 文件，并希望通过像 GPT-4 这样的高级语言模型理解和应用这些信息，那么在 LlamaIndex 中每一份流程文件都将被转化为一个文档对象。不仅如此，来自数据库的数据记录或通过 API 获取的信息也同样可以作为文档处理。请参考图 3.1 关于文档概念的图形展示。

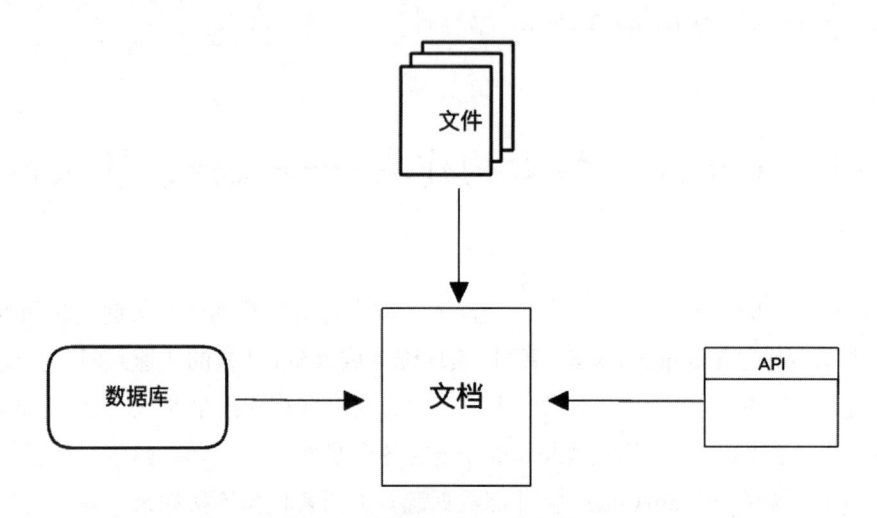

图 3.1 来源于多种渠道的文档

文档类的作用类似一个多功能容器，它不仅可以容纳原始文本或数据，还能附带额外的信息——元数据。元数据对于精化查询条件至关重要，因为它使我们能够根据特定属性筛选和检索文档，从而提高数据操作的精确度。

以下是一个手动创建文档的基本示例。

```
from llama_index.core import Document
text = "The quick brown fox jumps over the lazy dog."
doc = Document(
    text=text,
    metadata={'author': 'John Doe','category': 'others'},
```

```
    id_='1'
)
print(doc)
```

上述代码展示了如何使用 Document 类创建一个名为 doc 的文档对象。此对象包含了三个主要部分：实际文本内容 text、自定义元数据 metadata（以字典形式给出）、唯一的文档标识符 id_，如果未提供 id_，LlamaIndex 将会自动为每个文档生成一个 id_。

文档对象的关键属性。

- text：存储文档的主要文本内容。
- metadata：用于包含文档的额外信息，例如文件名或分类。元数据字典的键必须是字符串，而值可以是字符串、浮点数或者整数。
- id_：每个文档的唯一标识符，开发者可以选择手动设置，也可以让系统自动生成。

除了上述三个主要属性，读者还可以通过查阅 LlamaIndex 的 GitHub 仓库了解更多其他属性。为了保持内容简洁，目前我们仅专注于这三个核心属性。这些属性提供了多种方式定制和增强 LlamaIndex 文档类的功能。

图 3.2 展示了 LlamaIndex 文档的基本结构。

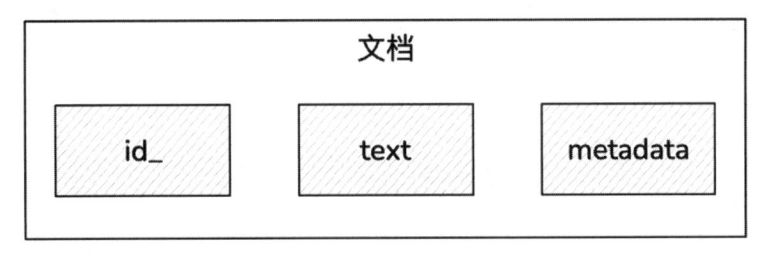

图 3.2　文档的基本结构

LlamaIndex 文档包含了未处理或原始格式的数据。尽管示例展示了如何手动创建一个文档，但在实际应用中，这些文档通常是通过从多个数据源批量获取而自动生成的。这种批量数据的导入使用了 LlamaHub（https://llamahub.ai/）提供的预定义的数据读取器——有时也称为连接器或阅读器。

> **注意**
>
> 这些即插即用的软件包主要由 LlamaIndex 社区主导开发,旨在增强框架的核心功能。它们支持不同类型的大语言模型、智能体工具、嵌入模型和向量存储。LlamaIndex 包含的数据读取器能够与多种文件格式、数据库以及 API 端点兼容。目前,LlamaIndex 已经拥有超过 130 种数据读取器,而且这个数字还在持续增长。关于 LlamaHub 的更多信息,我们会在第 4 章节中详细介绍,现在让我们专注于数据读取器。

下面是一个利用 LlamaHub 预定义数据读取器实现自动导入数据的基本示例。在运行该示例之前,请确保已经安装了技术需求部分列出的库,并参照第 2 章提到的所有必要的环境设置。若尚未完成这些步骤,请先完成配置。

```
pip install wikipedia
pip install llama-index-readers-wikipedia
```

第一个库使得从 Wikipedia 获取和解析数据变得简单,而第二个库则是 LlamaIndex 集成的 Wikipedia 数据读取器。安装好这两个库之后,就可以运行下面的示例了。

```
from llama_index.readers.wikipedia import WikipediaReader
loader = WikipediaReader()
documents = loader.load_data(
pages=['Pythagorean theorem','General relativity']
)
print(f"loaded {len(documents)} documents")
```

WikipediaReader 加载器使用 Wikipedia Python 包从 Wikipedia 页面中提取文本。除了 WikipediaReader,LlamaHub 还提供了许多专业化的数据连接器。

如上所述,创建文档的过程非常直观。然而,这些原始的文档对象需要转换成一种特定的格式,才能让大语言模型能够高效地处理和进行推理。这个转换过程就是通过节点实现的,这就是节点的作用。

3.2.2　节点

文档代表了原始数据并可以直接使用,而节点则是从文档中提取出的更小的内容片段。我们将文档分解为更小、便于处理的文本块,是为了实现如下几个关键目标。

- **让专有知识适配模型的提示词限制**:通过仅选取相关节点,可以确保专有知识在不超过模型提示长度限制的情况下得到有效利用。例如,如果内部流程长达 50 页,直接全部输入显然不合适。但在实践中,通常只需要选择输入与当前任务相关的部分节点即可。
- **构建以特定信息为中心的数据语义单元**:这使得数据更易于处理和分析,因为每个节点都被组织成更小、更专注的单元。
- **允许节点间建立关系**:节点可以基于逻辑关系进行连接,形成互联的数据网络。这种结构有助于理解各信息片段间的关联。

图 3.3 展示了节点之间的关系。

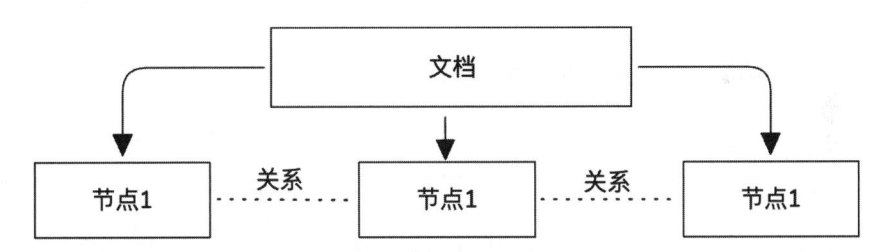

图 3.3　从文档中提取节点之间的关系

在 LlamaIndex 中,节点也可以存储图像,但本书将主要关注 TextNode 类。以下是 TextNode 类的一些重要属性。

- text:源自原始文档的文本片段。
- start_char_idx 和 end_char_idx:可选的整数,分别标记文本在文档中的起始和结束字符位置,有助于精确定位文本来源。
- text_template 和 metadata_template:定义文本及元数据格式的模板字段,使 TextNode 的呈现更加结构化和易于阅读。

- metadata_seperator：用作元数据字段间分隔符的字符串，确保多条元数据合并时仍保持清晰的结构。
- 其他有用的元数据：如父文档 ID、与其他节点的关系及可选标签等。这些元数据可用于存储额外的上下文信息，更多细节将在第 4 章中探讨。

如同文档一样，若想查看 TextNode 所有属性的完整列表，可以在 LlamaIndex GitHub 仓库中找到它们的描述：https://github.com/run-llama/llama_index/blob/main/llama-index-core/llama_index/core/schema.py。

需要注意的是，节点将自动继承来自文档级别的所有元数据，同时也能独立地自定义其元数据。

在 LlamaIndex 中有多种创建节点的方法，我们将在后续章节中讨论。首先，让我们看看如何手动创建节点对象。

3.2.3 手动创建节点

以下是如何手动创建节点对象的简单示例。

```
from llama_index.core import Document
from llama_index.core.schema import TextNode
doc = Document(text="This is a sample document text")
n1 = TextNode(text=doc.text[0:16], doc_id=doc.id_)
n2 = TextNode(text=doc.text[17:30], doc_id=doc.id_)
print(n1)
print(n2)
```

此示例展示了通过 Python 的文本切片功能手动提取两个节点的文本。当需要对节点文本及元数据进行精细控制时，这种方法非常方便。

为了更好地理解内部工作原理，以下是代码的输出结果。

```
Node ID: 102b570f-5b22-48b5-b9b6-6378597e920d
Text: This is a sample
```

```
Node ID: 0ad81b09-bf12-4063-bfe4-6c5fd3c36cd4
Text: document text
```

> **注意**
> 每个节点都拥有一个由系统自动生成的唯一 ID，以及从原始文档中提取的文本片段。这些 ID 是通过 Python 的 UUID 模块在创建 TextNode 时自动生成的。如果读者希望使用不同的表示方案，可以在创建节点之后对这些 ID 进行修改和定制。

3.2.4 从文档中提取节点

考虑到文档分块（document chunking）对于 RAG 工作流非常重要，LlamaIndex 提供了专门的工具用于自动提取节点，例如 TokenTextSplitter。

以自动生成节点为例，TokenTextSplitter 尝试将文档文本按完整句子分割成块，每个块将包含一个或多个句子，并允许设定块之间的重叠以保留更多上下文信息。

SimpleNodeParser 提供了多个可定制的参数，如 chunk_size 和 chunk_overlap，我们将在第 4 章详细讨论这些参数以及文本切分器的工作原理。现在，让我们看看一个使用 TokenTextSplitter 默认设置处理文档对象的简单示例。

```
from llama_index.core import Document
from llama_index.core.node_parser import TokenTextSplitter
doc = Document(
    text=(
        "This is sentence 1. This is sentence 2. "
        "Sentence 3 here."
    ),
    metadata={"author": "John Smith"}
)
splitter = TokenTextSplitter(
    chunk_size=12,
    chunk_overlap=0,
```

```
    separator=" "
)
nodes = splitter.get_nodes_from_documents([doc])
for node in nodes:
print(node.text)
print(node.metadata)
```

上述代码的输出如下。

```
Metadata length (6) is close to chunk size (12). Resulting chunks are
less than 50 tokens. Consider increasing the chunk size or decreasing
the size of your metadata to avoid this.
This is sentence 1.
{'author': 'John Smith'}
This is sentence 2.
{'author': 'John Smith'}
Sentence 3 here.
{'author': 'John Smith'}
```

> **注意**
> 鉴于块大小是指一次可以处理的内容量，如果元数据太大，它将占据每个块的大部分空间，留给实际内容文本的空间就少了。这可能导致块主要是元数据，而实际内容很少。在我们的示例中，触发警告是因为有效块大小（块大小减去元数据所占空间）少于50个token。这对于有效处理来说被认为太小了。

这是一个简单的自动分块的示例，展示了如何将数据拆分成节点。同时读者也可以看到每个节点的元数据是从原文档继承来的。

> **是否还有其他创建节点的方法**
> 是的，还有其他一些方法。第 4 章将深入了解 LlamaIndex 中可用的文本拆分和节点解析技术。读者还将有机会了解它们的内部工作原理以及它们提供的各种定制选项。

接下来，关于节点还有更多内容需要读者理解。

3.2.5 节点间的关系

在介绍了创建简单节点的基本方法之后，我们将探讨如何在这些节点之间建立关系。下面是一个手动创建两个节点之间简单关系的示例。

```
from llama_index.core import Document
from llama_index.core.schema import (
    TextNode,
    NodeRelationship,
    RelatedNodeInfo
)
doc = Document(text="First sentence. Second Sentence")
n1 = TextNode(text="First sentence", node_id=doc.doc_id)
n2 = TextNode(text="Second sentence", node_id=doc.doc_id)
n1.relationships[NodeRelationship.NEXT] = n2.node_id
n2.relationships[NodeRelationship.PREVIOUS] = n1.node_id
print(n1.relationships)
print(n2.relationships)
```

此示例展示了如何手动创建两个节点，并定义它们之间的前后关系。这使得 LlamaIndex 能够追踪节点在原始文档中的顺序，表明这两个节点来源于同一个文档并按特定顺序排列。

图 3.4 展示了代码执行后 LlamaIndex 对节点关系的理解结果。

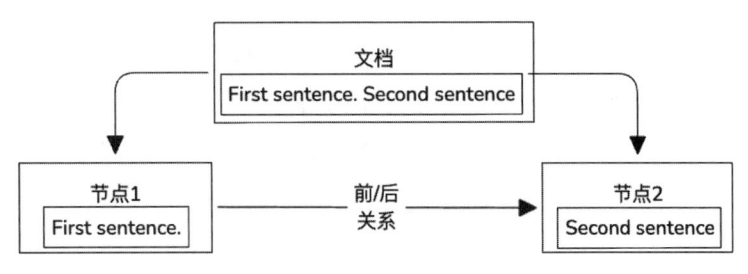

图 3.4　两个节点之间的前后关系

> **注意**
> LlamaIndex 内置了自动创建节点之间关系所需的工具。例如，使用之前讨论的自动节点解析器时，默认情况下，LlamaIndex 会自动生成节点之间的前后关系。

此外，还可以定义多种类型的关系。除了简单的前后关系，节点还可以建立如下关系。

- SOURCE（源）：表示节点被提取或解析的原始源文档。通过源关系可以追溯每个节点的出处。
- PARENT（父级）：表示节点之间的层次结构，其中父级节点比关联节点高一级。在树状结构中，父节点拥有一个或多个子节点。这种关系有助于管理或导航嵌套数据结构，比如章节、段落等。
- CHILD（子级）：和 PARENT 相反，表示某个节点是另一个节点的下属。子节点可视为树结构中从父节点延伸出来的分支或叶子。

关系为何如此重要？接下来我们将深入探讨它们的作用和意义。

3.2.6　为什么节点间的关系很重要

在 LlamaIndex 中创建节点间的关系有几个重要原因，如下所示。

- **支持上下文查询**：通过连接节点，查询时可以利用这些关系获取更多相关背景信息。比如，查询一个节点时还能显示前后节点，提供更多上下文。
- **允许追踪出处**：关系记录了数据源的出处及其连接方式。这对确认节点的原始来源非常重要。
- **实现节点导航**：通过关系遍历节点可以实现新的查询形式。比如，根据关键词查找下一个节点。沿关系的导航增加了搜索的新维度。
- **构建知识图谱**：节点和关系是知识图谱的基本组件。通过将节点连成图结构，可以从文本中构建出知识图谱，这将在第 5 章中详细探讨。

- **改进索引结构**：有些 LlamaIndex 索引（如树形和图形结构）依靠节点关系构建其内部结构，关系使得索引结构更复杂也更有表现力。这一话题也会在第 5 章深入讲解。

总之，关系为节点增加了上下文连接，有助于实现更丰富的查询、来源追踪和复杂索引结构的构建。

获取原始数据作为文档，并将其结构化为可以查询的节点后，最后一步是将节点组织成高效的索引。

3.2.7 索引

索引是我们讨论的第三个核心概念，它是一种特定的数据结构，用于优化节点集合的存储和检索。

> **简化类比**
> 将数据整理为适合 RAG 的格式，就像是为长途旅行准备衣服——你得确保所有东西都井然有序，方便取用。想象一下你正在为一次重要的商务旅行打包行李。如果只是随意把所有东西丢进行李箱，那么衣物就会混在一起，当你想快速找到某件衣服时，可能就只能碰运气了。

这正是为什么在为大语言模型增强做准备时，数据索引如此重要。没有索引，数据就像一堆杂乱无章的事实和文件，如同在一个塞满的行李箱中寻找一双相匹配的袜子一样。

良好的索引能够清晰地分类信息。例如，销售记录放在一个索引里，而支持票据放在另一个索引里。这就好比将相关物品归类打包。这样可以将混乱的数据整理为 AI 能够高效利用的有序知识。你从在行李箱中盲目翻找，转变为从定制的口袋里准确取出所需物品。

因此，及早投入数据索引和结构化工作将大大简化后续开发流程。

LlamaIndex 支持多种类型的索引，各有优劣。下面列出了一些可用索引类型。

- **摘要索引（SummaryIndex）**：类似食谱盒，保持节点有序，方便逐个访问。它接收文档集，将它们分割成节点，再组合成列表。非常适合阅读长篇文档。

- 文档摘要索引（DocumentSummaryIndex）：为每个文档生成简短摘要，并将其映射回对应的节点。这有助于快速识别相关文档，提高信息检索效率。
- 向量存储索引（VectorStoreIndex）：这是一种较复杂的索引类型，也是 RAG 应用的主力。它将文本转为向量嵌入，通过数学方法对相似节点进行分组，帮助找到相似的节点。
- 树形索引（TreeIndex）：适合喜欢秩序的人。它像将小盒子放进大盒子一样，按层次结构组织节点。每个父节点储存子节点的摘要，由大语言模型根据一般性摘要提示生成。这类索引对摘要特别有用。
- 关键词表索引（KeywordTableIndex）：设想根据现有食材寻找一道菜。关键词索引将重要词汇与所在节点关联起来，通过检索关键词，快速定位到相关节点。
- 知识图谱索引（KnowledgeGraphIndex）：当需要在一个大型数据网中链接事实时非常有用。它擅长处理涉及大量互相关联信息的问题。
- 组合图（ComposableGraph）：允许创建复杂的索引结构，其中文档级别的索引被索引到更高级别的集合中。也就是说，可以创建一个索引的索引，以便访问较大集合中的多份文档。

以上只是一个概述，我们将在第 5 章中详细讨论这些索引的内部机制及其变体。

所有 LlamaIndex 索引类型都共享几个核心特点。

- 构建索引：每种索引类型可以通过在初始化时传入一组节点来创建，这构建了底层的索引结构。
- 插入新节点：建立索引后，可以手动添加新节点。这扩展了已有的索引结构。
- 查询索引：一旦构建完成，索引提供了查询接口，可以根据特定查询检索相关节点。不同的索引类型其检索逻辑有所不同。

尽管不同索引类型的结构和查询细节有所差异，但构建、插入和查询的模式是一致的。了解每种索引类型的特性非常重要，这样才能充分发挥它们的潜力。在第 5 章中我们会更详细地讨论这个话题，并为每种索引类型提供具体的示例。

现在，让我们看一个简单的示例来说明如何创建摘要索引。

```
from llama_index.core import SummaryIndex, Document
```

```
from llama_index.core.schema import TextNode
nodes = [
    TextNode(
        text="Lionel Messi is a football player from Argentina."
    ),
    TextNode(
        text="He has won the Ballon d'Or trophy 7 times."
    ),
    TextNode(text="Lionel Messi's hometown is Rosario."),
    TextNode(text="He was born on June 24, 1987.")
]
index = SummaryIndex(nodes)
```

这个过程很容易理解。我们首先定义了一组包含数据的节点，然后基于这些节点创建了摘要索引。这种索引是一种简单的基于列表的数据结构，可以把它想象成一个小笔记本，在上面记下很多故事的关键点。创建时，它会接收一批故事，将它们拆分成小片段并按顺序排列。值得注意的是，LlamaIndex 在构建此类索引时并不依赖大语言模型。

3.2.8 检索和响应合成

索引是组织数据的好工具，但如何从中获得答案呢？这就涉及检索器和响应合成器。我们可以用刚刚创建的 `Lionel Messi` 索引作为示例。如果想知道"梅西的家乡是哪里？"请看下面的过程。

```
query_engine = index.as_query_engine()
response = query_engine.query("What is Messi's hometown?")
print(response)
```

系统会给出如下答案。

```
Messi's hometown is Rosario.
```

摘要索引按顺序将所有节点整理到一个列表中。当用户提问时，系统会检索所有相关

节点，从而合成带有完整上下文信息的响应。

3.2.9　查询引擎的工作原理

查询引擎 QueryEngine 内置一个检索器，负责从索引中提取与查询最相关的节点。例如，当查询与梅西家乡相关的问题时，检索器会自动选择包含该信息的节点。

然而，仅得到一些节点并不能直接回答问题。这时，查询引擎里的另一个组件——节点后处理器开始工作。它可以对已检索到的节点进行变换、重新排序或筛选。在不同的应用场景下，有各种类型的后处理器可供选择和定制。

查询引擎对象还包括一个响应合成器，它利用大语言模型完成以下操作。

（1）响应合成器采用检索器选择由节点后处理器处理的节点，利用大语言模型完成以下步骤生成最终响应。

（2）提示包含查询以及来自节点的上下文。

（3）大语言模型基于这个提示生成响应。

（4）对大语言模型产生的原始回答进行必要的后处理，最终给出自然语言形式的答案。

所以，index.as_query_engine()方法创建了一套完整的查询引擎，其中包括默认版本的三个组件：**检索器**、**节点后处理器**和**响应合成器**。我们将在第 6 章和第 7 章中详细讲解这三个组件。

这个引擎给出的最终结果将是一个自然语言答案的形式，例如 Messi's hometown is Rosario。

> **注意**
>
> 这里只是展示了使用摘要索引的一个简单示例。不同类型的索引有着不同的行为方式，我们会在第 5 章中深入探讨。比如树形索引以分层结构排列节点且便于总结；关键词索引则映射关键词以实现快速查找。索引的结构不仅影响性能，还决定了它的最佳用途。索引结构本身定义了数据管理的逻辑。我们知道，索引必须与检索器、后处理器和响应合成器相结合，构成完整的查询流水线，这样才能让应用程序充分利用索引的数据。

更多细节会在后续章节中介绍。

目前，读者应该对索引及其作用有了大致了解。图 3.5 展示了整个 RAG 工作流。

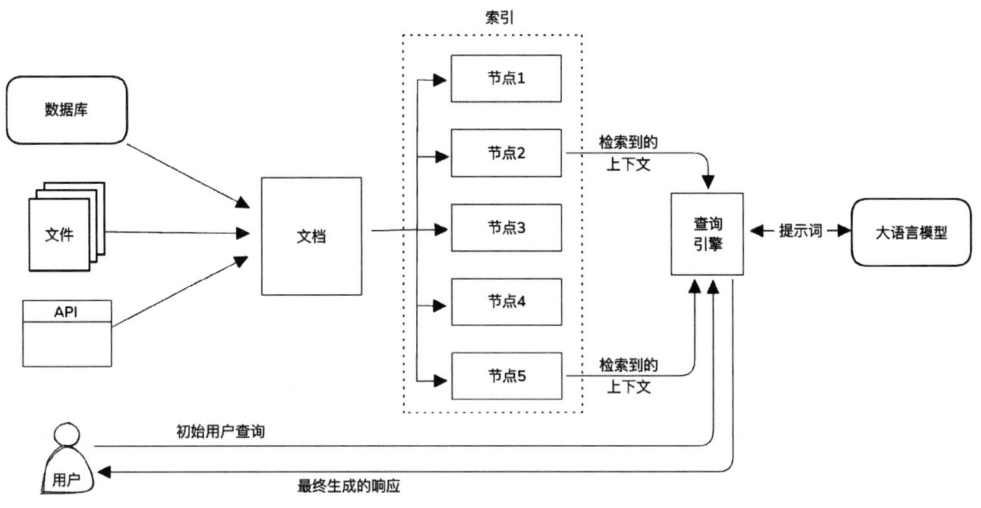

图 3.5　使用 LlamaIndex 的完整 RAG 工作流程

如图 3.5 所示，该工作流程主要包括以下步骤。
- 加载数据作为文档。
- 解析文档为连贯的节点。
- 从节点构建优化的索引。
- 在索引上运行查询以检索相关节点。
- 合成最终响应。

接下来，让我们来复习一下 LlamaIndex 的核心概念。

3.2.10　快速回顾关键概念

到目前为止，我们已经介绍了以下内容。
- 文档：即原始数据。

- 节点：从文档中提取出来的逻辑片段。
- 索引：根据具体应用组织节点的数据结构。
- 查询引擎：包含检索器、节点后处理器和响应合成器。

掌握这些核心概念对于使用 LlamaIndex 至关重要，它们帮助用户有效地连接外部数据和大语言模型。

现在读者有了理论基础，接下来将通过简化的工作流模型和构建实际应用来加深理解。

3.3 构建第 1 个交互式增强型大语言模型应用

接下来将通过动手实践，把前面学到的知识应用于一个真实场景中。结合之前的代码，我们可以构建第一个 LlamaIndex 应用。

对于下一步，请确保已经满足了本章开头提到的技术需求。对于以下代码示例，我们需要 Wikipedia 包解析某个特定的 Wikipedia 文章，并从中提取样本数据。

一旦 Wikipedia 包成功安装，示例应用程序应该能够顺利运行。如下是代码示例。

```
from llama_index.core import Document, SummaryIndex
from llama_index.core.node_parser import SimpleNodeParser
from llama_index.readers.wikipedia import WikipediaReader
loader = WikipediaReader()
documents = loader.load_data(pages=["Messi Lionel"])
parser = SimpleNodeParser.from_defaults()
nodes = parser.get_nodes_from_documents(documents)
index = SummaryIndex(nodes)
query_engine = index.as_query_engine()
print("Ask me anything about Lionel Messi!")
while True:
    question = input("Your question: ")
    if question.lower() == "exit":
```

```
        break
response = query_engine.query(question)
print(response)
```

需要注意的是，该应用暂不支持对话上下文保持功能，实质上是一个基于用户即时提问的简易问答系统。

以下是对代码的快速概述。

（1）使用 WikipediaReader 数据读取器加载 Lionel Messi 的 Wikipedia 页面作为文档。这会导入原始的文本数据。

（2）使用 SimpleNodeParser 将文档解析为更小的节点块。这会将文本分割成逻辑段。

（3）从节点构建摘要索引。这会按顺序组织节点以进行完整的上下文检索。

（4）定义查询引擎，形成一个完整的查询流水线。

（5）创建一个循环：查询索引，将问题传递给查询引擎，处理检索相关节点、提示大语言模型并返回最终响应。

再次强调，读者可以通过查看图 3.5 回顾整个工作流程——导入数据、节点解析、索引构建、查询、检索和合成最终答案。

接下来，我们将深入了解背后的工作原理。

3.3.1 借助 LlamaIndex 日志特性理解逻辑并调试应用

当运行之前示例中的代码时，读者可能会感觉背后发生了许多神奇的事：输入一些文本，调用一个简单的索引方法，随后就可以通过自己的数据驱动 AI 助手，进行查询。

然而，随着应用复杂度的增加，读者可能会想确切知道 LlamaIndex 在背后做了什么。这时，日志记录的重要性便凸显出来。LlamaIndex 提供了详细的日志信息，有助于读者逐步了解索引和查询过程中发生的每一个细节。读者可以将其视为一个可视化助手，在后台实时记录并呈现每一步操作。

启用基本日志记录仅需添加如下代码。

```
import logging
logging.basicConfig(level=logging.DEBUG)
```

启用调试日志后，读者将看到 LlamaIndex 如何处理以下任务：
- 将文档解析为节点。
- 选择适当的索引结构。
- 为大语言模型优化提示。
- 根据查询检索相关节点。
- 从节点合成最终响应。

此外，日志还会显示其他有用的信息。
- API 调用所消耗的 token 数量。
- 延迟信息。
- 任何警告或者错误。

> **提示**
>
> 遇到问题时别担心。查看日志通常能帮助找出问题所在。目前，基础的日志记录功能已经足够使用。启用后大部分后台活动将在运行时显示，从而让读者逐步监控应用的进展。我们将在第 9 章进一步探讨高级调试技巧。

接下来探讨一下如何对大语言模型进行一些微调。

3.3.2　使用 LlamaIndex 定制大语言模型

假设想要配置框架以使用另一个大语言模型。默认情况下，LlamaIndex 使用 OpenAI API 并配合 GPT-3.5-Turbo 模型。下面简要介绍一下 GPT-3.5-Turbo 的主要特点。
- 与 GPT-4 相比，它运行更快且成本更低。
- 尽管不是最先进的模型，但它仍然是一个功能强大的生成式和对话模型。
- 它在多个自然语言处理任务上的表现依然出色，如文本分类、总结或翻译。

由此可见，LlamaIndex 的开发者选择此模型的原因在于，它为大多数应用场景提供了性能和成本之间的良好平衡。如果读者已测试过应用，应该已经发现它对关于梅西的问题处理得很好。

如果需要针对特定需求进行定制呢？比如，需要 GPT-4 的高性能、Claude-2 提供的更强大的上下文能力，或是想使用开源的 AI。

3.3.3　三步完成大语言模型定制

简单三步即可完成定制大语言模型。对此，只需要在应用代码开头添加三行代码，即可实现大语言模型的更换。

```
from llama_index.llms.openai import OpenAI
from llama_index.core.settings import Settings
Settings.llm = OpenAI(temperature=0.8, model="gpt-4")
```

确保在所有导入语句之后立即添加 `Settings.llm` 这行代码，使其适用于所有后续操作。以下是每个步骤的详细说明。

（1）从 `llama_index.llms.openai` 导入了 `OpenAI` 类，用于初始化新的 OpenAI 大语言模型。

（2）导入了 `Settings` 类，用于定制大语言模型。

（3）使用 GPT-4 模型配置 `Settings`，并设置了温度系数为 0.8，从而覆盖了默认的大语言模型。

这样，我们就将 LlamaIndex 配置为使用 GPT-4 模型，而非默认的 GPT-3.5-Turbo 模型。接下来的代码将使用新配置的大语言模型构建索引，并使用新配置的 LLM 执行简单的查询。

```
from llama_index.core.schema import TextNode
from llama_index.core import SummaryIndex
nodes = [
    TextNode(text="Lionel Messi's hometown is Rosario."),
```

```
    TextNode(text="He was born on June 24, 1987.")
]
index = SummaryIndex(nodes)
query_engine = index.as_query_engine()
response = query_engine.query(
    "What is Messi's hometown?"
)
print(response)
```

接下来看看温度系数在生成式模型中的作用。

3.3.4 Temperature 温度系数

在 OpenAI 的模型中，例如 GPT-3.5 和 GPT-4，温度系数用来调节 AI 回答的随机性和创造性。图 3.6 展示了温度如何影响输出的多样性。

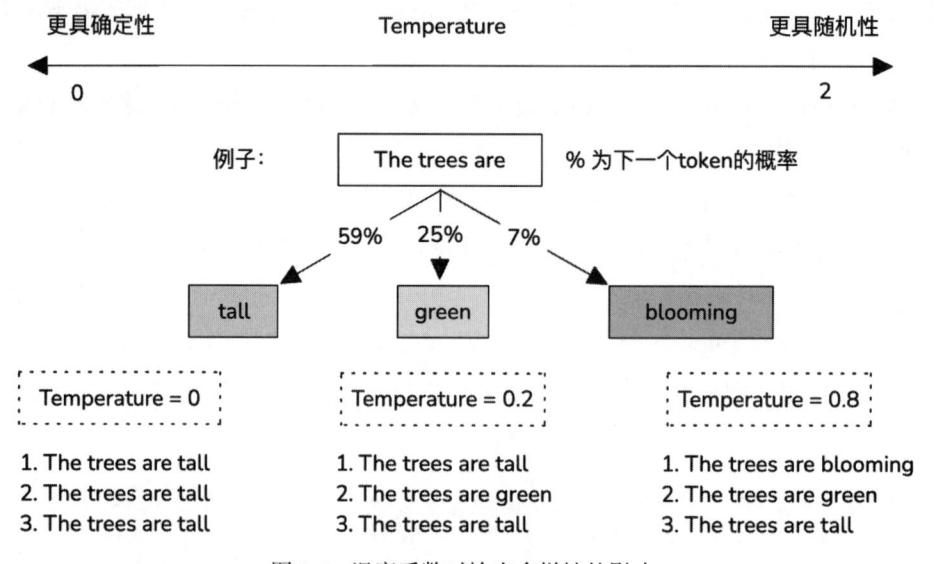

图 3.6 温度系数对输出多样性的影响

温度系数的取值范围是 0 到 2。较高的温度值会使输出结果更加多样和富有创造性，而较低的值则使得输出更加一致和可预测。

当温度设置为 0 时，对于相同的输入提示，模型几乎每次都会生成相同的回答。值得注意的是，即便温度系数设置为 0，模型输出仍可能存在细微差异。这些差异可能源于模型初始化中的随机性、浮点计算误差或神经网络的内在不确定性。即使试图通过设置温度为 0 减少随机性，这些小的变化仍有可能导致对相同输入产生略有不同的输出。

设置合适的温度取决于读者具体需求。例如，代码生成或数据分析任务适合较低的温度值（如 0.2），而需要更多创造性的任务，如协作或聊天机器人回复，则适合较高的温度值（如 0.5 及以上）。

> **提示**
> 如果读者确实需要在多次迭代中使用相同提示获得一致响应，这里有一些建议。在我的实验研究中，使用 GPT-3.5-Turbo-1106 模型并设置温度值为 0 能够获得最一致的结果。

除了温度，其他一些参数可以通过传递一个字典给 `additional_kwargs` 参数进行调整。如果读者打算在 RAG 工作流中使用 OpenAI 模型，建议熟悉这些大语言模型的设置，因为在 RAG 场景中它们非常重要，特别是 `top_p` 和 `seed` 这两个参数，它们可以用来控制输出的随机性。读者可以通过官方 OpenAI 文档 https://platform.openai.com/docs/models 获取详细的参数列表。

这里有一个简单的实践，读者可以用它尝试不同的大语言模型设置。

```
from llama_index.llms.openai import OpenAI
llm = OpenAI(
    model="gpt-3.5-turbo-1106",
    temperature=0.2,
    max_tokens=50,
    additional_kwargs={
    "seed": 12345678,
    "top_p": 0.5
```

```
    }
)
response = llm.complete(
    "Explain the concept of gravity in one sentence"
)
print(response)
```

通过上述代码，读者可尝试不同的设置，观察输出变化以确定最符合自身需求的参数。

如果读者想了解更多关于目前不同大语言模型能为 RAG 做些什么，这里有一个来自 LlamaIndex 官方文档的并排比较。这个列表是由 LlamaIndex 社区通过测试各种大语言模型构建的：https://docs.llamaindex.ai/en/stable/module_guides/models/llms.html。

3.3.5 如何使用 Settings 用于定制

读者可能已经注意到，3.2 节中使用了 Settings 定制 AI 模型。现在需要简要解释一下。

Settings 是 LlamaIndex 的一个关键组件，它允许用户自定义索引和查询过程中的每个要素。Settings 包含了多个配置对象，例如：

- 大语言模型：允许用户自定义大语言模型以覆盖默认配置。
- 嵌入模型：用于为文本生成向量以实现语义搜索，这些向量称为嵌入，我们将在第 5 章中更详细地讨论它们。
- 节点解析器：用于配置默认的节点解析器。
- 回调管理器：用于处理 LlamaIndex 内的事件回调，便于调试和跟踪大语言模型应用。

Settings 中还可以调整其他参数。在第 9 章中，我们将深入介绍 Settings 的各种自定义选项，以定制和部署 LlamaIndex 项目。无论想调整什么，都可以按照上面的例子进行设置。一旦配置好自定义 Settings，所有后续操作都将使用此配置。

本章的核心概念已介绍完毕，下面将动手编写代码，深入体验实际开发流程。

3.4 动手实践——构建个性化智能辅导系统 PITS

经过前面章节的学习，读者已经掌握了必要的理论基础。现在，是时候进入更高阶的实战阶段，并开始构建 PITS 项目了。

该项目采用模块化设计，这有助于提高代码的可读性，读者可以逐个了解 LlamaIndex 的核心概念。如前所述，读者既可以选择边读书边编写代码，也可以从 GitHub 仓库下载全部代码进行学习。

> **说明**
> 当前代码库还存在诸多优化空间。若读者希望将 PITS 打造成一个成熟的应用系统，还需进一步开发和扩展功能。比如，目前版本未包含用户认证系统，且仅支持单一用户使用。同时为了简化代码，错误处理部分也有所省略。不过，这些都是有待开发的功能而非缺陷。这意味着读者有机会进一步完善 PITS，使其成为一款商用级产品。何不试试看呢？

在着手开发前，让我们先来了解一下应用程序的代码架构。下面是构成 PITS 系统的 Python 源代码文件及其功能概述。

- `app.py`：Streamlit 应用程序的主要启动文件。负责初始化应用程序，并根据逻辑控制各页面的导航。
- `document_uploader.py`：此文件通过与 LlamaIndex 交互，处理上传文档的数据导入和索引工作。
- `training_material_builder.py`：根据用户的当前知识水平，构建学习资料（幻灯片和旁白）。它依赖于已经上传并索引过的资料生成学习内容。
- `training_interface.py`：这是教学活动发生的界面。它不仅展示幻灯片和讲师解说，还提供一个聊天面板用于用户交互。

- `quiz_builder.py`：基于已导入的学习资料和用户当前知识水平，生成测验题。
- `quiz_interface.py`：负责实施测验，并根据测试结果评估用户的掌握程度——这可能让人联想到令人头疼的考试。
- `conversation_engine.py`：管理会话侧边栏，响应用户查询并提供解释。同时，它追踪对话背景、防止信息重复，确保提供的帮助相关且有用。此外，它还能调出之前的讨论总结，确保 AI 导师能从中断处继续。
- `storage_manager.py`：处理所有文件操作，如保存和加载会话状态和用户上传。它管理本地文件存储，并可以稍后适应云存储解决方案。
- `session_functions.py`：处理存储和检索会话信息——最终在云端。
- `logging_functions.py`：记录用户与应用程序的每一次交互。写入描述性日志语句并带有时间戳以跟踪用户在整个应用程序中的动作。本地存储和检索应用程序日志——最终在云端。
- `global_settings.py`：包含应用程序设置、配置和最终 Streamlit 的部署所需要的密钥等。它将参数集中管理，方便调整和更新。
- `user_onboarding.py`：此模块负责新用户的引导流程。
- `index_builder.py`：此模块构建整个应用程序中用到的各种索引。

注意，目前应用程序设计为本地运行。在第 9 章中，我们将更深入地讨论 Streamlit 应用程序的部署选项。在继续之前，确保已经安装了 Python 的 YAML 包。该包是 `session_functions` 模块的必要依赖。接下来会对此做进一步解释。

为了安装这个包，读者可使用以下命令。

```
pip install pyyaml
```

现在，我们将重点关注三个 PITS 模块。

- `global_settings.py` 模块。
- `session_functions.py` 模块。
- `logging_functions.py` 模块。

PITS 项目源代码如下。

我们将首先从 `global_settings.py` 中的全局设置开始。

```
LOG_FILE = "session_data/user_actions.log"
SESSION_FILE = "session_data/user_session_state.yaml"
CACHE_FILE = "cache/pipeline_cache.json"
CONVERSATION_FILE = "cache/chat_history.json"
QUIZ_FILE = "cache/quiz.csv"
SLIDES_FILE = "cache/slides.json"
STORAGE_PATH = "ingestion_storage/"
INDEX_STORAGE = "index_storage"
QUIZ_SIZE = 5
ITEMS_ON_SLIDE = 4
```

在这个文件里，我们会存放整个应用的全局配置。通过调整这些不同的参数个性化 PITS 的行为，优化用户体验并对应用的一些内部设置进行调整。

目前，这里特别想强调两个参数：`LOG_FILE` 和 `SESSION_FILE`。这两个参数用来指定日志文件和会话相关数据的存储位置。日志文件用来记录所有的用户交互，确保对话的上下文。而会话文件则使用户能够在保持会话状态的情况下恢复之前的会话。

接下来看一下 `session_functions.py` 文件。

`session_functions.py` 模块包含了处理用户会话状态的保存、加载和删除的函数。

```python
from global_settings import SESSION_FILE
import yaml
import os
def save_session(state):
  state_to_save = {key: value for key, value in state.items()}
  with open(SESSION_FILE, 'w') as file:
    yaml.dump(state_to_save, file)
```

`save_session()` 函数接收当前状态作为输入参数，这个状态包含了用户会话的相关信息，并将其保存到名为 `SESSION_FILE` 的文件中。在保存前，状态会被转换成 YAML 格式，这样能确保后续可以轻松地重新加载。

```python
def load_session(state):
    if os.path.exists(SESSION_FILE):
        with open(SESSION_FILE, 'r') as file:
            try:
                loaded_state = yaml.safe_load(file) or {}
                for key, value in loaded_state.items():
                    state[key] = value
                return True
            except yaml.YAMLError:
                return False
    return False
```

`load_session()`函数会尝试读取`SESSION_FILE`（如果文件存在），然后将其中存储的会话数据加载到给定的状态对象中。若文件读取成功且YAML内容解析无误，则返回`True`，表示会话状态已经成功恢复。否则返回`False`。

```python
def delete_session(state):
    if os.path.exists(SESSION_FILE):
        os.remove(SESSION_FILE)
    for key in list(state.keys()):
        del state[key]
```

若要清除会话，`delete_session()`函数会删除`SESSION_FILE`并清空传入的状态对象，从而实现会话重置。

> **为什么选择YAML**
>
> 选择YAML作为序列化格式是因为它易于人类阅读且跨平台兼容。YAML对于层次化数据结构非常友好，使得在应用外部阅读和编辑变得容易。它允许会话状态以一种结构化和标准化的格式存储，方便根据需要进行传输或修改。尽管YAML通常用于配置文件，但它同样适合用来存储简单的数据结构，比如这里的会话状态。

此外，我们还需要创建`logging_functions.py`。以下是代码。

第 3 章　LlamaIndex 入门

```
from datetime import datetime
from global_settings import LOG_FILE
import os
def log_action(action, action_type):
    timestamp = datetime.now().strftime('%Y-%m-%d %H:%M:%S')
    log_entry = f"{timestamp}: {action_type} : {action}\n"
    with open(LOG_FILE, 'a') as file:
        file.write(log_entry)
def reset_log():
    with open(LOG_FILE, 'w') as file:
        file.truncate(0)
```

`logging_functions.py` 模块的主要职责是将应用运行期间发生的事件、用户行为以及其他值得注意的情况记录到日志文件中。它不仅是为了让 PITS AI 智能体在与用户互动时能够获得必要的背景信息，也方便进行系统监控和故障排查。

以下是模块中各函数的具体作用。

- `log_action(action, action_type)`：此函数用于记录特定的操作和事件。它接收两个参数：`action`（描述发生的事情的字符串）和 `action_type`（对操作进行分类）。函数会获取当前时间戳，连同操作描述和类型一起格式化后，追加到日志文件 `LOG_FILE` 中，以此来维持一个按时间顺序排列的动作和事件记录。
- `reset_log()`：在目前的设计中，如果用户选择开始新会话，我们将清空日志文件以防止数据积累过多。该函数会打开日志文件并清空其内容，从而移除所有的记录条目。尽管在生产环境中通常不会这样处理，因为日志对于历史数据分析非常重要，但对于我们的项目而言，这样做可以简化流程。

我承诺过编写 PITS 代码将会是一件很有趣的事情，虽然日志记录功能并不如其他模块那样直观有趣，但它是系统开发过程中不可或缺的关键组件。没有良好的日志记录，我们就很难有效地调试应用程序，也就无法真正享受到编程的乐趣。现在，我们已经打下了坚实的基础，在接下来的章节里，我们将继续探讨其他模块。

3.5 本章小结

本章介绍了文档、节点与索引等基础概念，它们是构成 LlamaIndex 的基石。本章中演示了一个简单的工作流程：将数据加载为文档，使用解析器将其解析为连贯的节点，从节点构建优化的索引，最后通过查询索引获取相关节点并合成响应。

LlamaIndex 的日志特性作为一种关键工具被引入，帮助用户理解系统内部运作机制以及调试应用程序。日志揭示了 LlamaIndex 如何解析文档、创建索引、向大语言模型发出提示、检索节点并合成响应。读者还学会了如何通过 Settings 类自定义 LlamaIndex 使用的大语言模型和其他服务。

此外，我们也开始构建 PITS 辅导应用项目，通过会话管理和日志功能打下坚实的基础。这种模块化的架构让读者在构建应用过程中逐步深入探索更加复杂的 LlamaIndex 特性。

在夯实了基础知识后，我们将继续深入挖掘 LlamaIndex 更为高级的功能与实践应用。

第 4 章
RAG 工作流中的数据整合

在第 3 章中,我们从宏观角度了解了 LlamaIndex 的整体架构。接下来将深入探讨其内部机制,逐步揭示这一框架的技术细节与独特之处。本章内容将更具技术性,同时也更具实践价值。

本章将涵盖以下主要内容。
- 通过 LlamaHub 导入数据。
- 充分利用 LlamaIndex 中的各种文本分块工具。
- 为节点添加元数据和关系。
- 确保数据隐私和预算安全。
- 构建高效且经济的数据导入流水线。

4.1 技术需求

为了能够顺利运行本章所提供的示例代码,请确保已安装以下 Python 库。

- LangChain：`https://www.langchain.com/`。
- Py-Tree-Sitter：`https://pypi.org/project/tree-sitter/`。

此外，还需要安装以下 LlamaIndex 集成包。

- Entity extractor：`https://pypi.org/project/llama-index-extractors-Entity`。
- Hugging Face LLMs：`https://pypi.org/project/llama-index-llms-huggingface/`。
- Database reader：`https://pypi.org/project/llama-index-readers-database/`。
- Web reader：`https://pypi.org/project/llama-index-readers-web/`。

本章的所有代码示例，均可在本书配套的 GitHub 仓库的 ch4 子文件夹中找到：`https://github.com/PacktPublishing/Building-Data-Driven-Applications-with-LlamaIndex`。

4.2 通过 LlamaHub 导入数据

正如我们在第 3 章中所看到的，RAG 工作流的第一步是导入和处理私有数据。我们已经了解到文档和节点的重要性，它们用于整理数据并为索引做准备。此外，LlamaHub 数据读取器是一种将数据轻松整合到 LlamaIndex 中的方式。现在，让我们更详细地探讨这些步骤，逐步学习如何将专有知识注入到大语言模型应用中。然而，在这一阶段，读者可能会遇到以下几类常见挑战。

（1）**数据质量决定一切**。无论 RAG 工作流多么高效，最终结果的质量主要取决于原始数据的质量。为了克服这一挑战，请务必先清理数据，去除潜在的重复项和错误，注意模糊、偏见、不完整或过时的信息。许多结构不佳且维护不当的知识库对于那些寻求快速准

确答案的用户来说是没有价值的。读者可以反问自己：若以人工方式检索这些数据，获取所需信息的难度有多大？所以，在构建流水线前，请充分整理数据，直到你对上述问题的回答满意为止。

（2）**数据是动态变化的**。知识库并不是静态的、永久的数据源，而是随业务的发展而变化的，并反映新的洞察、发现以及外部环境的变化。认识到这种动态特性对于维持系统的相关性和有效性至关重要。在生产级别的 RAG 应用中，需要构建定期审核与内容更新机制，及时纳入最新信息，同时剔除陈旧或错误内容，以保证系统的准确性和时效性。

（3）**数据有多种形式**。有时数据是结构化的，有时则不然。一个设计良好的 RAG 系统应该能够处理各种格式和文档类型。尽管 LlamaIndex 提供了丰富的数据读取器组件，但构建高效的自动化数据导入系统仍存在一定挑战。稍后我们将介绍 LlamaParse——一种创新的托管服务，旨在自动导入和处理不同数据源的数据。

现在，我们已经了解了可能遇到的挑战，接下来将从最简单的方法开始——使用 LlamaHub 数据读取器将数据导入 RAG 流水线。

4.3　LlamaHub 概述

LlamaHub 是一个功能丰富的集成库，旨在扩展 LlamaIndex 核心框架的能力。LlamaHub 提供了多种集成工具，其中核心组件是数据连接器（也称数据读取器或数据提取器），这些工具用于将外部数据无缝集成到 LlamaIndex 系统。目前 LlamaHub 提供了超过 180 种预置的数据读取器，支持多种数据源和格式，而且这个数量还在不断增长。

这些连接器提供了一种标准化的数据导入方式，可以从数据库、API、文件和网站等来源提取数据，并将其转换为 LlamaIndex 的文档对象，从而省去为每一个新数据源编写自定义解析器和连接器的麻烦。当然，如果读者觉得现有的连接器不够理想，也可以自行开发新的连接器并贡献到 LlamaHub 中。

通过 LlamaHub，读者仅需少量代码即可轻松接入各种数据源。生成的文档对象可以进一步解析为节点，并根据具体应用需求构建索引结构。由于所有数据都以 LlamaIndex 文档对象的形式统一输出，这意味着核心业务逻辑无须处理各种数据类型，这些复杂性已被 LlamaIndex 框架抽象化。

> **为何需要这么多集成**
>
> 由于采取了模块化架构设计（参考第 2 章），LlamaIndex 提供的许多检索增强生成组件并未包含在默认的核心安装包内。因此，在首次使用某个数据读取器前，读者需要先安装对应的集成包。安装完成后，就可以将数据读取器导入代码并使用其功能。某些读取器还会依赖于特定的数据解析工具或第三方库，例如 PDFReader 使用 Camelot 和 Tika 处理 PDF 文件内容，AirbyteSalesforceReader 则依赖 Salesforce API 客户端等。这些工具使我们能够高效地适应不同数据源的格式和接口，但同时也意味着可能需要安装额外的软件包。

LlamaHub 网站上列出了所有可用的数据读取器，并附有详细的文档和使用示例。因此，这里简单介绍几个示例，帮助用户了解如何在应用程序中使用它们。

在构建 LlamaIndex 应用时，建议优先查阅 LlamaHub 中已有的数据读取器，而非从零开始开发新的数据导入工具。

如果读者希望查看读取器的源代码，可以在 LlamaIndex GitHub 仓库下的 `llama-index-integrations/readers` 子文件夹中找到它们：`https://github.com/run-llama/llama_index/tree/main/llama-index-integrations/readers`。

LlamaHub 为每个数据读取器提供了详尽的安装指南与使用说明。使用前请务必安装所需依赖，尤其是针对特定数据源所需的库和工具。

4.4　使用 LlamaHub 数据读取器导入内容

在第 3 章中，我们使用了 Wikipedia 数据读取器进行数据导入。为了进一步理解

LlamaIndex 数据读取器的工作原理，本节将通过多个实例介绍如何使用 LlamaHub 中的不同读取器。

4.4.1 从网页导入数据

`SimpleWebPageReader` 可以从网页中提取文本内容。要使用它，读者首先需要先安装相应的集成包。

```
pip install llama-index-readers-web
```

安装完成后，使用方法也非常简单。

```
from llama_index.readers.web import SimpleWebPageReader
urls = ["https://docs.llamaindex.ai"]
documents = SimpleWebPageReader().load_data(urls)
for doc in documents:
    print(doc.text)
```

这样代码就会将网页的文本内容加载到文档中并显示出来。

`SimpleWebPageReader` 的核心功能是作为桥梁，将互联网中的非结构化网页内容转换为适用于 LlamaIndex 的结构化数据格式。接下来让我们深入了解它在网页中提取文本内容时的具体工作原理。

在加载数据的过程中，`SimpleWebPageReader` 会根据用户提供的 URL 列表逐一访问网页。对于每一个 URL，它会发起网络请求获取页面内容。收到的响应最初是以 HTML 格式存在的，但如果将 `html_to_text` 标志设置为 `True`，它会将 HTML 内容转换为纯文本。这种转换会去除 HTML 标签，将网页内容转换成更简洁的文本格式。该功能依赖 `html2text` 库，因此在使用 HTML 转文本功能前需要先安装该依赖。

`SimpleWebPageReader` 的另一个重要特性，就是它可以向抓取到的文档添加元数据。通过 `metadata_fn` 参数，读者可以提供一个自定义函数，该函数接收 URL 作为输入，并返回一个包含元数据的字典。这种机制使得文档能够携带更多有用的信息或者标签，有助于对数据分类和上下文理解。如果提供了 `metadata_fn` 参数，那么读取器将此函数应用于当前 URL 以提取元数据，并将这些元数据附加到最终的 `Documents` 对象上，为最终的文档对象增加一层有价值的信息。

> **metadata_fn()函数实例**
>
> 例如，可以定义一个元数据函数，返回当前日期与时间，用于标记每次网页抓取的时间点。这样，即使是同一 URL，在不同时间被加载后，也可以记录下各个时间点的页面版本，从而形成一个时间序列。这对于追踪代码库的变化或者新闻故事的发展特别有帮助。

最终，每个网页的内容连同其 URL 和可选的元数据都被封装在一个 `Document` 对象内。然后所有这些 `Document` 对象会被收集到一个列表中，形成从网页中提取的文本内容和元数据的结构化表示。

> **注意**
>
> 正如其名，`SimpleWebPageReader` 是一个相对简单的工具。它适合静态网页文本提取，但对于一些复杂的网页，比如需要登录验证或依赖 JavaScript 动态渲染内容的网页，`SimpleWebPageReader` 则可能无法胜任，因为它是为简单抓取设计的。

借助 `SimpleWebPageReader`，导入并结构化基本网页内容变得十分简便。这些读取器的优势在于，它们使开发者可以专注于构建和优化 RAG 应用程序的核心逻辑，而不必花费大量时间为知识库中的每种数据类型单独开发数据导入工具。

4.4.2　从数据库导入数据

接下来看一下如何利用数据库加载数据。数据库是一种广泛使用且高效的结构化数据管理与查询工具，常用于支持 RAG 系统的知识基础建设。由于数据库可以存储各种类型的数据，从简单的文本到复杂的实体关系，因此它们在数据管理中扮演着至关重要的角色。

DatabaseReader 连接器支持多种数据库系统。首先，我们需要安装必要的集成包。

```
pip install llama-index-readers-database
```

以下是一个简单的示例，展示如何从 SQLite 数据库提取数据。

```
from llama_index.readers.database import DatabaseReader
reader = DatabaseReader(
    uri="sqlite:///files/db/example.db"
)
query = "SELECT * FROM products"
documents = reader.load_data(query=query)
for doc in documents:
    print(doc.text)
```

DatabaseReader 通过 SQLDatabase 实例、SQLAlchemy 引擎、连接 URI 或一组数据库凭证（通过 scheme、host、port、user、password 和 dbname 参数提供）连接至多个数据库系统，从而获取数据，并将其转换为适合 RAG 流水线使用的格式。设置完成后，它会执行指定的 SQL 查询检索数据。一旦连接到数据库，读取器就会执行查询。查询的结果行将被转换为 Documents 对象，每一行对应一个 Document。在转换过程中，它会将每个列值对组合成一个字符串，作为 Document 的文本内容。

下面的例子展示了如何针对 ch4/files/db 文件夹中的 SQLite 数据库进行 SQL 查询，将返回结果加载为文档并显示结果。读者可以在官方项目文档网站上找到更多通用的例子：https://docs.llamaindex.ai/en/stable/examples/data_connectors/DatabaseReaderDemo.html。

至此，读者应该对数据读取器的基本工作原理已有初步理解。正如你所看到的，使用 LlamaHub 读取器的方法十分简单。在所有示例中，我们首先按照 LlamaHub 的说明安装必要的集成包，然后使用它导入和加载来自读取器的数据。除了上述示例，LlamaHub 还提供了大量的数据读取器可供使用。无论 Office 文档、Gmail 账户、视频和图片、YouTube 视频、RSS 订阅源，还是 GitHub 代码库和 Discord 聊天记录，几乎所有常见的数据格式都得到了支持。

稍后将探讨如何高效地一次性导入多种文档。

4.4.3 从多种文件格式的数据源批量导入数据

将数据加载到 LlamaIndex 是构建 RAG 系统至关重要的一步。然而，面对 LlamaHub 中众多的数据读取器，筛选并配置每个加载器可能会让人感到无从下手。为了简化数据导入流程，接下来向读者介绍两种有效的方法。我们将从最简单的方法开始。

1. 使用 SimpleDirectoryReader 导入多种数据格式

如果读者希望快速入门，或使用场景较为简单，SimpleDirectoryReader 读取器是一个理想的选择。读者可以把它想象成一个适用于批量导入多种数据格式的"瑞士军刀"。它不仅易于使用，而且几乎不需要任何设置就能自动适应各种文件类型。只需指定目标目录或具体文件列表，即可完成多种类型文件的统一加载，例如，包含 PDF、Word 文档、纯文本文件和 CSV 文件的文件夹。以下是具体操作示例。

```
from llama_index.core import SimpleDirectoryReader
reader = SimpleDirectoryReader(
    input_dir="files",
    recursive=True
    )
documents = reader.load_data()
for doc in documents:
    print(doc.metadata)
```

工作原理

SimpleDirectoryReader 内置了多种方法，能够根据文件类型自动选择最适合的读取器。读者无须关心这些细节，它会根据文件扩展名自动识别 PDF、DOCX、CSV、纯文本等格式，并选择适当的工具将内容提取为 Document 对象。对于纯文本文件，它直接读取文本内容；对于 PDF 和 Office 文档等二进制文件，则会使用 PyPDF 和 Pillow 等库提取文本。

SimpleDirectoryReader 能够轻松处理各种文件类型，并将解析后的内容以文档

对象形式返回。默认情况下，它只处理指定目录顶层的文件。如果需要包含子目录，读者可以将递归参数 `recursive` 设置为 `True`。

此外，读者也可以直接提供特定文件的列表进行加载，如下所示。

```
files = ["file1.pdf", "file2.docx", "file3.txt"]
reader = SimpleDirectoryReader(files)
documents = reader.load_data()
```

通过几行代码，读者可以获得一批进行索引的文档对象，无须为每种文件类型单独设置数据读取器。如果读者希望快速、轻松完成数据导入，`SimpleDirectoryReader` 是一个多功能且自动化的解决方案。

2. 借助 LlamaParser 实现专业级文档解析

尽管 `SimpleDirectoryReader` 非常适合快速、简单的数据导入，但有时需要更高级的解析能力，尤其是复杂的文件格式。在实际应用中，我们往往需要解析结构复杂的文档，如包含图像、表格、数学公式及代码片段的技术资料。LlamaHub 中的基础读取器往往难以应对这些情况，它们可能无法提取全部内容，甚至可能会导致数据混乱，增加后续处理的难度。

这时，LlamaParse 就派上了用场。LlamaParse 是 LlamaCloud 企业平台（https://cloud.llamaindex.ai/parse）提供的一项服务，它通过先进的托管服务与 LlamaIndex 框架实现无缝集成。LlamaParse 借助多模态解析技术与大语言模型能力，提供了行业领先的文档解析能力，尤其擅长处理包含表格、图表和公式的复杂文档。

LlamaParse 的一大亮点是它允许用户通过 `parsing_instruction` 参数提供自然语言指令指导解析过程。因为用户最了解自己的文档，所以可以精确地指示 LlamaParse 需要什么样的输出以及如何从文件中提取这些信息。

举例

当解析一份技术白皮书时，读者可以指示它提取所有章节标题，忽略脚注，并将代码片段以 Markdown 格式输出。LlamaParse 将遵循如上指令精确地解析文档。

除了指令引导的解析模式，LlamaParse 还提供了一个 JSON 输出模式，能够提供丰富的结构化数据，包括表格、标题、图像等信息的提取。此外，LlamaParse 还可以与 `SimpleDirectoryReader` 结合使用，一次性批量导入整个文件夹的内容。这为用户在复杂的文档集合上构建自定义 RAG 应用提供了极大的灵活性。当然，读者也可以手动为每种文件格式使用专门的数据读取器完成这些操作，但使用 LlamaParse 将显著简化流程，提高解析质量，并节省大量时间。

LlamaParse 支持多种文件类型，包括 PDF、Word 文档、PowerPoint、RTF、ePub 等，并且支持的格式还在不断扩展。它提供了一个免费的入门层级，方便用户快速上手。

LlamaParse 的集成通常已经与 LlamaIndex 组件一起安装，因此无须额外安装即可运行本节中的代码示例。接下来，读者需要在 LlamaCloud 上注册一个免费账户并获取 API 密钥。获得密钥后，读者可以直接在代码中使用，但出于安全起见，强烈建议读者遵循第 2 章中描述的步骤，将密钥作为环境变量 `LLAMA_CLOUD_API_KEY` 存储在本地。为了展示 LlamaParse 的功能，本节设计了一个结构复杂的示例 PDF 文件，如图 4.1 所示。

图 4.1　包含多篇文章、图像和表格的 PDF 文件

以下是一个使用 LlamaParse 导入这个 PDF 文件的代码示例。

```
from llama_parse import LlamaParse
from llama_index.core import SimpleDirectoryReader
from llama_index.core import VectorStoreIndex
```

代码的第一部分导入了必要的模块。接下来，配置 LlamaParse 并将其作为 file_extractor 参数传递给 SimpleDirectoryReader。

```
parser = LlamaParse(result_type="text")
file_extractor = {".pdf": parser}
reader = SimpleDirectoryReader(
    "./files/pdf",
    file_extractor=file_extractor
)
docs = reader.load_data()
```

当 PDF 内容被成功导入为一个文档对象后，就可以构建索引并对数据进行查询了。

```
index = VectorStoreIndex.from_documents(docs)
qe = index.as_query_engine()
response = qe.query(
    "List all large dog breeds mentioned in Table 2 "
)
print(response)
```

运行脚本，程序的输出类似于以下内容。

```
Started parsing the file under job_id <…>
German Shepherd, Golden Retriever, Labrador Retriever
```

> **重要提示**
>
> 使用 LlamaParse 这样的托管服务时，数据隐私是一个需要重点考虑的因素。在通过 API 提交私有数据之前，请务必仔细阅读其隐私政策，确保其符合数据保护要求。尽管这项服务提供了强大的解析能力，但保护敏感信息仍然至关重要。

需要注意的是，LlamaParse 是一项付费服务。不过，它提供一个免费的入门计划，适合进行小规模试用或原型开发。如果需要处理更大规模的数据，可以在官网上查看当前的定价方案。如果读者希望充分发挥 LlamaParse 的潜力，例如构建高级文档检索系统或部署在私有云中以确保数据安全，这些选项也是支持的。

对于需要投入生产的专业应用程序，LlamaParse 是一个强大的工具，能够帮助用户全面掌控数据解析过程，从而最大限度地提升知识库和 RAG 应用的质量。

完成数据导入后，下一步是将数据细化为更小的单元，以便构建高效的索引与问答流程。

4.5 将文档解析为节点

正如第 3 章中提到的，下一步是将文档拆分为节点。由于文档通常篇幅较长，需要将其拆分为更小的单元——节点，以便后续索引和检索。这种细粒度的处理方式使我们能够更好地管理内容，同时保持其内部结构的准确性。这也是 LlamaIndex 用于高效管理专有数据内容的核心机制。

本节将介绍 LlamaIndex 如何从文档中自动生成节点，并探讨其中的可配置项。在第 3 章中，我们介绍了如何手动创建节点，但这只是为了简化说明，帮助读者更好地理解其工作原理。在实际应用中，通常会使用自动化方式从导入的文档中生成节点。接下来的内容将聚焦于这一点。

在本节中，我们将介绍几种不同的文档分块方法。首先会介绍简单的文本切分器，它们直接处理原始文本。然后将会探讨更高级的节点解析器，它们能够解释更复杂的格式，并在提取节点时遵循文档的结构。

4.5.1 简单的文本切分器

文本切分器可在原始文本层面将文档拆分为更小的片段，适用于结构简单、格式统一

的内容场景。

在运行以下示例前，确保在代码开头导入必要的模块，并使用 FlatReader 读取。

```
from llama_index.core.node_parser import <Splitter_Module>
from llama_index.readers.file import FlatReader
from pathlib import Path
reader = FlatReader()
document = reader.load_data(Path(<file_name>))
```

如果读者想查看代码生成的实际节点，可以在运行解析器后添加如下代码。

```
for node in nodes:
    print(f"Metadata {node.metadata} \nText: {node.text}")
```

现在，让我们看看文本切分器中都有哪些类型。

1. SentenceSplitter 切分器

这种切分器能够在保持句子边界的同时拆分文本，生成包含句子组的节点。

2. TokenTextSplitter 切分器

这种切分器会在保持句子边界的前提下按 token 拆分文本，从而生成适合自然语言处理的节点。以下是一个典型的使用示例。

```
splitter = TokenTextSplitter(
    chunk_size = 70,
    chunk_overlap = 2,
    separator = " ",
    backup_separators = [".", "!", "?"]
)
nodes = splitter.get_nodes_from_documents(document)
```

以下是关于此切分器的参数说明。

- chunk_size：设置每个块的最大 token 数。
- chunk_overlap：定义连续块之间的 token 重叠数量。
- separator：用于确定主要的 token 边界。

- `backup_separators`：在主分隔符无法有效拆分文本时，备用分隔符将作为备选进行切分操作。

3. CodeSplitter 切分器

这是一个智能切分器，能够解释源代码。它根据编程语言拆分文本，非常适合管理技术文档或源代码。在运行示例之前，请确保安装依赖库。

```
pip install tree_sitter
pip install tree_sitter_languages
```

以下是如何在代码中使用此切分器的示例。

```
code_splitter = CodeSplitter.from_defaults(
    language = 'python',
    chunk_lines = 5,
    chunk_lines_overlap = 2,
    max_chars = 150
)
nodes = code_splitter.get_nodes_from_documents(document)
```

读者可以调整如下参数。

- `language`：指定代码的语言。
- `chunk_lines`：定义每块的行数。
- `chunk_lines_overlap`：定义块之间的行重叠。
- `max_chars`：定义每块的最大字符数。

> **关于 CodeSplitter 切分器的补充说明**
>
> CodeSplitter 切分器是基于抽象语法树（AST）的概念构建的。AST 是计算机科学中的一个重要概念，主要用于创建翻译或解释代码的程序。它可以看作是一个分支图，展示了用编程语言编写的代码的基本结构。图中每个节点代表代码的不同部分。由于 CodeSplitter 切分器对 AST 的理解，它在拆分代码时尽可能将相关语句保持在一起。这对于维护代码逻辑的完整性和后续检索的准确性至关重要。

4.5.2 高级的节点解析器

除了基于简单规则的文本切分器，还有更高级的工具用于处理更复杂的任务时将文本切分为节点。这些工具用于处理各种标准文件格式或特定类型的内容。

值得注意的是，接下来所有将讨论的节点解析器都继承自一个通用类 `NodeParser`。每个解析器都有多种参数，可以根据具体用例进行配置。但所有解析器都支持以下三个通用选项。

- `include_metadata`：决定解析器是否应考虑元数据，默认设置为 `True`。
- `include_prev_next_rel`：决定解析器是否应自动包括节点之间的前后关系，默认值也是 `True`。
- `callback_manager`：定义特定的回调函数，可用于调试、跟踪和成本分析等用途。我们将在第 10 章中详细讨论它。

除了这三个通用选项，每个解析器还提供特定的参数供用户定义。读者可以通过查阅官方文档获取每个解析器的完整参数列表。

接下来看看 LlamaIndex 中可用的节点解析器。

1. SentenceWindowNodeParser 解析器

这种解析器基于简单的 `SentenceSplitter`，能够将文本拆分为单个句子，并在每个节点的元数据中包含周围句子的上下文窗口。这有助于为每个句子构建更丰富的上下文信息。在查询过程中，这些上下文信息会被输入到大语言模型中，从而生成更准确的响应。使用方法如下。

```
parser = SentenceWindowNodeParser.from_defaults(
    window_size=2,
    window_metadata_key="text_window",
    original_text_metadata_key="original_sentence"
)
nodes = parser.get_nodes_from_documents(document)
```

该解析器支持以下三个特定参数的自定义。

- `window_size`：定义窗口中每一侧可包括的句子数量。
- `window_metadata_key`：定义窗口句子的元数据键。
- `original_text_metadata_key`：定义原始句子的元数据键。

2. LangchainNodeParser 解析器

如果读者倾向于使用 LangChain 的切分器，LangchainNodeParser 解析器允许使用 Langchain 集合中的任何文本切分器，从而扩展了 LlamaIndex 提供的解析功能。

在运行以下示例前，需要安装 LangChain 库。

```
pip install langchain
```

以下是一个简单的使用示例。

```
from langchain.text_splitter import CharacterTextSplitter
from llama_index.core.node_parser import LangchainNodeParser
parser = LangchainNodeParser(CharacterTextSplitter())
nodes = parser.get_nodes_from_documents(document)
```

> **关于 LangChain 的补充说明**
>
> LangChain 框架与 LlamaIndex 框架类似，提供了一套专注于高级自然语言处理能力的多功能工具包。它包含文本拆分、摘要和语言理解模型，能够将文本数据拆分为连贯的块，准备索引的方式也类似于 LlamaIndex。在处理需要细致语言分析的大型数据源时，LangChain 允许用户精准控制文本的拆分和导入，确保为后续的检索和查询保留上下文和清晰度。可以看出，二者在 RAG 场景中可以相互补充。想要了解更多关于 LangChain 的信息，请访问 https://www.langchain.com/。

接下来继续介绍其他解析器。

3. SimpleFileNodeParser 解析器

这种解析器会根据文件类型自动选择以下三种节点解析器中的一种。它能够自动处理多种文件格式并将其转换为节点，从而简化与不同类型内容的交互过程。

```
parser = SimpleFileNodeParser()
nodes = parser.get_nodes_from_documents(documents)
```

读者可以使用 `FlatReader` 将文件加载到 `documents` 对象中，`SimpleFileNodeParser` 会自动处理后续步骤。

4. HTMLNodeParser 解析器

此解析器使用 Beautiful Soup 解析 HTML 文件，并根据选定的 HTML 标签将其转换为节点。它会从标准文本元素中提取文本并合并相同类型的相邻节点简化 HTML 文件。

```
my_tags = ["p", "span"]
html_parser = HTMLNodeParser(tags=my_tags)
nodes = html_parser.get_nodes_from_documents(document)
print('<span> elements:')
for node in nodes:
    if node.metadata['tag']=='span':
        print(node.text)
print('<p> elements:')
for node in nodes:
    if node.metadata['tag']=='p':
        print(node.text)
```

读者可以根据需要自定义要提取内容的 HTML 标签。

5. MarkdownNodeParser 解析器

Markdown 解析器用于处理原始 Markdown 文本，并生成反映其结构和内容的节点。它会根据文件中的每个标题将对应内容划分为节点，并将标题层次结构嵌入元数据中。下面是如何使用 `MarkdownNodeParser` 的方法。

```
parser = MarkdownNodeParser.from_defaults()
nodes = parser.get_nodes_from_documents(document)
```

6. JSONNodeParser 解析器

此解析器专门用于处理和查询 JSON 格式的结构化数据。与 Markdown 解析器类似，

JSON 解析器的使用方法如下。

```
json_parser = JSONNodeParser.from_defaults()
nodes = json_parser.get_nodes_from_documents(document)
```

4.5.3 节点关系解析器

关系解析器将信息解析为通过关系连接在一起的节点。这种关系为数据增添了全新的维度，使 RAG 工作流可以使用更高级的检索技术。

1. HierarchicalNodeParser 解析器

这个解析器将节点组织成多级层次结构。它将生成一个层次结构的节点，从包含较大文本块的顶级节点开始，到包含较小文本块的子节点，每个子节点都有一个包含更大文本块的父节点（参见图 4.2）。默认情况下，解析器使用 `SentenceSplitter` 分块文本，节点层次结构如下。

- 级别 1：部分大小为 2048。
- 级别 2：部分大小为 512。
- 级别 3：部分大小为 128。

包含较大文本块的顶层节点可以提供高层次的摘要，而较低级别的节点则对文本部分进行更详细的分析，请参考图 4.2。

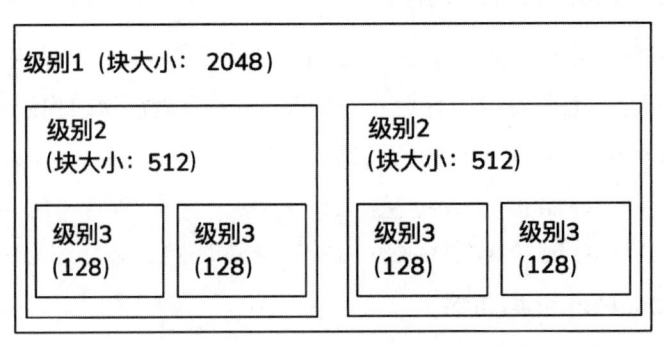

图 4.2　块大小为 2048、512 和 128 的层次化节点结构

通过这种方式，可以使用不同层级的节点调整搜索结果的准确性和深度，从而允许用户在不同粒度级别上查找信息。以下是一个使用示例。

```
hierarchical_parser = HierarchicalNodeParser.from_defaults(
    chunk_sizes=[128, 64, 32],
    chunk_overlap=0,
)
nodes = hierarchical_parser.get_nodes_from_documents(document)
```

该解析器支持以下两个参数的自定义。
- chunk_sizes：列表中的值根据内容大小定义层次结构的级别。
- chunk_overlap：定义块之间的重叠量。

2. UnstructuredElementNodeParser 解析器

在某些情况下，文档中可能同时包含文本和数据表，这会导致传统解析方法在处理此类文档时会变得低效。为此设计的 UnstructuredElementNodeParser 解析器能够处理这类文档，并将其拆分为可解释的节点，同时识别文本部分和其他嵌入结构（如表格）。有关此解析器的更多细节，我们将在本章的结尾部分深入探讨。

4.5.4 节点解析器和文本切分器的区别

在本章中，节点解析器和文本切分器这两个术语被相对灵活地使用，初次接触或许会让读者感到些许困惑。简单来说，节点解析器相较于简单的文本切分器，具备更复杂的机制。尽管两者基本功能相似，但在实现细节和复杂程度上有所不同。

文本切分器，例如 SentenceSplitter，可以根据特定规则或限制条件，如 chunk_size 或 chunk_overlap，将较长的连续文本分拆成多个节点。这些节点可以代表行、段落或句子，并且可能还包括额外的元数据或原始文档链接。

相较于文本切分器，节点解析器在设计上更为复杂。它不仅能够拆分文本，还涉及更多的数据处理逻辑。除了基础的文本切分，节点解析器还能执行诸如分析 HTML 或 JSON

文件结构等附加任务，并创建包含丰富上下文信息的节点。

4.5.5 理解 chunk_size 与 chunk_overlap

文本切分器是 LlamaIndex 中的一个基础但非常重要的组件。它们控制着文档中的文本在解析过程中如何被切分为节点。对于每种类型的文本切分器，LlamaIndex 提供了多种参数定制文本切分行为。

其中最为关键的两个参数是块大小 chunk_size 和块重叠 chunk_overlap。像 SentenceSplitter、TokenTextSplitter 和 TextSplitter 这些文本切分器，它们在创建节点时会使用 chunk_size 和 chunk_overlap 参数决定文本如何被拆分成更小的块。chunk_size 控制节点文本块的最大长度，这有助于保证节点不会因为过大而占用大语言模型过多的处理时间。在 LlamaIndex 中，chunk_size 的默认值为 1024。

chunk_size 参数对于构建 RAG 系统至关重要。如果文本块太小，可能会丢失重要的上下文，导致大语言模型生成的响应质量下降。而文本块太大则会增加提示的大小，进而增加计算成本和响应生成时间。选择合适的 chunk_size 和 chunk_overlap 需要权衡上下文保留与计算效率之间的关系。LlamaIndex 默认值的选择基于实验性方法，具体可参考 https://blog.llamaindex.ai/evaluating-the-ideal-chunk-size-for-a-rag-systemusing-llamaindex-6207e5d3fec5。

chunk_overlap 通过重新包含前一个节点的一些 token 创建重叠节点。这有助于为大语言模型提供上下文，使其在处理相邻节点时能够理解内容的连续性。图 4.3 展示了这两个参数的概念。

图 4.3 chunk_size 和 chunk_overlap

这两个参数的概念类似于 SentenceWindowNodeParser 的工作原理，即为每个句子提取一段上下文窗口。假设 chunk_size=100（块大小）和 chunk_overlap=10（块重叠），我们有以下文本。

Gardening is not only a relaxing hobby but also an art form. Cultivating plants, designing landscapes, and nurturing nature bring a sense of accomplishment. Many find it therapeutic and rewarding, especially when they see their garden fl ourish.

这段文本将被切分为如下几个部分。

- 节点 1（前 100 个字符）：Gardening is not only a relaxing hobby but also an art form. Cultivating plants, designing landscapes, an。
- 节点 2（从第 75 个字符开始，接下来的 100 个字符）：designing landscapes, and nurturing nature bring a sense of accomplishment. Many find it therapeutic and re。
- 节点 3（从第 150 个字符到文本结尾）：Many find it therapeutic andrewarding, especially when they see their garden flourish。

在这种设置下，节点 1 和节点 2 之间的重叠内容为 designing landscapes, an,，而节点 2 和节点 3 之间的重叠内容为 Many find it therapeutic and re.。这些重叠确保了一个节点会包含前一个节点的部分内容。这种机制保证了各块之间内容的连续性和上下文，使得每个部分在按顺序阅读时更加有意义。

合理设置块大小 chunk_size 和块重叠 chunk_overlap 是构建高质量向量索引的关键，且需要在保留上下文与控制计算成本之间取得平衡。有关详细信息，请参见第 5 章。

接下来简要介绍节点间的关系。

4.5.6　使用 include_prev_next_rel 包含关系

现在我们来讨论另一个重要参数 include_prev_next_rel。当它设置为 True 时，解析器会自动在相邻节点之间添加后一个 NEXT 和前一个 PREVIOUS 的关系。如下示例。

```
node_parser = SentenceWindowNodeParser.from_defaults(
    include_prev_next_rel=True
)
```

这有助于记录节点之间的顺序关系，在查询时，读者可以选择使用如 `PrevNextNodePostprocessor` 等特性检索前后节点，从而获得更多的上下文信息。更多信息请参考第 6 章。

这些关系会被添加到每个节点的 .relationships 字典中。因此，节点 1 如下所示。

```
node1.relationships[PREVIOUS] = RelatedNodeInfo(node_id=node0.node_id)
```

节点 2 如下所示。

```
node2.relationships[NEXT] = RelatedNodeInfo(node_id=node3.node_id)
```

记录这些序列关系对于长文档来说尤为重要，它不仅能够保证上下文的连贯性，还带来了诸多额外的好处，这些已在第 3 章进行了详细介绍。

此外，前后关系的存在使得集群检索变得可行，即可以通过追踪节点间的关系获取相邻的相关节点的集群。这种方式提供了更集中的上下文，而非随机分布的节点。同时，在处理故事或对话等内容时，保持内容中的连贯叙事线索是拥有这些节点关系的另一个理由。

接下来将探讨如何在工作流中使用这些解析器和切分器。

4.5.7　节点生成的三种实践方式

如何在代码中使用节点解析器或文本切分器，取决于读者期望对自定义过程的程度，但总体来讲可以归纳为三种主要方式。

（1）**独立使用**：通过调用 `get_nodes_from_documents()` 函数单独使用它们，例如。

```
from llama_index.core import Document
from llama_index.core.node_parser import SentenceWindowNodeParser
doc = Document(
    text="Sentence 1. Sentence 2. Sentence 3."
)
parser = SentenceWindowNodeParser.from_defaults(
    window_size=2 ,
    window_metadata_key="ContextWindow",
    original_text_metadata_key="node_text"
)
nodes = parser.get_nodes_from_documents([doc])
```

此段代码将生成三个节点。如果查看第二个节点,例如执行 print(nodes[1]),我们将得到以下输出。

```
Node ID: 0715876a-61e6-4e77-95ba-b93e10de1c67
Text: Sentence 2.
```

解析器提取了第二句,并为该节点分配了一个随机 ID。此外,通过 print(nodes[1].metadata) 查看节点的元数据,还可以看到它根据指定的键收集的上下文信息。

```
{'ContextWindow': 'Sentence 1. Sentence 2. Sentence 3. ',
'node_text': 'Sentence 2. '}
```

这些元数据可在后续构建查询时为每个句子提供更丰富的上下文信息,有助于提升大语言模型响应的质量。更多详情请参阅第 6 章。

(2) **Settings** 配置:第二种方法是在配置中设置解析器或切分器,这种方法更加通用和便捷,特别是在应用程序需要自动使用同一解析器实现多种功能时。

```
from llama_index.core import Settings, Document, VectorStoreIndex
from llama_index.core.node_parser import 
SentenceWindowNodeParser  doc = Document(text="Sentence 1. Sentence 2. 
Sentence 3." )
text_splitter = SentenceWindowNodeParser.from_defaults(
    window_size=2 ,
```

```
    window_metadata_key="ContextWindow",
    original_text_metadata_key="node_text"
)
Settings.text_splitter = text_splitter
index = VectorStoreIndex.from_documents([doc])
```

上述示例在定义并配置 `text_splitter` 后，代码将其预加载到 `Settings` 中。自此以后，每次调用任何依赖于文字拆分函数时，默认情况下都是使用自己定义的 `text_splitter`。

值得注意的是，上述实例实际上有些烦琐，因为这里用到了节点解析器而非简单的文本切分器。虽然这种做法对基于节点构建的索引并无明显益处，但这样做是为了强调解析器与切分器之间的区别。

（3）将解析器定义为数据导入流水线中的一个转换步骤。

数据导入流水线是一种自动化、结构化的数据处理流程，它按照预定的转换步骤依次处理数据。稍后，本章会详细介绍其工作原理及其用途，同时读者也会看到具体的代码实现。

接下来将探讨元数据以及如何利用元数据优化 RAG 应用的效果。

4.6 善用元数据优化上下文理解

元数据究竟是什么？简而言之，它指的是附加在文档或节点之上的补充性信息。这些额外的信息有助于 LlamaIndex 更好地理解和处理数据。它不仅可以提供更多关于数据本身的上下文信息，还能在可见性和格式上按照要求进行个性化定制。

举个例子，假如读者已经导入了一些 PDF 报告作为文档。那么，读者可以轻松地添加如下元数据：

```
document.metadata = {
```

```
    "report_name": "Sales Report April 2022",
    "department": "Sales",
    "author": "Jane Doe"
}
```

这些元数据对于查询数据非常有帮助。例如，在这个例子中，可以依据部门或作者定位报告。元数据可以包括任何有助于理解数据的信息，如分类、时间戳、地点等。

值得一提的是，当一个文档上设置元数据时，这些信息会自动传播给由该文档生成的所有子节点。也就是说，如果为一个文档设定了作者字段，那么所有从这个文档衍生出的节点都会继承这一作者元数据。这不仅节省了时间，也避免了在不同节点间重复设定相同元数据的麻烦。

定义元数据的方式有很多种，以下是几种常见方法。

（1）在创建 Document 对象时直接设置元数据值，如下所示。

```
document = Document(
    text="...",
    metadata={"author": "John Doe"}
)
```

（2）在文档创建之后添加元数据。

```
document.metadata = {"category": "finance"}
```

（3）在使用数据连接器（如 SimpleDirectoryReader）进行数据导入时自动设置。

```
def set_metadata(filename):
    return {"file_name": filename}
documents = SimpleDirectoryReader(
    "./data",
    file_metadata=set_metadata("file1.txt")
).load_data()
```

（4）利用 LlamaIndex 提供的独立专用提取器。这类提取器能够运用大语言模型的能力从文本中提取相关的元数据，然后将其附加到文档和节点上，从而提供更多的上下文信息。

（5）将提取器作为数据导入流程中的转换步骤之一。就像节点解析器一样，提取器也可以整合到导入流水线中。我们会在稍后章节里详细讲解这种方法。

首先，让我们更好地了解这些专门的元数据提取器的工作方式。

运行以下代码示例，确保添加以下行并在代码开头包含必要的导入、文档提取和节点解析逻辑。

```
from llama_index.core import SimpleDirectoryReader
from llama_index.core.node_parser import SentenceSplitter
reader = SimpleDirectoryReader('files')
documents = reader.load_data()
parser = SentenceSplitter(include_prev_next_rel=True)
nodes = parser.get_nodes_from_documents(documents)
```

这段代码从 `files` 目录导入文档，并使用解析器将其切分为节点，供元数据提取器处理。我们把元数据存储在名为 `metadata_list` 变量中，每个示例末尾添加 `print(metadata_list)`，以便可以看到提取的元数据的输出。除了描述它们的逻辑，笔者还强调了每个提取器的实际用途。

4.6.1 摘要提取器

`SummaryExtractor` 提取器为节点中包含的文本生成摘要。当然，它还可以为前一个和下一个相邻节点生成摘要。以下是一个示例。

```
from llama_index.core.extractors import SummaryExtractor
summary_extractor = SummaryExtractor(summaries=["prev", "self", "next"])
metadata_list = summary_extractor.extract(nodes)
print(metadata_list)
```

在上述代码中，`SummaryExtractor` 提取器为每个节点或相邻节点生成简洁的摘要。这些摘要在 RAG 架构的检索阶段至关重要。它确保搜索时能够依赖文档的摘要进行，而无须处理其全部内容。

> **实际案例**
>
> 设想一个客户支持的知识库，SummaryExtractor 可以总结客户遇到的问题及其解决方法。因此，当收到新的支持请求时，我们的应用可以找到最相关的以往案例，从而协助生成详尽且贴合情景的解答方案。

读者可以通过设置摘要列表中的值自定义摘要的形式，并通过设定提示模板参数 prompt_template 指定与大语言模型交互时所用的具体提示信息。

4.6.2 问答提取器

QuestionsAnsweredExtractor 提取器负责生成节点文本能够回答的指定数量的问题。

以下示例展示了其用法。

```
from llama_index.core.extractors import QuestionsAnsweredExtractor
qa_extractor = QuestionsAnsweredExtractor(questions=5)
metadata_list = qa_extractor.extract(nodes)
print(metadata_list)
```

此提取器旨在找出那些文本特别适合回答的问题，从而让检索过程能够集中于那些直接回应具体问题的节点。这样，系统能够更精准地定位到与用户问题最相关的部分。

> **实际案例**
>
> 在一个 FAQ（常见问题解答）系统中，QuestionsAnsweredExtractor 能够识别哪些文章特别适合回答用户的问题，从而帮助系统更轻松地定位用户查询的精确答案。

我们不仅可以自定义提取器生成的问题数量，还可以通过设定参数 prompt_template 调整与大语言模型交互时所用的具体提示信息。此外，还有 embedding_only 布尔参数，若将其设为，则元数据将只用于嵌入。

关于这一功能的更多信息，请参阅第 5 章。

4.6.3　标题提取器

标题提取器旨在从文本中提取标题。以下是一个示例。

```
from llama_index.core.extractors import TitleExtractor
title_extractor = TitleExtractor()
metadata_list = title_extractor.extract(nodes)
print(metadata_list)
```

`TitleExtractor` 提取器专注于从较长的文本中提取出有代表性的标题，从而辅助用户快速定位并检索所需的文档。例如，在数字图书馆环境中，`TitleExtractor` 可以从没有标题的文档中自动提取出标题，这有助于根据标题进行分类，并在使用标题作为搜索关键词时提升检索效率。

`TitleExtractor` 提取器有如下几个可调参数。

- `nodes`：用于指定标题提取所依据的节点数量。
- `node_template`：用来更改默认的提示模板，该模板用于从各个节点中提取标题。
- `combine_template`：用于更改将多个节点级别的标题合并为整个文档标题时所用的提示模板。

接下来将探讨 `EntityExtractor` 的功能及其应用。

4.6.4　实体提取器

`EntityExtractor` 提取器利用 span-marker 包从节点文本中提取诸如人物、地点、组织等实体信息。由于 span-marker 包是作为 `EntityExtractor` 的一部分自动安装的，因此无须进行额外的安装步骤。`EntityExtractor` 能够执行命名实体识别（named entity recognition，NER），并依赖自然语言工具包（natural language toolkit，NLTK）提供的分词

第 4 章　RAG 工作流中的数据整合

器进行处理。

> **NER 简介**
>
> 命名实体识别是计算机在文本中识别并标注特定实体的一种技术，例如人名、公司名称、地点和日期等。这项技术帮助计算机更深入地理解文本内容，在检索增强生成架构中尤为有用，因为它能提供重要的上下文信息，从而提升系统的理解和响应能力。

以下是使用 EntityExtractor 的代码示例。

```
from llama_index.core.extractors import EntityExtractor
entity_extractor = EntityExtractor (
    label_entities = True,
    device = "cpu"
)
metadata_list = entity_extractor.extract(nodes)
print(metadata_list)
```

EntityExtractor 提取器可以从文本中识别命名实体并对其进行标注，然后将它们添加到元数据中，使得检索系统能够专注于包含特定引用的节点。

> **实际案例**
>
> 想象一个法律文档档案库，每个节点都附有这种元数据。EntityExtractor 提取器可以简化提及特定人物、地点或组织的文档检索，从而为用户的查询提供最佳的上下文信息。

EntityExtractor 提取器有如下几个可调参数。

- `model_name`：指定 SpanMarker 要使用的模型名称。
- `prediction_threshold`：调整命名实体的默认最小预测阈值（0.5）。由于实体识别并非总是完全准确，用户可以通过调整此参数优化性能。
- `span_joiner`：修改用于连接实体片段的默认字符串。

- `label_entities`：若设置为 True，则使提取器对每个实体名称加上实体类型的标签，这在后续的检索和查询阶段可能非常有用，默认情况下此选项关闭。
- `device`：选择模型运行的硬件设备，默认是 cpu。但在支持的情况下也可以设置为 cuda 以利用 gpu 加速。
- `entity_map`：定制不同实体类型的标签，提取器自带一套预定义的标签集，涵盖了人物、组织、地点、事件等多种类型。
- `Tokenizer`：更改默认的分词器函数，默认是 NLTK 分词器。

接下来将探讨如何使用 KeywordExtractor 进行关键词提取。

4.6.5　关键词提取器

关键词提取器 KeywordExtractor 用于从文本中提取重要的关键词。示例如下。

```
from llama_index.core.extractors import KeywordExtractor
key_extractor = KeywordExtractor (keywords=3)
metadata_list = key_extractor.extract(nodes)
print(metadata_list)
```

此工具能够识别文本中的关键术语，对于依据用户查询来检索相关信息而言非常有用。

> **实际案例**
>
> 　　当 KeywordExtractor 被应用于内容推荐系统时，它可大幅提高系统的准确性。通过对比内容节点中的关键词和用户搜索时输入的词汇，系统能够更精准地找到并推荐符合用户兴趣的内容。关键词匹配的方式确保推荐结果的相关性和针对性，满足用户的特定需求或探讨的主题。

用户可以通过调整 keywords 参数值自定义提取器生成的关键词数量。

4.6.6 Pydantic 程序提取器

PydanticProgramExtractor 提取器基于 Pydantic 模型提取元数据。详情请参见完整示例：https://docs.llamaindex.ai/en/stable/examples/metadata_extraction/PydanticExtractor.html#pydantic-extractor。

作为一个高效的数据处理工具，PydanticProgramExtractor 利用 Pydantic 模型，仅需一次大语言模型调用就能创建复杂而结构化的元数据模式。相比其他提取器，它的主要优势在于能够通过单词请求一次性提取多个数据字段，大大提高了元数据提取的效率。所有提取出的数据都会按照预设的模型结构进行组织，确保了数据的一致性和有序性。

> **Pydantic 模型简介**
>
> Pydantic 模型是 Python 程序中定义的一个类，它如同一套规则集，用于确保数据遵循特定的规范并保持正确的格式。简单来说，它是用来定义数据应该具有什么样的结构，确保所有数据都符合预先设定的规则，从而维持数据的一致性和准确性。

例如，读者的程序需要处理用户数据，如姓名、年龄和电子邮件地址，读者可以创建一个 Pydantic 模型规定用户的姓名必须是文本形式，年龄为数字，而电子邮件地址则需要是有效格式。如果输入的数据不符合这些条件，Pydantic 会自动报告错误，提醒开发者数据存在问题。LlamaIndex 充分利用这一机制，在处理复杂结构和相关联的数据时，确保数据的一致性和准确性。

4.6.7 Marvin 元数据提取器

MarvinMetadataExtractor 提取器基于 Marvin AI 工程框架进行元数据提取。借助 Marvin 框架，它能实现稳定且高效的元数据处理与增强。其特点不仅在于为文本提供类

型安全的模式，类似于 Pydantic 模型，还支持对业务逻辑进行转换。详情请参见以下链接的详细示例：https://docs.llamaindex.ai/en/stable/examples/metadata_extraction/MarvinMetadataExtractorDemo.html。

这种能力使得 MarvinMetadataExtractor 成为一个强大的工具，既保证了元数据结构的严谨性，又通过业务逻辑的支持提升了数据的实际应用价值。

4.6.8　自定义提取器

如果预设的提取器未能满足特定需求，读者还可以创建一个自定义的提取器。以下是自定义提取器的示例代码。

```python
from llama_index.core.extractors import BaseExtractor
from typing import List, Dict
class CustomExtractor(BaseExtractor):
    async def aextract(self, nodes) -> List[Dict]:
        metadata_list = [
            {
                "node_length": str(len(node.text))
            }
            for node in nodes
        ]
        return metadata_list
```

上述代码中的自定义提取器通过计算每个节点文本的字符数，并将这些信息保存为元数据，演示了如何构建自定义逻辑。用户可以根据实际应用场景的需求，修改此逻辑以实现不同的功能。

拥有丰富的工具和方法可供选择是非常有益的。然而，是否确实需要如此多的元数据？接下来将探讨这个问题的答案。

4.6.9 元数据越多越好吗

并非所有场景都适合使用全部元数据。需要注意的是，元数据会和嵌入模型的文本一同传递给大语言模型，这样会在模型中引入偏差。因此，建议根据具体需求筛选可见的元数据键。例如，文件名虽然有助于生成向量嵌入，但可能会干扰大语言模型，因为它可能误将文件名识别为其他类型的实体，而且文件名在某些情况下对于提示来说可能是无关紧要的。读者可以选择性地隐藏元数据。

```
document.excluded_llm_metadata_keys = ["file_name"]
```

上述代码将文件名从大语言模型的视图中移除。同样，也可以隐藏嵌入相关的元数据。

```
document.excluded_embed_metadata_keys = ["file_name"]
```

读者还可以自定义元数据格式，如下所示。

```
document.metadata_template = "{key}::{value}"
```

LlamaIndex 提供了一个名为 MetadataMode 的枚举类型，用于控制元数据的可见性。

- `MetadataMode.ALL`：显示所有元数据。
- `MetadataMode.LLM`：仅对大语言模型可见的元数据。
- `MetadataMode.EMBED`：仅对嵌入可见的元数据。

读者可以通过以下命令测试元数据的可见性。

```
print(document.get_content(metadata_mode=MetadataMode.LLM))
```

总体而言，元数据为数据增添了重要的上下文信息。读者可以全面控制元数据的格式及其对不同模型的可见性。这种灵活性允许读者根据具体的应用场景定制元数据，确保它最有效地服务于需求。

此话题告一段落，现在让我们来探讨一下成本问题。

4.7 元数据提取的成本评估

使用各种元数据提取器时，一个重要考量是与大语言模型计算相关的成本。这些提取器大多数依赖于底层的大语言模型分析文本并生成描述性元数据。

频繁调用大语言模型处理大量文本会快速累积费用。例如，如果使用 SummaryExtractor 和 KeywordExtractor 从数千个文档节点中提取摘要和关键词，这些持续的大语言模型调用将会产生显著的成本。

4.7.1 遵循最佳实践以最小化成本

以下是一些降低大语言模型成本的最佳实践。
- 采用批量处理方式，避免对每个节点逐一调用大语言模型。这样可以摊薄开销，因为相较于多次独立调用，消耗的 token 数量更少。特别是使用 Pydantic 提取器时，它能在单次大语言模型调用中生成多个字段，因此非常适合此用途。
- 如果不追求绝对准确度，可以选择计算需求较低且价格更实惠的大语言模型。但需谨慎行事，因为数据错误可能会被传递并放大。
- 缓存之前的提取结果，避免每次都需要重新调用大语言模型。本章稍后将介绍如何通过摄取管道实现这一点。
- 仅对选定的关键节点子集进行元数据提取，而非对所有节点进行全面覆盖。这在自动化环境中可能难以实现。
- 考虑使用离线大语言模型消除云服务费用。这是否可行取决于硬件条件。

尽管上述指南应有助于大幅削减提取成本，但在处理大规模数据集前，建议先进行成本估算，确保预算合理。

4.7.2　在真正运行前评估最大成本

以下示例展示了如何使用 MockLLM 在运行实际提取器之前，估计大语言模型成本。

```
from llama_index.core import Settings
from llama_index.core.extractors import QuestionsAnsweredExtractor
from llama_index.core.llms.mock import MockLLM
from llama_index.core.schema import TextNode
from llama_index.core.callbacks import CallbackManager, TokenCountingHandler
llm = MockLLM(max_tokens=256)
counter = TokenCountingHandler(verbose=False)
callback_manager = CallbackManager([counter])
Settings.llm = llm
Settings.callback_manager = CallbackManager([counter])
sample_text = (
    "LlamaIndex is a powerful tool used "
    "to create efficient indices from data."
)
nodes= [TextNode(text=sample_text)]
extractor = QuestionsAnsweredExtractor(
    show_progress=False
)
Questions_metadata = extractor.extract(nodes)
print(f"Prompt Tokens: {counter.prompt_llm_token_count}")
print(f"Completion Tokens: {counter.completion_llm_token_count}")
print(f"Total Token Count: {counter.total_llm_token_count}")
```

这段代码使用了一些专门的工具进行成本预估。简要概述这段代码：MockLLM 是一个模拟的大语言模型，可复现真实调用过程而不产生实际 API 请求，便于评估成本。

创建 MockLLM 实例时，可以设定 max_tokens 参数，表示模拟模型对任何给定提示应生成的最大 token 数，以此来模拟真实语言模型的行为，但不产生有意义的输出。

max_token 参数的作用是什么

这里的目标是指模拟最坏情况，以估计潜在的最大成本，尽管实际成本可能会因大语言模型响应大小的不同而有所差异。在大多数常规情况下，实际成本应该低于 max_tokens 值。然而，这个工具依然非常重要，因为它帮助你评估不同元数据提取策略对不同数据集的总成本的影响。对于元数据提取来说，总成本取决于提示和响应的大小与提取器执行的总调用次数的乘积。

`CallbackManager` 是 LlamaIndex 实现的调试机制，我们将在第 10 章中更详细地介绍。在我们的例子中，`CallbackManager` 与 `TokenCountingHandler` 模块结合使用，该模块专门用于计算涉及大语言模型的各种操作所使用的 token 数量。在定义 `TokenCountingHandler` 时，还可以指定一个 `tokenizer` 参数。

什么是分词器以及为何需要它

分词器 Tokenizer 负责将文本分解成 token，因为大语言模型处理的是 token，并且通过 token 衡量使用量。当为特定大语言模型运行特定提示的成本预测时，使用与该大语言模型兼容的 Tokenizer 是非常重要的。每个大语言模型通常是用特定的 Tokenizer 训练的，这决定了文本如何被分割成 token。如果读者想更准确地预测成本，正确选择分词器至关重要。默认情况下，LlamaIndex 使用专为 GPT-4 设计的 CL100K 分词器。因此，如果打算使用其他大语言模型，可能需要定制分词器。更多关于这个话题以及如何优化 RAG 应用成本的信息，将在第 10 章中介绍。

回到我们的示例。实际上，当运行提取器时，它会使用 `MockLLM`，因此所有的处理过程都保持在本地。随后，`TokenCountingHandler` 会拦截 `MockLLM` 产生的提示和响应，并单独统计这些过程中实际使用的 token 数量。

我们将在后续章节（如第 5 章和第 6 章）中讨论一种类似的机制，该机制可用于估算创建某些类型索引和执行查询的成本。

此示例展示了如何为一个特定的 `QuestionsAnsweredExtractor` 提取器估算成本。如果读者需要为多个提取器分别估算成本，可通过 `token_counter.reset_`

counts()函数在每次新的提取轮次开始前将计数器重置为零，确保每次估算都是独立且准确的。

> **本节核心要点**
>
> 尽管丰富的元数据能够开启许多可能性，但若不经过谨慎优化而过度使用，则可能对运营成本造成负面影响，甚至带来不便。务必考虑到这一点。为了最小化成本，请遵循最佳实践，并在对大型数据集运行提取器前进行成本估算。

接下来探讨另一个非常重要的话题：数据隐私。

4.8 通过元数据提取器保护隐私

将专有数据（在很多情况下，这些数据属于客户）用于增强大语言模型，从数据隐私的角度来看，这是一个颇具挑战性的任务。虽然基于云的大语言模型能够提升专有数据的价值并带来诸多好处，但如果不加以控制地与外部分享数据，就可能引发法律、安全和合规方面的问题。

尽管索引与查询流程通常对隐私要求更高，元数据提取阶段同样可能暴露敏感信息，须加以防范。

因为大多数提取工具都是通过大语言模型处理内容以生成元数据的，这意味着客户真实数据会被传送到外部的云服务进行分析。

这就存在个人信息或敏感信息泄露或误处理的风险，可能是由于安全漏洞、大语言模型提供商内部的风险，或者是恶意行为导致的。

> **这不仅关于隐私**
>
> 提到隐私问题，记得我们之前讨论过的 LlamaHub 连接器的例子吗？当使用 DiscordReader 读取消息时，它会把数据从 Discord 服务器转移到其他地方。由于

> Discord 上的消息可能包含私人的对话内容，因此存在隐私担忧，尤其是在没有充分考虑 Discord 的服务条款及消息发送者的预期行为时。如果数据涉及私人身份、健康状况、财务记录等信息，那么不限制地进行数据提取可能会造成问题。

以下是几种减轻隐私风险的方法。

- 在数据输入到 LlamaIndex 之前，先清除其中的个人识别信息，例如使用 PIINodePostprocessor 并结合本地部署的大语言模型。稍后将介绍这一方法的具体操作步骤。
- 仅对非敏感的节点子集进行元数据提取。当然，这需要手动评估每个节点的敏感程度，对于自动化处理流程而言，这可能不太现实。
- 尽量在本地而非云端运行大语言模型，以减少对外部环境的暴露。这要视乎拥有的硬件资源和所选模型。
- 如果大语言模型供应商支持相关特性，应启用加密措施。如果你对隐私非常关注，不妨了解更多关于全同态加密的知识：https://huggingface.co/blog/encrypted-llm。

这些注意事项和最佳实践适用于所有与大语言模型的互动。该话题已在多篇论文和讲座中进行了探讨，因此此处不再赘述。但这并不表示其重要性有所减弱。

> **关键信息**
> 我们应当认识到，使用大语言模型本身就会给专有数据带来隐私风险。而采用像 LlamaIndex 这样的附加框架增强大语言模型，也会相应增加隐私风险。

因此，在处理涉及隐私的数据时，必须加倍小心，确保便捷性不能凌驾于安全性之上。

在当今这个处处存在窥视者并且数据法规严格的环境中，保护数据的重要性正如松鼠在熙攘的公园中珍惜食物一般重要。值得庆幸的是，我们有方法保障隐私，LlamaIndex 框架就提供了这样的工具。

通过使用**节点后处理器**，我们可以有效应对这一挑战。

在之前的章节里，我们探讨了节点后处理器在查询引擎中的应用。这些处理器会在响

应合成步骤之前应用于检索器返回的节点并执行各种转换。这通常是它们的主要应用场景之一。

> **使用节点后处理器的其他原因**
>
> 事实证明，我们还可以在查询引擎之外利用节点处理器。比如，在使用外部大语言模型提取元数据之前，可以用它在使用外部大语言模型之前清理敏感数据。

LlamaIndex 框架提供了两种方法：`PIINodePostprocessor` 和 `NERPIINodePostprocessor`。前者适用于任何本地部署的大语言模型，而后者则专为使用特定的命名实体识别模型而设计。PII 是个人身份信息（personally identifiable information）的缩写。

以下是一个使用 `NERPIINodePostprocessor` 清理数据的简单示例。该方法使用 Hugging Face 的 NER 模型完成任务。为了简化说明，这里没有指定具体模型，所以系统可能会发出警告，HuggingFaceLLM 可能会默认使用 dbmdz/bert-large-cased-finetuned-conll03-english 模型，详情参见：`https://huggingface.co/dbmdz/bert-large-cased-finetuned-conll03-english`。

在开始之前，请确保安装了相应的集成包。

```
pip install llama-index-llms-huggingface
```

首次运行时，代码会从 Hugging Face 下载模型文件，因此需要保证计算机上至少有 1.5GB 的空闲存储空间。下面是具体的代码实现。

```
from llama_index.core.postprocessor import NERPIINodePostprocessor
from llama_index.llms.huggingface import HuggingFaceLLM
from llama_index.core.schema import NodeWithScore, TextNode
original = (
    "Dear Jane Doe. Your address has been recorded in "
    "our database. Please confirm it is valid: 8804 Vista "
    "Serro Dr. Cabo Robles, California(CA)."
)
node = TextNode(text=original)
processor = NERPIINodePostprocessor()
```

```
clean_nodes = processor.postprocess_nodes(
    [NodeWithScore(node=node)]
)
print(clean_nodes[0].node.get_text())
```

输出预期如下。

```
Dear [PER_5]. Your address has been recorded in our database.
Please confirm it is valid: 8804 [LOC_95] Dr. [LOC_111], [LOC_124]
([LOC_135]).
```

从输出可以看出，所有个人身份信息已被占位符代替，从而可以安全地将数据传递给外部大语言模型。值得注意的是，当最终结果返回时，可以通过替换占位符恢复原始数据，从而确保用户交互体验的一致性。

占位符与原始数据之间的对应关系会保存在 `cleaned_nodes[0].node.metadata` 中。这部分元数据不会发送给大语言模型，并可在后续响应合成过程中用来还原原始信息。

接下来将介绍如何优化数据导入流程的效率。

4.9　通过数据导入流水线提高效率

从 0.9 版本开始，LlamaIndex 框架引入了一个非常实用的概念：数据导入流水线。

> **简单类比**
>
> 数据导入流水线类似工厂里的传送带，在 LlamaIndex 中，它接收原始数据并经过一系列步骤，即所谓的**转换**，逐一处理这些数据，最后导入到 RAG 工作流中。
>
> 其核心思想是将导入过程分解为一系列可复用的转换操作并应用于输入数据。这有助于为不同的应用场景标准化和定制数据导入流程。读者可以把转换想象成沿着传送带的不同工作站。随着原始数据移动，它会经过不同的站点，在每个站点上数据被逐步加

工。例如，它可能在一个站点被拆分成句子，这是 `SentenceSplitter`，而在另一个站点提取标题，比如使用 `TitleExtractor`。

如果读者觉得默认的工作站无法满足需求也不必担心。LlamaIndex 允许添加自定义工具，比如通过字典将缩写替换成全称。只要说明工具的具体功能，就可以将其集成到导入流水线中。图 4.4 显示了其结构示意图。

图 4.4 数据导入流水线

数据导入流水线最显著的特点是它能够记住已处理的数据。通过对每个节点的数据以及每次转换后的结果应用哈希函数，当同一转换再次应用于相同节点时，系统会识别出匹配的哈希值，并直接调用缓存中的已有数据，而非重新执行转换。

> **提示**
> 这意味着，如果再次向管道中输入相同的文档，它会被快速处理，因为之前已经完成过处理。这样既节省了时间，也减少了不必要的计算成本。

默认情况下，缓存保存在本地，不过用户可以根据需要自定义存储方案，选择偏好的外部数据库。接下来将通过一个实例展示数据导入流水线是如何实现的，并逐段解析代码，以帮助读者更好地理解整个过程。

现在，让我们先来看看代码的第一部分。

```
from llama_index.core import SimpleDirectoryReader
from llama_index.core.extractors import SummaryExtractor,QuestionsAnsweredExtractor
```

```
from llama_index.core.node_parser import TokenTextSplitter
from llama_index.core.ingestion import IngestionPipeline, 
IngestionCache
from llama_index.core.schema import TransformComponent
class CustomTransformation(TransformComponent):
    def __call__(self, nodes, **kwargs):
        # run any node transformation logic here
        return nodes
```

在完成了必要的模块导入之后,为了示范如何自定义流水线,这里定义了一个名为 `CustomTransformation` 的类。这个类会被添加到流水线中以执行特定的数据处理任务。在这个示例中,`CustomTransformation` 类实际上并不会对数据进行任何更改,它只是简单地将节点原样返回。

接下来查看代码的第二部分。

```
reader = SimpleDirectoryReader('files')
documents = reader.load_data()
try:
    cached_hashes = IngestionCache.from_persist_path(
        "./ingestion_cache.json"
    )
    print("Cache file found. Running using cache...")
except:
    cached_hashes = ""
    print("No cache file found. Running without cache...")
```

上述代码段的作用是从文件夹 files 中读取所有文件的内容,并将其转化为文档对象。

随后,代码会检查是否存在缓存文件,并尝试将其加载到内存中。缓存文件保存了之前运行时生成的哈希值及处理结果。当首次运行这段代码时,由于尚未创建缓存文件,所以不会有任何缓存数据被加载。

现在我们来看代码的第三部分。

```
pipeline = IngestionPipeline(
```

```
transformations = [
    CustomTransformation(),
    TokenTextSplitter(
        separator=" ",
        chunk_size=512,
        chunk_overlap=128),
    SummaryExtractor(),
    QuestionsAnsweredExtractor(
        questions=3
    )
],
cache=cached_hashes
)
```

接下来将定义数据导入流水线的具体配置。可以看到，此流水线由 4 个主要的转换步骤构成：首先是自定义转换 CustomTransformation，用于执行特定的数据预处理任务；然后是 TokenTextSplitter，这个工具的作用是将文档分割为更小的部分，并创建相应的节点；接下来是摘要元数据提取，用于获取每个文档的概要信息；最后一步是从各个节点中提取一系列能够被解答的问题。

如果读者希望检查一下处理后的输出，可以在脚本的结尾处加入 print(nodes[0]) 展示第一个节点的内容。需要注意的是，在设置缓存参数时，还指定了用于存储或读取缓存数据的来源。当指定的缓存来源为空时，系统将不会使用缓存；反之，若提供了有效的缓存来源，系统将会尝试利用已有的缓存数据，以避免重复处理相同内容，从而提高效率。

现在，让我们来看代码的最后一部分。

```
nodes = pipeline.run(
    documents=documents,
    show_progress=True,
)
pipeline.cache.persist("./ingestion_cache.json")
print("All documents loaded")
```

在此步骤中，我们将运行数据导入流水线，并将 `show_progress` 选项设置为 `True`。这一设置可以让用户看到管道执行的进度条，有助于直观了解每个阶段的处理情况和耗时，从而对整个数据处理流程有更清晰的认识。当处理完成后，系统会将处理结果存储到缓存文件中。后续再次处理相同数据时，系统可以直接利用缓存结果，而无须再次进行处理，从而节省时间和资源。

> **提示**
>
> 即便已经保存了缓存文件，如果更改了流水线的转换步骤或逻辑，这些改动不会被缓存所记录，因此需要重新处理。这是因为缓存仅保存了之前未改动的数据处理结果，对于逻辑上的变更，系统无法预知其影响，所以必须重新执行以确保数据的一致性和准确性。

除了每次导入新数据时定义和执行流水线，还有另一种更为便捷的选择，类似于配置节点解析器的方式，读者可以直接在设置 `Settings` 中定义所需的转换步骤，例如：

```python
from llama_index.core import Settings
Settings.transformations = [
    CustomTransformation(),
    TokenTextSplitter(
        separator=" ",
        chunk_size=512,
        chunk_overlap=128
    ),
    SummaryExtractor(),
    QuestionsAnsweredExtractor(
        questions=3
    )
]
```

简而言之，使用数据导入流水线是一种非常高效的手段，它能够通过一系列可定制的转换过程自动处理数据，确保数据被恰当地准备和优化，以适应程序或数据库需求。

在开发 PITS 的过程中，我们将充分利用数据导入流水线的功能，加深对这一概念的理解和应用。

接下来将探讨更为复杂的应用场景。

4.10 处理包含文本和表格数据的文档

实际数据往往并不简单，许多现实世界的文档，比如研究论文、财务报表等，往往既包含非结构化的文本，也含有结构化的表格数据。为了导入这类文档，我们不仅需要从文档中提取文本内容，还需要识别、解析并处理嵌入其中的表格，这是因为不同的文档可能会分别或同时包含文本和表格数据。

为了解决这个问题，LlamaIndex 提供了 UnstructuredElementNodeParser 用于处理包含自由格式文本和表格及其他结构化元素的文档。它借助 Unstructured 库分析文档的布局，从而精确地区分文本部分和表格。

这个解析器专门针对 HTML 文件工作，并能够提取两类节点。

- 文本节点：包含了文档中的文本片段。
- 表格节点：包含了表格的数据及其元数据，如位置坐标。

通过将这些元素作为独立的节点保存，我们可以对它们进行更为模块化和有针对性的处理。例如，文本内容可以通过关键词等方式进行索引和搜索，而表格数据则可以导入到 **pandas DataFrame** 或其他结构化数据库中，以便于使用 SQL 进行查询。因此，在面对复杂的数据类型组合时，提前使用 UnstructuredElementNodeParser 可以帮助我们更好地组织和管理数据。

有关 UnstructuredElementNodeParser 的完整示例，读者可以参考 LlamaIndex 官方文档提供的演示，对应网址为：https://docs.llamaindex.ai/en/stable/examples/query_engine/sec_tables/tesla_10q_table.html。

随着不断引入新的工具和技术，接下来将继续推进 PITS 的建设，进一步完善和增强

PITS 系统的功能。

4.11 动手实践——将学习资料导入 PITS 项目

现在我们将进入动手实践阶段。在前述内容的基础上，我们已具备了继续推进项目的条件。接下来将着手开发 document_uploader.py 模块。

该模块负责处理学习资料的导入与准备工作。通过这一模块，用户能够上传各类书籍、技术文档或既有文章，从而丰富系统的知识库。

步骤概述如下。

（1）引入必要的库和模块。在代码的开始部分，我们将导入所有必需的库和模块，为后续的功能实现做准备。

```
from global_settings import STORAGE_PATH, CACHE_FILE
from logging_functions import log_action
from llama_index import SimpleDirectoryReader, VectorStoreIndex
from llama_index.ingestion import IngestionPipeline, IngestionCache
from llama_index.text_splitter import TokenTextSplitter
from llama_index.extractors import SummaryExtractor
from llama_index.embeddings import OpenAIEmbedding
```

（2）定义主处理函数。我们将设计一个核心函数管理整个数据导入流程。此函数利用了数据导入流水线机制，旨在简化代码逻辑的同时，通过缓存机制提升性能。

```
def ingest_documents():
    documents = SimpleDirectoryReader(
        STORAGE_PATH,
        filename_as_id = True
    ).load_data()
    for doc in documents:
```

```
print(doc.id_)
log_action(f"File '{doc.id_}' uploaded user", action_type="UPLOAD")
```

- 函数首先会加载位于 STORAGE_PATH（已在 global_settings.py 中配置）下的所有可读文件。
- 对于每一份处理过的文档，系统都会记录一条日志，这可通过调用 logging_functions.py 文件中的 log_action() 函数实现。

（3）函数会检查是否存在可用于加速处理的缓存数据。

```
try:
    cached_hashes = IngestionCache.from_persist_path(CACHE_FILE)
    print("Cache file found. Running using cache...")
except:
    cached_hashes = ""
    print("No cache file found. Running without...")
```

（4）定义并执行数据导入流水线。如果缓存文件中的哈希值与现有数据相匹配，则直接从缓存加载，避免重复处理。

```
pipeline = IngestionPipeline(
    transformations=[
        TokenTextSplitter(
            chunk_size=1024,
            chunk_overlap=20
        ),
        SummaryExtractor(summaries=['self']),
        OpenAIEmbedding()
    ],
    cache=cached_hashes
)
nodes = pipeline.run(documents=documents)
pipeline.cache.persist(CACHE_FILE)
return nodes
```

如果没有缓存，系统将重新执行以下三个转换步骤。

- 使用 `TokenTextSplitter` 对文本进行初步拆分。
- 应用元数据提取器，为每个节点生成概要信息。
- 利用 `OpenAIEmbedding` 生成向量嵌入。第 5 章会详细介绍这一部分。

（5）保存结果并返回处理后的节点。

完成上述处理后，函数会将最新的数据状态保存至缓存文件，并返回经过处理的节点集合供后续使用。

至此，学习资料的上传与预处理环节已经完成，为后续索引构建奠定了坚实基础。有关索引部分的细节，我们将在第 5 章节中深入探讨。

4.12　本章小结

LlamaHub 提供了多种预构建的数据读取器，使得从不同来源将数据导入为文档变得更加便捷，无须为每种数据格式单独编写解析器。

导入后的数据会进一步处理成节点，并支持多样化的自定义配置。

元数据提取提供了广泛的选择，并且解析过程可以根据特定需求灵活调整。

构建有效的数据导入流水线，对于提升 RAG 应用程序的效率（无论是成本还是时间）至关重要，同时也要注意保护用户隐私。

随着数据导入工作的完成，第 5 章将进一步探索 LlamaIndex 强大的索引功能。

第 5 章
LlamaIndex 索引详解

本章将详细介绍 LlamaIndex 提供的各种索引类型。通过学习索引的工作原理,我们将探讨其主要功能、定制选项、底层架构及应用案例。总体而言,本章将引导读者深入掌握如何借助 LlamaIndex 的索引机制,构建高效且具扩展性的 RAG 系统。

本章将涵盖以下主要内容。

- 索引数据概览。
- 理解 VectorStoreIndex。
- 索引持久化与重用。
- LlamaIndex 的其他索引类型。
- 使用 ComposableGraph 构建组合索引。
- 索引构建和查询的成本评估。

5.1 技术需求

为了能够顺利运行本章所提供的示例代码,请确保已安装以下 Python 库。

- **ChromaDB**：`https://www.trychroma.com/`。

此外，还需要安装以下 LlamaIndex 集成包。
- **Chroma Vector Store**：`https://pypi.org/project/llama-index-vector`。
- **Hugging Face Embeddings**：`https://pypi.org/project/llama-index-embeddings`。

本章的所有代码示例都可以在本书配套的 GitHub 仓库的 ch5 子文件夹中找到：`https://github.com/PacktPublishing/Building-Data-Driven-Applications-with-LlamaIndex`。

5.2 索引数据概览

在第 3 章中，我们简要介绍了索引在 RAG 应用中的重要性及基本工作原理。现在，我们将深入了解 LlamaIndex 提供的各种索引方法，分析它们的优点、不足以及适用场景。

理论上，我们可以不借助索引直接访问数据，但这就如同在阅读一本没有目录的书。当故事连贯且可以逐章节阅读时，这样的阅读体验会很愉悦。但如果需要快速查找书中的某一特定话题，缺乏目录会让查找过程变得困难重重。

而在 LlamaIndex 中，索引远不只是一个简单的目录。它不仅为导航提供了必要的结构，还包含了更新或访问索引的具体机制。这包括检索逻辑以及数据获取机制，我们将在第 6 章中详细讲解。

本书将介绍索引的基本工作原理，并提供一些实例帮助读者理解其用法。尝试探索所有可能的索引使用和组合方法是一个庞大的工程，这并非我们的目标。

接下来将首先介绍各类索引的共同特性。

LlamaIndex 中的每种索引类型都有自己的特点和功能，但由于全部继承自 BaseIndex 类，所以它们包含一些可以为任何类型的索引定制的共享特征和参数。

第 5 章　LlamaIndex 索引详解

- 节点：所有索引都基于节点构建，我们可以选择哪些节点包含在索引中。此外，所有索引类型都提供了添加新节点或删除已有节点的方法，使得索引能够随数据的变化动态更新。我们可以直接通过索引构造函数提供节点创建索引，如 `vector_index = VectorStoreIndex(nodes)`，也可以使用 `from_documents()` 方法提供文档列表，让索引自动提取节点。需要注意的是，可以在实际构建索引之前使用设置 `Settings` 自定义其底层机制。正如在第 3 章中所讨论的，这个简单的类允许不同的设置，例如更换大语言模型、嵌入模型或索引使用的默认节点解析器。
- 存储上下文：存储上下文决定了索引的数据（文档和节点）如何以及存储在哪里。这种定制对于根据应用需求高效管理数据存储非常重要。
- 进度显示：`show_progress` 选项让用户可以选择是否在长时间运行的操作（如构建索引）过程中显示进度条。这一功能通过 Python 库 tqdm 实现，对于监控大型索引任务的进度非常有用。
- 不同的检索模式：每个索引都支持不同的预设检索模式，可以根据应用的具体需求进行设置。此外，还可以自定义或扩展检索器类，以改变查询的处理方式和从索引中检索结果的方式。相关内容将在第 6 章中详细讲解。
- 异步操作：`use_async` 参数决定某些操作是否异步执行。异步处理允许系统同时管理多个操作，而非等待每个操作依次完成。这在优化系统性能、处理大规模数据或执行复杂操作时尤为关键。

> **提示**
> 在进一步尝试示例代码之前，有一个重要的因素需要考虑：索引常常依赖于大语言模型调用进行摘要或嵌入。就像第 4 章中提到的元数据提取一样，LlamaIndex 中的索引也会涉及成本和隐私问题，请务必在运行大规模实验测试想法前阅读本章末尾有关成本的部分内容。

让我们从最常用的索引类型开始介绍。

5.3 理解 VectorStoreIndex

向量存储索引 VectorStoreIndex 是 LlamaIndex 中最常用、也最核心的工具之一。

对于大多数 RAG 应用而言，向量存储索引通常是最佳选择，因为它有助于基于文档集合构建索引，其中输入文本块的向量嵌入表示会被存储在索引的向量存储部分。一旦创建完毕，此类索引即可用于高效查询，因为它支持对文本的嵌入表示进行相似性搜索，非常适合需要从大型数据集中迅速检索相关资料的应用场景。如果读者对向量嵌入、向量存储或相似性搜索等术语还不熟悉，不必担心，我们将在后续章节详细介绍。LlamaIndex 中的 VectorStoreIndex 类默认支持这些操作，并且允许异步调用和进度跟踪，从而提升查询速度和用户的交互体验。

5.3.1 VectorStoreIndex 使用示例

以下是构造 VectorStoreIndex 的最基本方法。

```
from llama_index.core import VectorStoreIndex, SimpleDirectoryReader
documents = SimpleDirectoryReader("files").load_data()
index = VectorStoreIndex.from_documents(documents)
print("Index created successfully!")
```

仅需几行代码，我们就完成了文档的导入，而 VectorStoreIndex 自动处理了其余一切。注意，使用这种方式，我们完全省略了节点的提取步骤，因为索引通过 `from_documents()` 方法自动完成了这一过程。

对于 VectorStoreIndex，我们可以定制以下参数。
- `use_async`：启用异步调用，默认为 `False`。
- `show_progress`：构建索引过程中显示进度条，默认为 `False`。

第 5 章　LlamaIndex 索引详解

- `store_nodes_override`：强制 LlamaIndex 在索引存储和文档存储中保存节点对象，即使向量存储已保存文本内容。这对于需要直接访问节点对象的情况特别有用。此参数默认为 `False`。我们将在本章后面更详细地讲解索引存储、文档存储和向量存储。

请参阅图 5.1 以了解这种索引类型的图形表示。

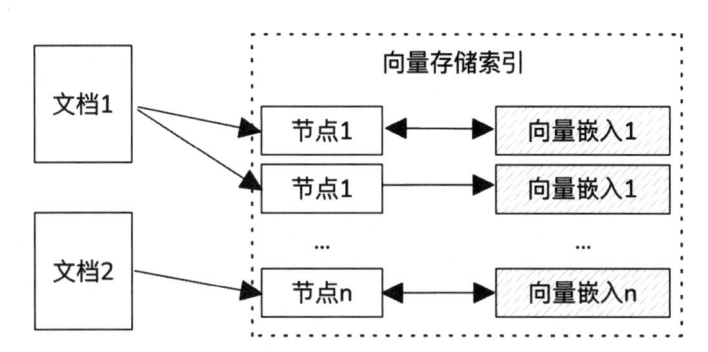

图 5.1　向量存储索引 VectorStoreIndex 的结构

VectorStoreIndex 将导入的文档拆分成节点，并采用文本分块的默认配置。我们也可以根据需要调整这些配置。

> **注意**
> 固定大小的分块简单地将文本分成大小相同的块，可以选择性地有一些重叠。尽管计算成本低且易于实现，但这种简单的分块可能并不总是最佳方法。测试不同块大小的性能是优化应用程序特定需求的关键。

然后，包含原始文本块的节点使用语言模型嵌入到高维向量空间中。嵌入的向量被存储在索引的向量存储组件中。接下来，当进行查询时，查询文本将被类似地嵌入，并使用称为余弦相似度的方法与存储的向量进行比较。最相似的向量，即最相关的文档块，将作为查询结果返回。这个过程实现了信息的快速语义感知检索，利用向量空间的数学属性找到最能满足用户查询的文档。

听起来是不是有些复杂？别担心，稍后将会逐一探讨这些概念。

5.3.2 理解向量嵌入

用通俗的话说，向量嵌入是一种让计算机能够理解的数据表达方式。它可以捕捉事物的意义，用来表示单个词汇、整篇文章，甚至像图片和声音这样的非文字信息。对于大语言模型而言，向量嵌入就像是它们之间交流的一种通用语言。在这种背景下，向量嵌入构成了模型理解并处理信息的基础。它们把各种各样的复杂数据转化成一种统一的、多维度的空间形态，这里，大语言模型可以更加高效地进行比较、联想和预测等操作。图 5.2 显示了数据如何被转换为向量嵌入的过程。

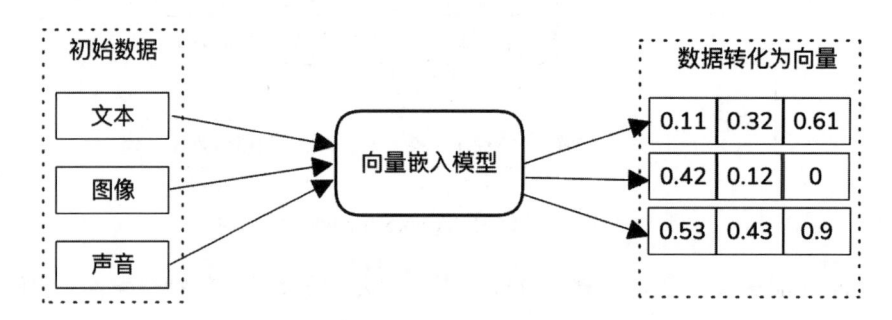

图 5.2 嵌入模型如何将原始数据转换为数值表示

其实这一切的核心是数学运算，具体而言，嵌入是由一组浮点数构成的向量，每个数字代表向量空间中的一个维度。大语言模型通过处理这些数字序列，根据接收到的信息进行解析并做出回应。从本质上讲，这些数字让大语言模型能够以一种有意义且有序的方式"看"和"思考"数据。

这套系统的魅力在于它能处理模糊性和复杂性问题。模型可以识别词汇间的语义联系，比如同义词、反义词以及更复杂的话语结构。对于一词多义的现象，即同一个词在不同语境下有不同的含义，比如"bank"既可指河岸也可指银行，向量嵌入提供了基于上下文的表征，帮助大语言模型理解这些微妙之处。因此，在某些情况下，"bank"会与"river""shore"等词联系更紧密，而在另一些情况下，则与"money""account"等词的关系更近。

第 5 章　LlamaIndex 索引详解

> **注释**
> 需要注意的是，嵌入文本片段的长度对精确度有着重要影响：过短可能导致失去上下文；过长则可能因过多细节而冲淡核心意义。

如果你对向量嵌入还不是很了解，下面的例子或许能让你更容易理解这个概念。假设我们给三个随机挑选的句子赋予一些假设的向量嵌入。

- 句子 1：The quick brown fox jumps over the lazy dog。
- 句子 2：A fast dark-colored fox leaps above a sleepy canine。
- 句子 3：Apples are sweet and crunchy。

在现实生活中，这些句子的向量嵌入会由专门的模型自动计算出来。这是一个特殊的人工智能模型，它可以把文本、图像或图表等复杂数据转化为数值形式。虽然真正的嵌入通常是高维的，但为了方便说明，这里使用了简单的三维、随机选取的向量。下面是这三个句子的假设向量嵌入。

- 句子 1 的向量嵌入：[0.8, 0.1, 0.3]。
- 句子 2 的向量嵌入：[0.79, 0.14, 0.32]。
- 句子 3 的向量嵌入：[0.2, 0.9, 0.5]。

这些数字只是用来说明概念的，目的是展示含义相近的句子 1 和 2 在向量空间中的位置也较为接近，而含义不同的句子 3 则离前两者较远。读者可以查看图 5.3 直观地比较这三个向量嵌入在三维空间中的相对位置。

当我们将这些向量嵌入放在三维空间中可视化时，句子 1 和 2 会被绘制成相邻的位置，句子 3 则位于较远处。这种空间上的表现方式使得机器学习模型能够判断语义上的相似性。

当使用查询在向量数据库索引中搜索相关信息时，LlamaIndex 会将查询词转化为相似的向量嵌入，然后在预计算的文本块嵌入中找到最接近的匹配项。

我们把这个过程称为相似性搜索或距离搜索。因此，当遇到"top_k 相似性搜索"这一术语时，它指的是利用算法计算向量嵌入间的相似程度，并返回最接近的前 k 个结果。它接收一个向量嵌入作为输入，并返回在向量数据库中最相似的 k 个向量。由于初始向量和 top_k 返回的邻居向量彼此相似，我们可以认为它们的概念意义也是相似的。现在读者应该明白了为何向量嵌入是大语言模型的通用语言。无论是文本、图像或其他信息类型，我们都通过数字衡量它们的相似性。

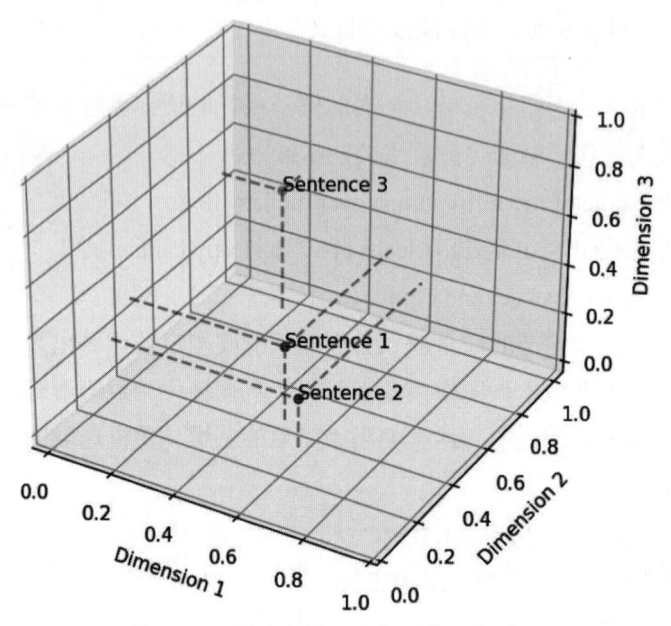

图 5.3　三维空间中三个句子嵌入的对比

当然，根据不同应用场景，定义相似性或距离的实际公式可能会有所不同。接下来将探讨一些数学概念。

5.3.3　理解相似度搜索

在机器学习与深度学习领域中，相似性搜索扮演着不可或缺的角色。无论是推荐引擎、信息检索，还是数据聚类与分类，相似性搜索都是这些应用的核心技术。当模型处理高维数据时，发现数据点之间的模式和联系变得尤为重要。这就意味着要确定数据元素之间的接近程度或相似性，而这项工作常常发生在向量空间内。在该空间中，每个元素都被表示成一个向量，从而便于距离或角度的计算。

在这样的空间中寻找邻近点的能力，可以让机器能够判断相似性，并据此做出决策、推理，或是像我们现在讨论的那样，根据相似度检索信息。随着嵌入技术在深度学习中的广泛应用，对高效相似性搜索技术的需求也日益增长。因为嵌入能够捕捉数据的语义特征，所以在这些向量上进行相似性搜索，使机器能够以几乎达到人类认知水平的方式理解内容。

下面将深入探讨 LlamaIndex 目前使用的一些衡量向量相似性的方法，每种方法都有其独特的优势和应用场景。

1. 余弦相似度

余弦相似度是通过测量两个向量夹角的余弦值判断它们的相似程度。值得注意的是，两个箭头指向了不同的方向；如果它们之间的夹角很小，那么这两个向量就非常相似。

图 5.4 显示了两个向量间余弦相似度的对比情况。

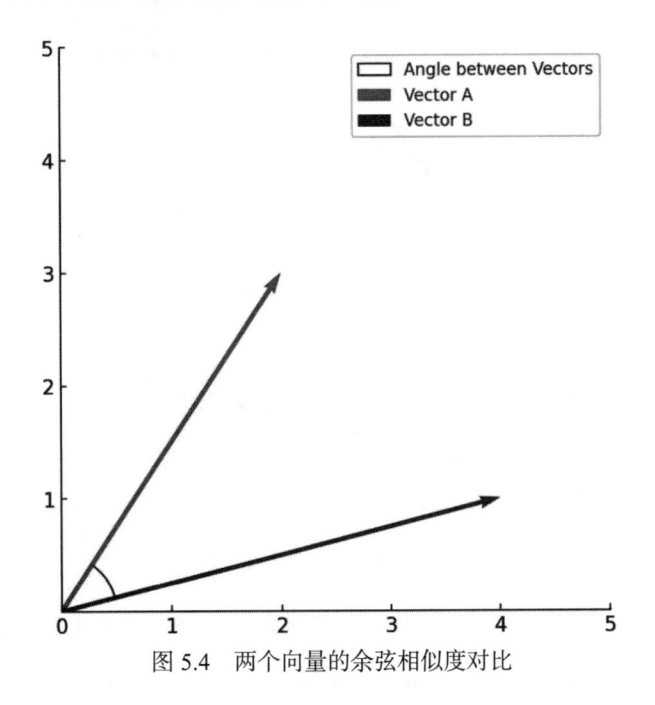

图 5.4 两个向量的余弦相似度对比

对于嵌入来说，当两个向量之间的夹角很小（或余弦相似度得分很高，接近于 1）时，则表明它们所代表的内容是相似的。这种方法尤其适用于文本分析，因为它不受文档长度的影响，而是专注于向量在空间中的方向。

> **提示**
> LlamaIndex 默认采用余弦相似度计算向量之间的相似性。

2. 点积

点积，也称作标量积，是一种通过单一数值表示两个向量对齐程度的方法。计算两个向量的点积时，算法会将两个向量的相应元素相乘，再将这些乘积相加。例如，假设有两个向量 A[2,3] 和 B[4,1]，它们的点积计算如下：$(2 \times 4) + (3 \times 1) = 8 + 3 = 11$。所以，A 和 B 的点积结果是 11。图 5.5 展示了这一概念的应用。

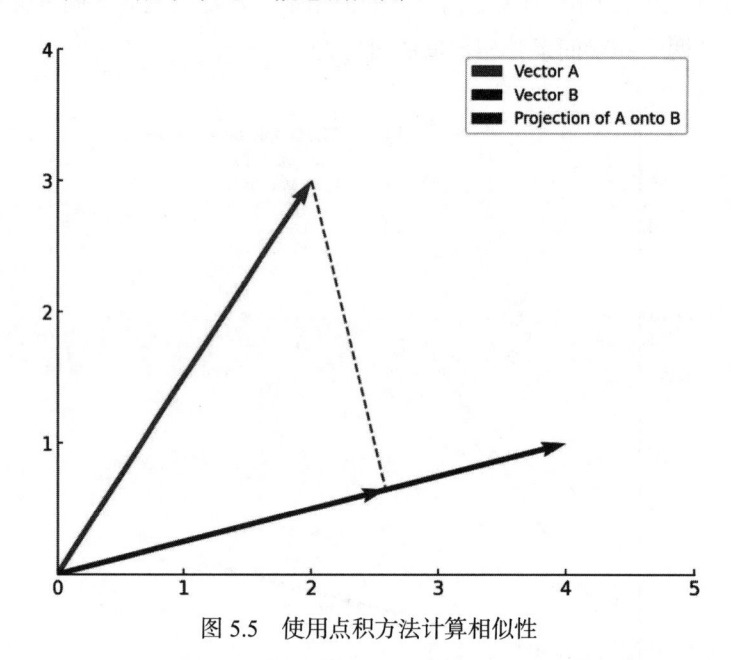

图 5.5　使用点积方法计算相似性

如图 5.5 所示，点积可以通过将一个向量投射到另一个向量上形象化。这个过程体现了点积的几何意义，即通过投射一个向量的分量到另一个向量的方向上，然后将这些投射分量与第二个向量的对应分量相乘并求和。点积不仅反映了向量是否同向，还综合考虑了它们的长度。

因此，点积值越大，向量间的相似性就越高。与余弦相似度不同，点积既考虑了两个向量的长度，也考虑了它们的相对方向。而余弦相似度则是通过归一化点积，去除向量长度的影响，使其只反映向量的方向一致性。

在某些情况下，比如检索增强生成场景中，向量越长，其点积结果往往越大。这意味着较长的向量——可能代表着更长的文档或更详尽的信息——可能会因为其较大的点积值而在相似性排序中获得更高的排名。这可能会导致系统倾向于返回更长的文档，即便这些文档未必最为相关。

3. 欧几里得距离

欧几里得距离与其他两种方法不同，它关心的是向量的实际值之间的差距。当向量中的值代表具体数量或测量结果时，特别是在向量的各个维度有现实含义的情况下，欧几里得距离能提供有价值的相似性信息。

图 5.6 给出了两个向量之间欧几里得距离的图形表示。

图 5.6 两个向量之间的欧几里得距离

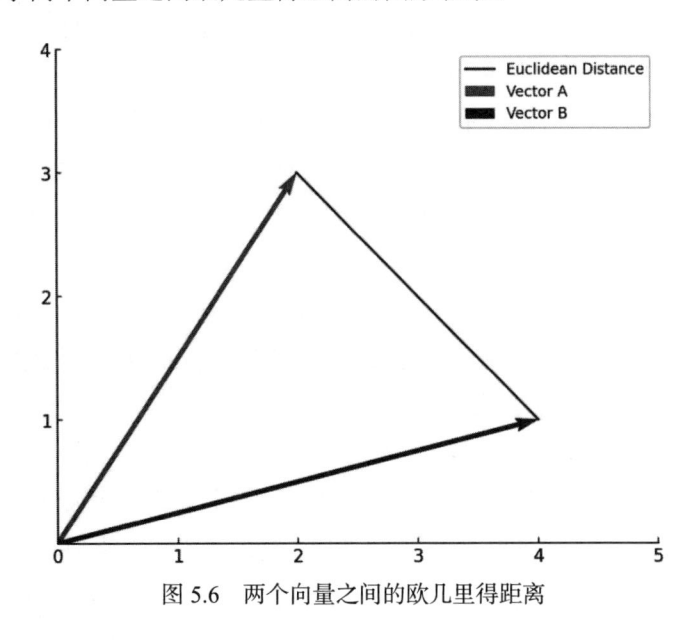

至此，读者应基本掌握了关于嵌入的基础知识，以及向量相似性的工作原理，尤其是

它们在 LlamaIndex 中的实现方式。如果想更好地熟悉这个概念，你可以在网上找到更多信息。

如需进一步深入了解相关概念，推荐参考如下资料：https://developers.google.com/machine-learning/clustering/similarity/measuring-similarity。

5.3.4 LlamaIndex 如何创建向量嵌入

要了解 LlamaIndex 是如何生成这些向量嵌入的，我们需要先了解一下它的运作机制。LlamaIndex 提供了灵活的嵌入生成机制，用户可根据实际需求选择最合适的嵌入模型。默认情况下，LlamaIndex 使用 OpenAI 的 text-embedding-ada-002 模型，这是一个专门为生成高质量的文本嵌入而优化的模型。此模型能够有效捕捉文本的语义信息，适用于如语义搜索、话题聚类、异常检测等多种应用场景。由于其出色的性能和合理的成本效益，这个模型成为许多应用的首选方案。LlamaIndex 在索引构建阶段和处理查询时，默认使用该模型进行文档和查询的嵌入生成。

不过，在实际应用中，用户的需求可能各不相同。比如，当面对大量的数据索引任务时，托管模型的成本可能过高；或是出于对专有数据隐私性的考虑，用户可能倾向于使用本地模型。此外，为了适应特定的领域或主题，用户还可能希望利用更为专业化的模型。

幸运的是，LlamaIndex 支持广泛的嵌入模型选项。例如，如果打算使用本地模型，可以通过设置服务上下文启用本地嵌入功能，这将使用由 Hugging Face 提供的高性能模型（如 https://huggingface.co/BAAI/bge-small-en-v1.5）。这种方法有助于减少成本，同时也满足了本地处理数据的需求。

Hugging Face 是人工智能领域的重要参与者，尤以其丰富的预训练模型库在自然语言处理社区中享有盛誉。Hugging Face 的使命是让先进的人工智能模型、工具和技术更容易获得，帮助开发者和研究者轻松实现复杂的 AI 功能。平台采取了类似 GitHub 的社区驱动模式，鼓励用户分享、合作和改进 AI 模型，促进了 AI 技术的创新和发展。

首先，读者需要确保已经安装了必要的软件包。

```
pip install llama-index-embeddings-huggingface
```

接下来将介绍如何设置一个本地嵌入模型。

```
from llama_index.embeddings.huggingface import HuggingFaceEmbedding
embedding_model = HuggingFaceEmbedding(
    model_name="WhereIsAI/UAE-Large-V1"
)
embeddings = embedding_model.get_text_embedding(
    "The quick brown fox jumps over the lazy cat!"
)
print(embeddings[:15])
```

首次运行时，代码会从 Hugging Face 下载一个名为 Universal AnglE Embedding 的嵌入模型（https://huggingface.co/WhereIsAI/UAE-Large-V1）。这一模型因其卓越的整体性能和质量平衡而备受推崇。下载并初始化完成后，程序会计算给定句子的向量嵌入，并展示向量的前 15 个元素。

对于有特殊需求或经验丰富的用户来说，LlamaIndex 提供了定制嵌入模型的简便方法。只需要继承 LlamaIndex 的 BaseEmbedding 类，并实现自己的嵌入生成逻辑即可。有关自定义嵌入类的更多信息，请参阅 https://docs.llamaindex.ai/en/stable/examples/embeddings/custom_embeddings.html。

此外，LlamaIndex 还集成了 LangChain，允许使用它们提供的各种嵌入模型。同时，也支持使用来自 Azure、CohereAI 及其他供应商的嵌入模型，通过额外的集成选项满足不同用户的需求。这种高度的灵活性确保了无论用户的具体要求或约束条件如何，都能找到适合的应用方案。

5.3.5　如何选择合适的嵌入模型

嵌入模型的选择会显著影响 RAG 应用程序的性能、质量和成本。以下是选择特定模型

时需要考虑的一些关键点。

- **模型质量（定性）**：不同的嵌入模型会以不同的方式编码文本的语义。例如 OpenAI 的 Ada 模型旨在拥有广泛的文本理解能力，但其他模型可能在特定领域或任务上进行了微调并在这些场景中表现更好。特定领域的模型可以更精准地表示专业知识。
- **模型效果（定量）**：这涉及模型捕获语义相似性的能力、基准测试中的表现，以及对未知数据的泛化能力。不同模型和应用场景之间的这些特性可能会有很大差异。请参考 Hugging Face 网站上的大规模文本嵌入基准排行榜 **Massive Text Embedding Benchmark(MTEB)**：https://huggingface.co/spaces/mteb/leaderboard。
- **响应速度和处理能力**：对于有实时要求或处理大量数据的应用来说，嵌入模型的速度可能是一个决定性因素。此外，还应考虑模型能处理的最大输入块大小，这会影响文本如何被拆分以进行嵌入。注意，在数据导入阶段的计算嵌入并不会影响应用程序的整体性能。但在检索阶段，每个查询都必须实时嵌入，以便测量相似性并检索相关节点，此时，延迟和吞吐量就显得尤为重要了。了解不同嵌入模型的性能表现，请参阅这篇文章：https://blog.getzep.com/text-embedding-latency-a-semi-scientific-look/。
- **多语言支持**：嵌入模型可以支持多语言或专注于某种特定语言进行训练。场景需求也可能成为选择模型的一个重要决策因素。例如，像 Mistral 这样的较小模型在处理英语数据时，其效果可与托管模型 GPT3.5 相媲美，但在处理其他语言时则不如后者。
- **资源消耗**：嵌入模型在规模和计算成本上存在很大差异。大型模型虽然可能提供更精准的嵌入，但也意味着需要更多的计算资源，从而导致更高的成本。
- **获取途径**：部分嵌入模型可能依赖于专用 API 获取或需要安装特定的软件环境，这在一定程度上影响了集成的便利性和使用体验。不过 LlamaIndex 提供了丰富的定制化选项，以方便用户选择。
- **本地部署**：如果数据隐私是考虑因素之一，或者在互联网连接受限或无网络的环境下工作，读者可能更倾向于使用本地部署的模型。

- **使用成本**：需要权衡基于云端的托管嵌入模型的 API 调用成本与本地嵌入模型的计算和存储成本。

好消息是，LlamaIndex 内置了许多可以直接使用的嵌入模型，并允许灵活选用不同的嵌入方案。详情可见支持模型的完整列表：`https://docs.llamaindex.ai/en/stable/module_guides/models/embeddings.html#list-of-supported-embeddings`。

通常情况下，OpenAI 的默认嵌入模型 `text-embedding-ada-002` 能在我们讨论的各项指标间取得较好的平衡。但若读者有特定需求或限制，则可以通过探索和测试不同模型找出最适合应用的最佳方案。

接下来将探讨如何存储和重复利用这些嵌入。

5.4 索引持久化和重用

应该如何保存索引过程中产生的向量嵌入呢？选择合适的存储位置至关重要，其原因如下。

- **节省计算资源**：不必在每次会话中重新嵌入文档和重建索引，这样可以避免重复的高昂计算成本。对于大型文档集来说，生成高质量的嵌入需要耗费大量资源，长期下来费用不菲。持久化索引能有效保存这些预先计算的结果。
- **加快响应速度**：通过直接加载已经计算好的嵌入，避免在运行时进行嵌入和索引，使应用能够更快速地启动和响应用户请求，从而实现低延迟处理。
- **确保查询的一致性和准确性**：重新加载索引意味着继续使用之前会话中确切的向量和结构，这有助于保证查询结果的一致性和准确性。

为了避免每次运行都要重新生成向量嵌入，我们需要一个专门的存储机制保存这些数据，从而实现高效的数据存取和重用。

这就是 LlamaIndex 中向量存储的工作。

默认设置下，LlamaIndex 采用的是内存中的向量存储方案，但为了实现持久化，它提供了一个简单的方法：任何类型的索引都可以调用 `persist()` 方法，该方法会把所有数据写入磁盘上的特定位置，确保数据得以持久保存。

接下来将介绍如何持久化索引数据，并在后续会话中重新加载使用。首先，我们需要创建索引，它负责对文档进行嵌入处理。

```
from llama_index.core import VectorStoreIndex, SimpleDirectoryReader
documents = SimpleDirectoryReader("data").load_data()
index = VectorStoreIndex.from_documents(documents)
```

为了持久化这些数据，可以使用 persist() 方法。

```
index.storage_context.persist(persist_dir="index_cache")
print("Index persisted to disk.")
```

这一步操作会将整个索引的数据保存至磁盘。以后在新的会话中，就可以很方便地重新加载这些数据。

```
from llama_index.core import StorageContext, load_index_from_storage
storage_context = StorageContext.from_defaults(
    persist_dir="index_cache")
index = load_index_from_storage(storage_context)
print("Index loaded successfully!")
```

通过从持久化目录重建存储上下文 `StorageContext`，并使用 `load_index_from_storage()` 函数，可以在无须重新索引数据的情况下恢复索引，并使其再次可用。在上述代码中，我们成功重构了原始索引。

5.4.1 理解存储上下文

`StorageContext` 是索引和查询过程中所有可配置存储组件的统一管理器，核心组件如下：

- 文档存储：负责管理文档的存储，文档数据被保存在本地文件 docstore.json 中。
- 索引存储：负责索引结构的存储，索引信息保存在本地文件 index_store.json 中。
- 向量存储：管理多个向量存储实例，每个实例可能用于不同目的。这些向量存储的信息保存在本地文件 vector_store.json 中。
- 图存储：负责图数据结构的存储。LlamaIndex 会自动创建名为 graph_store.json 的文件存放图数据。

`StorageContext` 类将文档、向量、索引和图数据的存储统一起来。当调用 `persist()` 方法时，LlamaIndex 会自动创建上述提及的文件以进行本地数据存储。若要将这些文件保存在其他位置，可以指定一个持久化路径，以便在未来的会话中加载。

默认情况下，LlamaIndex 提供了基础的本地存储功能，但我们也可以轻松地换成更高级的持久化方案，比如 AWS S3、Pinecone、MongoDB 等。

我们将探索如何定制向量存储，以下将以开源向量数据库 ChromaDB 为例。

首先，确保已通过 pip 安装了 chromadb 库。

```
pip install chromadb
```

代码的开头包含了必要的模块导入。

```
import chromadb
from llama_index.vector_stores.chroma import ChromaVectorStore
from llama_index.core import (VectorStoreIndex, SimpleDirectoryReader, StorageContext)
```

接下来将初始化 Chroma 客户端，并在 Chroma 中创建一个集合保存数据。

```
db = chromadb.PersistentClient(path="chroma_database")
chroma_collection = db.get_or_create_collection(
    "my_chroma_store"
)
```

在 ChromaDB 中，我们创建集合组织数据，这与关系型数据库中的表类似。`my_chroma_store` 集合将用于存储嵌入数据。

接下来使用 `ChromaVectorStore` 初始化一个自定义的向量存储,并将其集成到 `StorageContext` 中。

```
vector_store = ChromaVectorStore(
    chroma_collection=chroma_collection
)
storage_context = StorageContext.from_defaults(
    vector_store=vector_store
)
```

现在,我们可以开始导入文档并构建索引。

```
documents = SimpleDirectoryReader("files").load_data()
index = VectorStoreIndex.from_documents(
    documents=documents,
    storage_context=storage_context
)
```

我们可以使用 `get()` 方法显示 Chroma 集合的全部内容。

```
results = chroma_collection.get()
print(results)
```

随后,在新的会话中恢复这个索引也十分简单。

```
index = VectorStoreIndex.from_vector_store(
    vector_store=vector_store,
    storage_context=storage_context
)
```

在诸如 ChromaDB 这类向量数据库的支持下,LlamaIndex 让企业级别的向量存储变得更加容易。它简化了复杂性,使得开发者能够专注于应用逻辑,同时享受强大的数据基础设施支持。

总之,LlamaIndex 在向量存储方面提供了极大的灵活性——无论是将其用于开发测试的简单内存存储,还是部署于生成环境中的云托管向量数据库,均可灵活配置。

5.4.2　向量存储和向量数据库的区别

向量存储和向量数据库这两个术语通常用于管理和查询大量向量集合的场景中，这在机器学习中很常见，特别是在涉及自然语言处理、图像识别和类似任务的应用中。读者可能已经注意到，它们经常在本章中出现，有时暗示它们是相似的概念。然而，两者之间有一个微妙的区别。

- **向量存储**：这是一个专注于保存向量数据的系统或仓库。这里的向量是多维的数据点，能够表示复杂的资料，如文本、图片或声音，以便机器学习模型处理。向量存储的重点在于确保这些数据能被有效地存取，而不一定具备高级的查询或分析功能。它的核心任务是构建一个大的向量数据集合，可以为不同的机器学习任务提供服务。
- **向量数据库**：相比之下，向量数据库不仅能够保存向量数据，还能提供强大的查询和分析功能。它能够执行诸如相似度搜索等复杂操作，这些都是机器学习和数据分析的重要组成部分。向量数据库针对向量数据的特点进行了优化，比如处理高维度数据和通过特殊索引技术提升搜索效率。因此，在需要快速准确地从大量向量数据中获取信息的应用场景中，向量数据库扮演着关键角色。

简单来说，向量存储主要侧重于数据的保存，而向量数据库则同时兼顾了保存和高效查询的功能。这使得向量数据库更适合那些需要对海量向量数据进行快速检索的应用。

一个显著的区别在于，向量数据库通常提供了 CRUD（创建、读取、更新、删除）功能，而向量存储可能并不总是如此。具体来说：

- 创建：向量存储通常都具备添加新向量的能力，这是构建向量库的基础。
- 读取：基于某种标识或条件读取向量是常见的需求。对于简单的向量存储来说，这可能是基础性的检索，而不是复杂的查询。
- 更新：由于向量数据一旦生成往往不再改变，因此更新功能在向量存储中并不是必需的，也不如传统数据库中那么常见。
- 删除：删除功能也可能存在，但同样不是所有向量存储的核心特性，因为向量数据一旦创建并存储后，一般不需要频繁删除。

在很多机器学习和 AI 应用场景中，向量数据一旦生成便很少更新或删除，所以某些向量存储可能会更强调高效存取（即创建和读取操作），而不是全面的 CRUD 功能。

而更为复杂的向量数据库，则提供更完整的 CRUD 功能，使得向量数据的管理更加灵活和动态。

如果读者想深入了解向量数据库，请参阅 https://learn.microsoft.com/en-us/semantic-kernel/memories/vector-db。

5.5 LlamaIndex 的其他索引类型

尽管在大多数检索增强生成应用中，VectorStoreIndex 可能是最常用且最核心的索引方式，但 LlamaIndex 还提供了多种其他实用的索引工具。每个工具都有其独特的特性和应用场景，接下来将深入探讨这些不同的索引类型。

5.5.1 摘要索引

摘要索引 SummaryIndex 提供了一种既简易又高效的数据索引方法，有助于信息检索。与侧重于向量存储中嵌入表示的 VectorStoreIndex 不同，摘要索引基于一个简单的数据结构，该结构按顺序存储节点。图 5.7 展示了摘要索引的结构示意图。

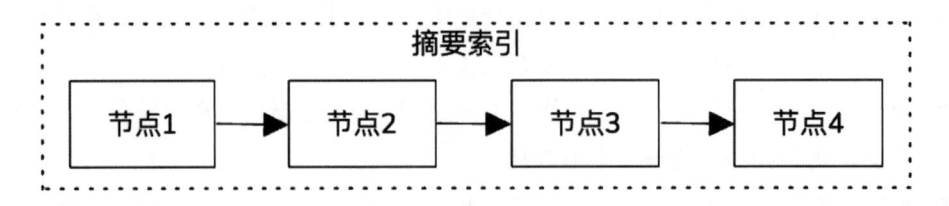

```
摘要索引
节点1 → 节点2 → 节点3 → 节点4
```

图 5.7 摘要索引的结构

在建立索引的过程中，系统会处理一系列文档，将其分割成较小的段落，并编译成一

个连续的列表。整个过程完全在本地运行，无须依赖大语言模型或任何嵌入模型。

1. 实际案例

设想在一个软件开发项目中构建一个文档搜索工具。随着项目的推进，往往会累积大量的文档资料，如技术规格书、API 文档、用户手册以及开发者笔记等。管理这些信息可能变得困难重重，尤其是当团队需要迅速查找特定细节时。通过为项目文档库实施摘要索引，开发人员能够快速在所有文档中进行搜索。比如，开发人员可以询问："支付网关 API 的错误处理流程是什么？"摘要索引会在已索引的文档中查找与错误处理相关的章节，而无须依赖复杂的嵌入模型或耗费大量计算资源。对于那些因为资源限制无法维护大型向量存储，或是追求简便快捷的环境来说，这种索引尤为适用。

摘要索引尤其适合线性扫描数据即可满足需求，或不需要基于复杂嵌入的检索的应用场景。尽管属于基础类型，摘要索引仍具备良好的灵活性，尤其适用于对数据结构要求不高的轻量级应用。

2. 摘要索引的基本使用

创建摘要索引的过程非常简单。

```
from llama_index.core import SummaryIndex, SimpleDirectoryReader
documents = SimpleDirectoryReader("files").load_data()
index = SummaryIndex.from_documents(documents)
query_engine = index.as_query_engine()
response = query_engine.query("How many documents have you loaded?")
print(response)
```

在此过程中，我们会从样本文件创建节点，并用这些节点实例化摘要索引。这种方式简化了设置流程，避免了嵌入处理和向量存储的复杂性。

如果读者已经正确克隆了本书 GitHub 仓库的结构，并且在 files 子文件夹中有两个文本文件，那么上述代码片段的输出应为如下内容。

```
I have loaded two documents.
```

3. 理解摘要索引的内部工作机制

摘要索引 SummaryIndex 的内部操作是通过一种类似列表的结构存储各个节点。当进行查询时，它会遍历这个列表定位相关节点。尽管这一过程相较于 VectorStoreIndex 的嵌入式搜索较为简单，但对于很多应用场景来说，它的效率依然足够高。

摘要索引支持如摘要索引检索器 SummaryIndexRetriever、摘要索引嵌入检索器 Summary IndexEmbeddingRetriever 和摘要索引大语言模型检索器 SummaryIndexLLM Retriever 等多种检索器，每种检索器都提供了不同的数据搜索和提取方法。在处理查询时，摘要索引采取"创建-优化"的策略生成回答。首先，它会依据最初的文本片段给出一个初步的回答；接下来，随着更多文本片段作为上下文被加入，它会对这个初步回答进行优化。优化过程可能涉及保留原回答、对其细微调整或彻底重写回答内容。我们将在第 6 章中更详细地探讨检索部分的内容。

5.5.2 文档摘要索引

除了向量存储索引 VectorStoreIndex，LlammaIndex 还提供了多种适用于不同场景的专业索引工具。其中，文档摘要索引 DocumentSummaryIndex 凭借其独特的文档管理与检索方法表现得尤为突出。

究其根本，DocumentSummaryIndex 通过对文档进行摘要，并将摘要映射到索引中的相应节点，从而优化了信息检索。利用摘要快速识别相关文档，实现了高效的数据检索。

图 5.8 展示了这一机制的工作原理。

文档摘要索引的工作流程是先为每个导入的文档创建摘要，再将这些摘要与文档的节点相连接，构建出一个便于快速准确检索的结构化索引。

文档摘要索引非常适合用于那些需要简要概括文档内容以显著减少搜索范围的查询任务，因此是面对大型多样数据集时，需要迅速定位特定文档的应用程序的理想选择。

第 5 章　LlamaIndex 索引详解

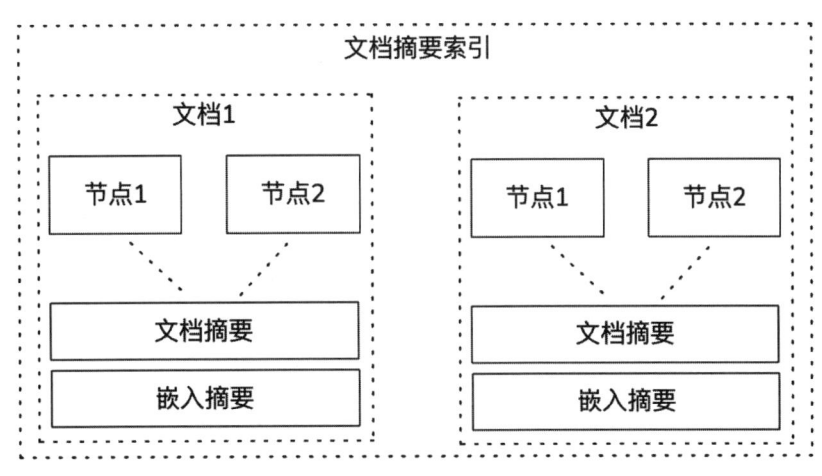

图 5.8　文档摘要索引

例如，文档摘要索引在企业内部知识管理系统中的应用尤为典型。员工往往需要快速访问各种文档，如报告、研究文章、政策文件和技术指南。这些文档通常分散存储在不同部门，长度各异，查找具体信息可能非常困难。而且，由于多份文档可能含有相似的内容，在这个数据集上直接进行基于嵌入的检索往往效率低下，也难以精确命中目标内容。

以下是文档摘要索引 DocumentSummaryIndex 可调整的参数。

- response_synthesizer：用于指定生成摘要的响应合成器。通过调整此参数，可以控制摘要的生成过程，使其符合特定的需求或偏好。
- summary_query：用于引导摘要生成的查询模板，指示模型应如何概括文档内容，并指出该文档可解答的问题。通过调整此参数，可使生成的摘要更贴合具体索引用途。调整此查询可以使摘要更加贴合索引的具体用途。
- show_progress：一个布尔参数，决定是否显示长时间操作的进度条。开启后，可以直观地看到操作的进展情况。
- embed_summaries：默认值为 True，指示是否将摘要嵌入。嵌入后的摘要可用于基于嵌入的搜索中的相似性比较和检索，特别适合根据文档摘要内容与用户查询间的相似性检索节点的场合。关于这一点我们将在第 6 章详细探讨。

接下来将演示如何使用文档摘要索引 DocumentSummaryIndex。

1. 文档摘要索引的基本使用

文档摘要索引 `DocumentSummaryIndex` 的构建涉及几个关键步骤：首先是收集文档并对其进行摘要处理。下面的代码段演示了创建该索引的基本流程。

```python
from llama_index.core import (
DocumentSummaryIndex, SimpleDirectoryReader)
documents = SimpleDirectoryReader("files").load_data()
index = DocumentSummaryIndex.from_documents(
    documents,
    show_progress=True
)
```

这个过程包含从文件夹中读取文档、将其解析为节点、对文档内容进行摘要，最后将这些摘要与对应的节点关联起来，以便于快速检索。现在，我们来看一下在此过程中生成的摘要结果。

```python
summary1 = index.get_document_summary(documents[0].doc_id)
summary2 = index.get_document_summary(documents[1].doc_id)
print("\n Summary of the first document: " + summary1)
print("\n Summary of the second document: " + summary2)
```

代码示例的后半部分显示了为各个文档生成的摘要信息。这些摘要与文档中的节点建立映射关系，在检索时可根据用户的查询与文档摘要语义相似度快速定位并返回相关节点。

文档摘要索引内部支持基于嵌入和基于大语言模型的检索方式，提供了适用于不同需求的灵活检索机制。默认情况下，索引会为每个摘要生成嵌入向量，以支持基于向量相似度的高效检索，尤其适用于语义匹配性查询任务。

5.5.3 关键词表索引

LlamaIndex 提供的关键词表索引 `KeywordTableIndex` 构建了一个类似术语词典的智能结构，能够通过关键词快速定位到相关节点。相比依赖嵌入模型的检索方式，它采用

更加直观的关键词映射机制,在进行精准事实信息检索方面具有出色的性能表现。该索引通过从文档中提取关键词,并建立关键词与节点之间的对应关系,构建出一种结构清晰且高效精准的信息检索机制。

该索引尤其适用于依赖关键词精确匹配以获取目标信息的应用场景。关键词作为查找表的主索引键,每一项都链接至包含该关键词的节点内容,例如某个术语的具体定义或相关解释。在检索时,系统会像查阅词典一样,根据用户提供的关键词找到并返回含有该关键词的相关节点。图 5.9 显示了 `KeywordTableIndex` 的结构。

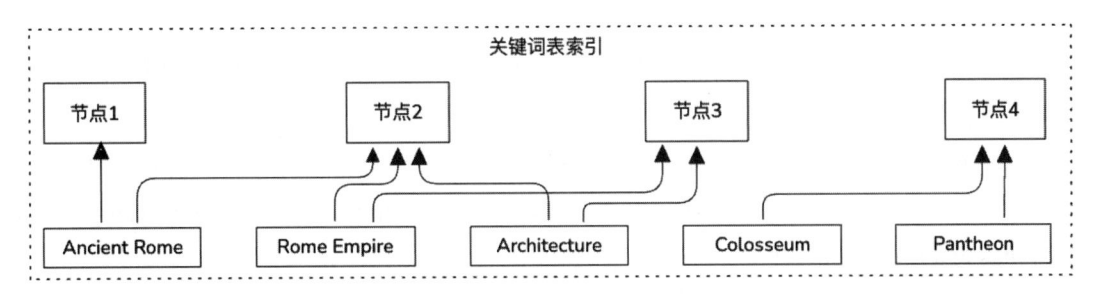

图 5.9 关键词表索引的结构

以下是关键词表索引 `KeywordTableIndex` 可调整的参数。

- `keyword_extract_template`:用于指导关键词提取的可选提示模板。支持自定义,可通过提示工程调整关键词识别策略。读者可以通过自定义提示调整关键词的提取逻辑,制定个性化的关键词提取策略。有关提示定制的更多内容,请参见第 10 章。
- `max_keywords_per_chunk`:该参数控制从每个文本块中提取的关键词的最大数量,以确保关键词表既易于管理又专注于最重要的关键词。默认值为 10。
- `use_async`:该参数决定是否启用异步调用功能。对于大型数据集或复杂操作而言,这可以提升性能。默认设置为 `False`。

接下来将演示如何创建 `KeywordTableIndex`。

1. 关键词表索引的基本使用

创建 KeywordTableIndex 的过程非常简单。

```
from llama_index.core import KeywordTableIndex, SimpleDirectoryReader
documents = SimpleDirectoryReader("files").load_data()
index = KeywordTableIndex.from_documents(documents)
query_engine = index.as_query_engine()
response = query_engine.query(
    "What famous buildings were in ancient Rome?")
print(response)
```

在此过程中，系统会自动从文档中提取关键词并构建关键词映射表，从而显著简化关键词检索系统的配置流程。

同样地，如果你已经正确克隆了我们的 GitHub 仓库结构，并且在 files 文件夹中有两个文本文件，那么上述代码片段的输出应类似于：The Colosseum and the Pantheon were famous buildings in ancient Rome.

2. 关键词表索引的内部工作机制

关键词表索引通过构建关键词映射表进行运作，其中每个关键词条目均指向相应的文档片段或节点。系统在处理文档集合时，先将文档分割成更小的部分。对于每一部分，系统利用大语言模型和定制的提示信息识别和提取重要的关键词。这些关键词可以是单个词语也可以是短语，并会被记录在关键词表中。关键词表中的每个词条都会直接指向其来源的文本块。

当用户提出查询请求时，系统会在关键词表中查找与查询中的关键词相匹配的条目，从而迅速定位并返回含有这些关键词的文本片段。除了基本的关键词匹配，它还支持更复杂的检索方式，比如 RAKE 方法或基于大语言模型的关键词提取与匹配。关于这些检索模式的更多信息请参见第 6 章。

> **RAKE 关键词提取方法**
>
> RAKE 方法擅长识别文本中的重要短语或关键词，其核心思想是，关键词往往由多

个有意义的词汇组成,而很少包含标点符号、常用词或意义不大的词汇。针对不需要大语言模型辅助的情况,`KeywordTableIndex` 提供了两种替代方案:一种是 `SimpleKeywordTableIndex`,使用简单的正则表达式进行关键词提取;另一种是 `RAKEKeywordTableIndex`,它依赖于 Python 包 rake_nltk 中的 RAKE 关键词提取器。

值得注意的是,与摘要索引类似,关键词表索引在生成最终响应时也经历初步生成和后续优化的过程。这种灵活性使得关键词表索引成为适用于各种需要精准关键词匹配的应用场景的强大工具。

5.5.4 树索引

树索引 `TreeIndex` 采用层次化的结构对信息进行组织与检索。与简单列表不同,树形结构在数据管理和查询效率上具备显著优势。读者可参考图 5.10 以了解 `TreeIndex` 的结构示意图。

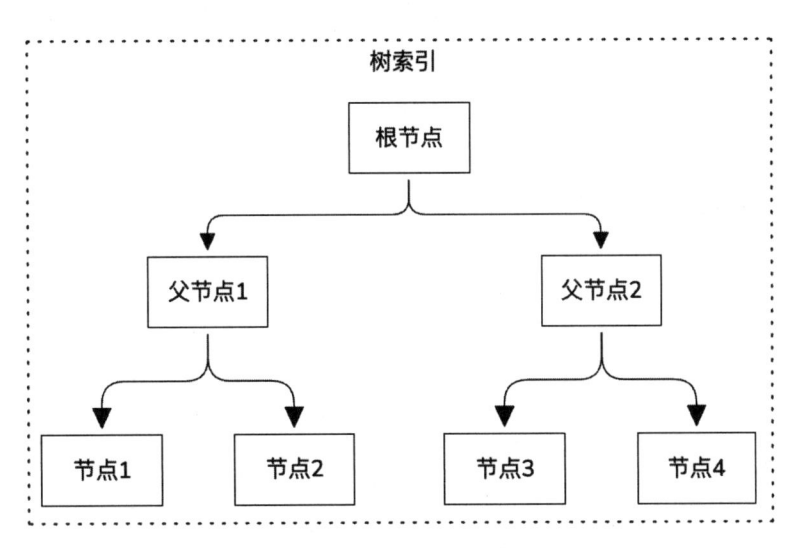

图 5.10 树索引的结构

在树索引中，每个节点类似于树枝和树叶，表示一个特定的信息单元或文本片段。通过这种结构，系统能够更有效地管理和查询数据。树索引以文档集合作为输入，自底向上逐步构建树形结构，其中每个父节点总结其子节点的核心内容，而每个中间节点则包含了对其下方内容的概括。节点的摘要内容由大语言模型生成，并可通过提示模板 `summary_prompt` 进行自定义配置。树索引就像是一个组织者和摘要器，它能够对大量独立的数据片段进行分层归纳，并为每一组数据生成高度概括的摘要信息。

以下是树索引 `TreeIndex` 可调整的参数。

- `summary_template`：用于索引构建期间的摘要提示，可以根据需要定制以优化摘要过程。
- `insert_prompt`：用于树插入操作的提示，指导新信息如何融入现有的树结构，有助于树索引的构建。更多关于提示定制的信息，请参见第 10 章。
- `num_children`：定义每个节点的最大子节点数，控制树的宽度。该参数会直接影响每个节点的详细程度。默认值为 10。
- `build_tree`：是否在索引构建阶段构建整棵树。若设为 False，则索引会在首次查询时构建树，适用于需手动控制树构建过程或动态调整树结构的场景。默认值为 True。
- `use_async`：决定是否启用异步操作模式。

接下来创建一个简单的树索引。

1. 树索引的基本使用

要实现树索引，读者可以按照以下简单示例进行。

```
from llama_index.core import TreeIndex, SimpleDirectoryReader
documents = SimpleDirectoryReader("files").load_data()
index = TreeIndex.from_documents(documents)
query_engine = index.as_query_engine()
response = query_engine.query("Tell me about dogs")
print(response)
```

上述示例展示了如何通过树索引将文档按层次结构组织，并利用该结构实现高效的数

据检索。

2. 树索引的内部工作机制

树索引的核心机制是构建多层级的树形结构。系统首先创建底层节点，并逐层向上聚合，将各级节点内容逐步概括，直至形成树的根节点。这样就形成了一个多层级的树，每一层都对其下方层级的信息进行了抽象和总结。当面对大型数据集时，树索引还能通过 use_async 开启数据异步处理，即同时处理数据的不同部分，从而加快构建速度并提高效率。

树索引 TreeIndex 的优势在于，它能通过大语言模型的摘要功能捕捉数据的细微差别，这对复杂数据集尤其有价值，因为在这种数据集中，关系和上下文非常重要。

3. 树索引的检索模式和流程

举例来说，对于拥有复杂分层数据（如报告、备忘录和研究论文）的公司而言，树索引可以有效整理这些信息，让用户能够在知识管理系统中迅速找到所需的具体数据点。树索引通过构建一棵树来工作，其中每个节点都是其子节点内容的一个总结版本，为用户提供了一个条理清晰的数据概览。

树索引支持的主要检索模式包括：

- 树选择叶节点检索器 TreeSelectLeafRetriever：这种检索器会遍历整棵树，寻找能最好回应查询的叶节点。具体做法是在每个层级选择一定数量的子节点进行深入探索。
- 树选择叶节点嵌入检索器 TreeSelectLeafEmbeddingRetriever：这种检索器基于查询和节点文本间的嵌入相似性遍历树，并依据这种相似性挑选出叶节点。
- 树根节点检索器 TreeRootRetriever：这种检索器直接从树的根节点获取答案。这里假定图中已存储了答案，因此无须再沿树向下分析。
- 树全叶节点检索器 TreeAllLeafRetriever：这种检索器会针对每次查询从所有叶节点重新构建一棵树来给出答复。这种方式适合那些不必在初始化时构建树结构的情形。

在执行查询时，树索引的操作流程如下。

（1）先处理提供的查询字符串，从中提取相关关键词。

（2）然后从根节点开始，沿着树结构进行导航。

（3）每到一个节点，判断关键词是否出现在该节点的摘要中。

（4）若发现关键词，则继续探索该节点的子节点。

（5）若未发现关键词，则转至下一个节点。

（6）此过程一直持续，直至找到叶节点或遍历完树中所有节点。最终达到的叶节点被认为是最有可能与查询相关的上下文。

有关检索器的更多详情，请参阅本文第 6 章。

4. 树索引的潜在缺点

在检索增强生成工作流中，使用树索引的优势可能不如使用简单检索方法那样显著。以下是一些原因。

- 增加的计算资源：构建和维护 `TreeIndex` 需要更多的计算资源。在索引创建过程中，系统必须递归地总结和组织节点形成树结构。这包括利用大语言模型调用进行总结和建立层级结构，对于大型数据集而言，这是一个计算密集型的过程。

- 递归检索的复杂性：查询 `TreeIndex` 时，检索流程从根节点向下遍历到相关叶节点。这样的递归遍历可能涉及多个步骤和计算，尤其当树很深或需要探索多条分支时。每次遍历过程中，系统需要将查询与节点摘要进行比对，以决定是否继续深入某个分支。相较于平面索引，这种递归检索方式可能会消耗更多的计算资源。

- 摘要开销：`TreeIndex` 依靠对每个节点内容进行摘要，以提供其子节点的简明表示。摘要操作不仅要在索引构建时执行，还可能在更新或插入时进行，从而增加了总体计算负担。

- 存储需求：相比于平面索引，`TreeIndex` 需要更多的磁盘空间存储树结构、节点摘要以及每个节点的相关元数据。对于大规模数据集来说，这种额外的存储开销可能导致存储成本上升。

- 维护和更新的复杂度：`TreeIndex` 的维护涉及随着新数据的加入或已有数据的更改而定期更新和重新组织。在树结构中插入新节点或更新现有节点可能会引起连锁

反应，需要调整父节点及其摘要。相比其他类型的索引，这种维护过程可能更为复杂和耗时。

尽管树索引的构建与查询成本较高，但在特定场景下，这些开销是可以接受且值得投入的。如果 RAG 应用程序处理的是大型数据集，并且需要高效的、理解上下文的检索，则使用树索引的优势可能会超过额外的成本。其分层结构和摘要功能可以提升检索性能、缩减搜索范围，并提高响应生成的质量。通过从根节点开始有选择地遍历相关分支，模型能够迅速锁定最有可能包含相关信息的节点，从而实现比平面索引结构更快的检索速度和更高的效率。

是否采用树索引，取决于对具体 RAG 场景的需求、数据规模与性能约束的全面评估。谨慎的评估和基准测试有助于基于检索效率、生成质量以及计算和存储成本之间的权衡做出明智的选择。

5.5.5 知识图谱索引

知识图谱索引 KnowledgeGraphIndex 通过从文本中提取三元组构建知识图谱，以增强复杂查询的处理能力和语义理解深度。这种索引类型通过大语言模型自动提取三元组，同时也支持自定义函数实现三元组的提取逻辑。

知识图谱索引在需要解析实体间复杂关系和上下文信息的场景中表现出色。它能够精准识别实体与概念之间的复杂关系，从而提供更深入的洞察力与更具上下文理解能力的查询响应。对于设计多实体关联、关系推理等复杂查询任务，知识图谱提供了更具上下文的解答路径。例如，本书的动手实践项目 PITS 就有用到知识图谱索引。

为了更好地理解知识图谱的工作原理，请参考图 5.11。

1. 实际用例

一个有趣的应用案例可能是新闻聚合应用，这类应用每天从各类来源（如报纸、博客和社会媒体平台）摄入大量文本。在这种情境下，知识图谱可用于表示诸如人物、组织、地点等实体及其随时间的变化关系。这将让用户能够基于图结构和遍历算法探索历史趋势、突发新闻事件及相关实体。

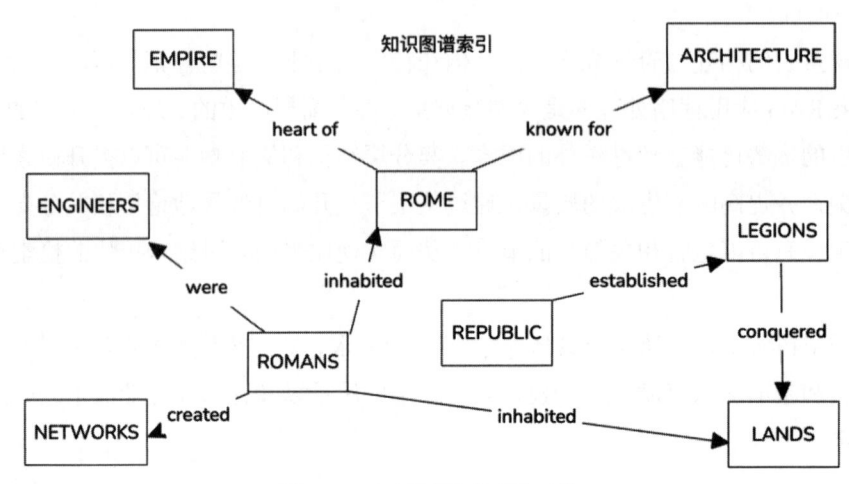

图 5.11　知识图谱索引的结构

现在我们将学习如何使用知识图谱索引。

2. 知识图谱索引的可定制参数

读者可以自定义如下参数。

- `kg_triple_extract_template`：此参数是一个提取三元组的提示模板。可以定制以改变识别三元组（主语-谓语-宾语）的方式，从而针对具体用例制定个性化的提取策略。
- `max_triplets_per_chunk`：每个文本块中提取的三元组数量的上限。设置此值有助于控制知识图谱的规模和复杂度，默认值为 10。
- `graph_store`：此参数为图的存储类型。可根据应用需求选择不同的存储类型以优化性能和可扩展性。
- `include_embeddings`：此参数决定是否在索引中包含嵌入。这在嵌入能增强检索过程的情况下非常有用，比如相似性搜索或高级查询理解。
- `max_object_length`：此参数设置了三元组中对象的最大字符长度。它防止过长或复杂的对象使图结构和检索过程变得复杂，默认值为 128。

- kg_triplet_extract_fn：此参数是自定义的三元组提取函数，允许使用专门或私有的方法从文本中提取三元组。

下面示范如何构建一个简单的知识图谱索引实例。

3. 知识图谱索引的基本使用

以下是构建和查询知识图谱的一种简单方法。

```
from llama_index.core import (KnowledgeGraphIndex, SimpleDirectoryReader)
documents = SimpleDirectoryReader("files").load_data()
index = KnowledgeGraphIndex.from_documents(
    documents, max_triplets_per_chunk=2, use_async=True)
query_engine = index.as_query_engine()
response = query_engine.query("Tell me about dogs.")
print(response)
```

在这个设置中，索引通过从文档中提取三元组构建知识图谱，进而支持复杂的关联查询。注意，我们通过将 use_async 设置为 True 配置索引并以异步模式运行构建过程。虽然这对本文档示例中的两个小型文档来说差异不大，但在处理大规模数据场景下，启用异步索引构建将显著提升处理效率。

4. 知识图谱索引的构建方式

知识图谱索引通过从文本数据中提取主语-谓语-宾语三元组来工作，从而形成知识图谱。

知识图谱索引结构的构建主要有两种方式。

- 默认内置方法：默认实现中，索引使用内部方法从文本中提取三元组。该方法获取每个节点的文本内容，并通过预定义的提示模板 DEFAULT_KG_TRIPLET_EXTRACT_PROMPT 或初始化期间通过 kg_triple_extract_template 参数提供的自定义模板，提示模板旨在指导大语言模型从给定的文本中提取知识三元组。随后，大语言模型的响应会被专门的内部方法解析，以提取每个三元组的主语、谓语和宾语。这种方法以主语、谓语、宾语的格式提取知识三元组，并结合多种验证机制与字符串处理技术，确保所提取出的三元组的准确性和一致性。最终，该方法返回一组经过清理和格式化的三元组列表，供加入知识图谱索引使用。
- 第二种方式是自定义三元组提取函数：如果在初始化时提供了自定义 `kg_triplet_extract_fn()` 函数，则会使用该函数替代基于大语言模型的方法。这使得可以根据特定需求或领域知识定义自己的函数并从文本中提取三元组。

无论使用上述哪种方法生成三元组，索引的内部组件都负责从给定节点构建实际的知识图谱。系统会遍历每个节点，利用大语言模型或自定义的提取函数提取三元组，并将其写入索引结构中。

若启用 `include_embeddings()` 参数，系统还会使用指定嵌入模型为每个三元组生成向量嵌入，并将其存储于索引结构的 `embedding_dict` 中，用于支持相似度查询。

`upsert_triplet()` 方法支持手动方式向知识图谱中插入三元组，若同时启用了 `include_embeddings`，系统也会为新增三元组生成对应的向量嵌入。

在查询期间，索引利用知识图谱检索相关信息，并帮助提供富有上下文的响应。索引提供了三种不同的检索器：`KGTableRetriever` 适用于关键词聚焦查询；`KnowledgeGraphRAGRetriever` 基于提取的实体和同义词检索子图；以及混合模式，结合关键词和嵌入策略提供综合性的检索方法。有关这些检索功能的更多详情，请参阅第 6 章。

5.6 使用 ComposableGraph 构建组合索引

LlamaIndex 中的组合图 `ComposableGraph` 是一种高级机制，允许在现有索引上构建更高阶索引，从而实现信息的层次化组织。

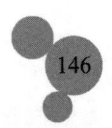

图 5.12 展示了组合图 `ComposableGraph` 的结构概览。

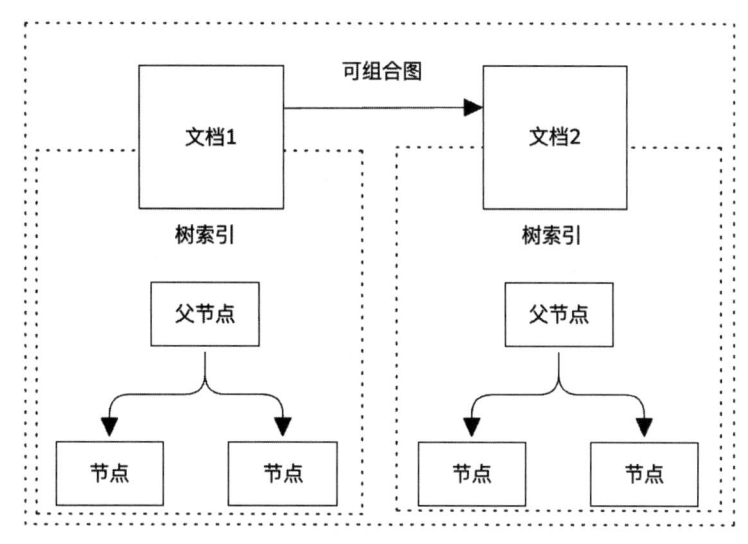

图 5.12　组合图 ComposableGraph 的结构

这种架构允许在单个文档内部构建索引——即基础索引，并将这些索引汇总成更高阶的索引，以支持对文档集合的统一查询与管理。例如，可以在每个文档的文本上建立一个 `TreeIndex`，再为包含各个 `TreeIndex` 的集合创建一个 `SummaryIndex`，以提供跨文档的整体视图与统一检索能力。

5.6.1　ComposableGraph 的基本使用

以下是一个简单的代码示例，演示了 ComposableGraph 的使用方法。

```python
from llama_index.core import (
    ComposableGraph, SimpleDirectoryReader,
    TreeIndex, SummaryIndex)
documents = SimpleDirectoryReader("files").load_data()
index1 = TreeIndex.from_documents([documents[0]])
index2 = TreeIndex.from_documents([documents[1]])
summary1 = "A short introduction to ancient Rome"
```

```
summary2 = "Some facts about dogs"
graph = ComposableGraph.from_indices(
    SummaryIndex, [index1, index2],
    index_summaries=[summary1, summary2]
)
query_engine = graph.as_query_engine()
response = query_engine.query("What can you tell me?")
print(response)
```

在这个示例中，ComposableGraph 有助于在文档内部组织详细信息，并在文档之间进行汇总。我们首先加载两份测试文档：一份文档涉及古罗马，另一份文档对狗进行描述。然后分别为每份文档创建一个 TreeIndex。同时，我们还为这两份文档定义了摘要。

除了手动定义摘要，还可以通过查询每个独立的索引自动产生内容摘要，或借助 SummaryExtractor 工具完成这一任务。

接下来构建了一个包含两个树索引及其摘要的 ComposableGraph。在本例中，代码输出可能是这样一句话："我可以告诉你有关古罗马文明的知识，以及关于狗的各种品种、特征。"

当 ComposableGraph 构建完成后，根 SummaryIndex 将涵盖每个文档的个别索引内容概要。

5.6.2　ComposableGraph 的概念解释

实际上，ComposableGraph 通过索引堆叠创建层次结构。这使得可以利用基础索引组织单个文档中的详细信息，并将这些索引汇总为更高阶的索引，以处理文档集合。

该过程首先为每个文档创建独立的索引，以捕获文档内的细节信息。同时，还为每个文档定义了摘要。

随后，通过 from_indices() 类方法构造 ComposableGraph。此方法接收根索引类（在本例中为 SummaryIndex）、子索引（如两个 TreeIndex 实例）及其相应摘要作为输入参数。它为每个子索引创建 IndexNodes 实例，将摘要与各自的索引关联。这些

IndexNodes 实例被用来构建根索引。

在查询时，ComposableGraph 从顶层摘要索引开始，其中每个节点代表一个底层的基础索引。查询从根索引开始递归执行，向下遍历子索引。ComposableGraphQueryEngine 负责管理这个递归查询流程。

查询引擎首先根据查询内容从根索引中检索出相关的节点，随后依次递归访问对应的子索引。对于每个相关节点，它会依据节点关系中存储的 index_id 确定对应的子索引。然后用原始查询再次查询子索引以获得更详细的信息。这一过程持续递归，直到所有相关的子索引都被查询完毕。

可以为 ComposableGraph 中的每个索引配置自定义查询引擎，以便在层级结构的不同层次应用特定的检索策略。这使得系统能够无缝集成各级索引的信息，对复杂的数据集进行深入的分层解析。

总之，ComposableGraph 能够从高层摘要和详细的底层索引中高效检索相关信息，从而使用户能够全面理解底层数据。

在了解了各种适用于 RAG 系统的索引类型之后，下一步需要考虑的关键问题是：如何评估它们的构建和使用成本。

5.7 索引构建和查询的成本评估

如同处理元数据提取时遇到的情况一样，索引构建和查询同样涉及成本和数据隐私问题。这是因为，多数索引系统在一定程度上依赖大语言模型完成索引构建或查询过程。

如果在处理大规模文本数据时频繁调用大语言模型，又缺乏有效控制，则极容易导致成本失控。比如，当从文档中建立树形索引 TreeIndex 或关键词表索引 KeywordTableIndex 时，频繁调用大语言模型会使成本显著增加。同样，向量化存储索引 VectorStoreIndex 也因依赖外部模型而成为另一项主要成本来源。基于经验，提前规划和预估是防止意外高成本和维持低成本的关键措施。

针对这些问题，建议采取以下最佳实践方案。

- 尽量选择在构建时不需要调用大语言模型的索引类型，例如摘要索引 Summary Index 或简单关键词表索引 SimpleKeywordTableIndex，从而节省索引构建时的大模型调用成本。
- 如果绝对精确性并非必要，可以选用计算资源消耗较少且代价更低廉的大语言模型，不过需要注意，这样做可能会导致质量下降。
- 缓存并重复利用已有的索引，以避免不必要的重新构建。
- 优化查询参数以减少搜索过程中的大语言模型调用次数，例如适当调整向量化存储索引 VectorStoreIndex 的相似度阈值 similarity_top_k，以此降低查询成本。
- 采用本地模型。为了更好地控制成本和保护数据隐私，尤其是在 LlamaIndex 中使用索引时，可以考虑使用本地部署的大语言模型和嵌入模型，而非依赖远程服务。这一做法不仅能提供更好的数据隐私保障，还可减少对外部服务的依赖，从而降低成本，尤其在处理大批量数据或面对严格预算时，这种方式尤为有效。

> **关于本地 AI 模型的一个重要补充说明**
>
> 值得注意的是，RAG 机制能够让模型在处理过程中引入额外的知识和上下文信息，弥补小型训练数据集可能导致的不足。这意味着，即便某些模型未接受过广泛或多样化的数据训练，RAG 也能让它们接触到更广泛的信息源，进而提高其表现和输出质量。

遵循上述指导原则确实有助于降低花费，但在对大型数据集进行索引之前，预估成本依然是明智之举。

下面的示例展示了如何预估构建树形索引 TreeIndex 时大语言模型的使用量与预期开销。

```
import tiktoken
from llama_index.core import (
    TreeIndex, SimpleDirectoryReader, Settings)
from llama_index.core.llms.mock import MockLLM
```

```
from llama_index.core.callbacks import (
    CallbackManager, TokenCountingHandler)
```

在之前的章节中，我们完成了必要的模块导入。如果读者不清楚为何在此处使用 `tiktoken` 分词器，请参考第 4 章，其中讨论了预估元数据提取器的成本。接下来将设置 `MockLLM`。

```
llm = MockLLM(max_tokens=256)
token_counter = TokenCountingHandler(
    tokenizer=tiktoken.encoding_for_model("gpt-3.5-turbo").encode
)
callback_manager = CallbackManager([token_counter])
Settings.callback_manager=callback_manager
Settings.llm=llm
```

我们创建了一个 `MockLLM` 实例，设定了最大 token 数量作为最糟糕情况下的成本上限。然后，使用与实际大语言模型相匹配的分词器初始化了 token 计数处理器 `TokenCountingHandler`。

```
tiktoken.encoding_for_model("gpt-3.5-turbo").encode
```

该处理器负责跟踪 token 的使用情况。它通过模拟大语言模型的行为，避免了对 `gpt-3.5-turbo` API 的真实调用。

```
documents = SimpleDirectoryReader(
    "cost_prediction_samples").load_data()
```

我们加载了文档，并准备开始构建树形索引 `TreeIndex`。

```
index = TreeIndex.from_documents(
    documents=documents,
    num_children=2,
    show_progress=True)
print("Total LLM Token Count:", token_counter.total_llm_token_count)
```

索引构建完成后，脚本会显示 token 计数处理器 `TokenCountingHandler` 记录的总

数量 `total_llm_token_count`。

在这个例子中，我们仅使用了 `MockLLM` 类，因为树形索引 `TreeIndex` 的构建过程不涉及嵌入模型的调用。这样可以在实际构建索引和调用真实大语言模型之前，预估最坏情况下的大语言模型 token 成本。同样的方法也可用于预估查询成本。

> **总结**
>
> 尽管索引技术为我们开启了众多可能性，但如果未经优化便过度使用，则会导致成本大幅上升。所以在对较大规模的数据集进行索引之前，务必预先评估 token 的使用量。

下面是第二个示例。它与前一个例子类似，但这次要先预估构建向量化存储索引 `VectorStoreIndex` 的嵌入成本，然后再预估查询索引的总成本。

```python
import tiktoken
from llama_index.core import (
    MockEmbedding, VectorStoreIndex,
    SimpleDirectoryReader, Settings)
from llama_index.core.callbacks import (
    CallbackManager, TokenCountingHandler)
from llama_index.core.llms.mock import MockLLM
```

首先完成必要的导入工作。随后，我们配置了 `MockEmbedding` 和 `MockLLM` 对象。

```python
embed_model = MockEmbedding(embed_dim=1536)
llm = MockLLM(max_tokens=256)
token_counter = TokenCountingHandler(
    tokenizer=tiktoken.encoding_for_model("gpt-3.5-turbo").encode
)
callback_manager = CallbackManager([token_counter])
Settings.embed_model=embed_model
Settings.llm=llm
Settings.callback_manager=callback_manager
```

在 `MockEmbedding` 和 `MockLLM` 对象配置完毕后，我们定义了一个 token 计数处理

器 TokenCountingHandler 和回调管理器 CallbackManager，并将它们集成到了自定义设置中。现在可以加载样本文档，并使用这些自定义设置构建向量化存储索引 VectorStoreIndex。

```
documents = SimpleDirectoryReader(
    "cost_prediction_samples").load_data()
index = VectorStoreIndex.from_documents(
    documents=documents,
    show_progress=True)
print("Embedding Token Count:",
    token_counter.total_embedding_token_count)
```

如果读者已成功克隆了本书的 GitHub 仓库，那么 ch5 文件夹下的 cost_prediction_samples 子文件夹应包含一个名为 Fluffy the cat 的虚构故事文件。向量化存储索引 VectorStoreIndex 在索引过程中使用嵌入模型将文档文本转换为向量。在第二个例子中，我们通过 MockEmbedding 和 token 计数处理器 TokenCountingHandler 预估了嵌入调用的 token 成本。嵌入的 token 数量表明了根据文本长度构建每个文档索引的预期成本。

为了获得完整视角，我们可以进一步预估搜索成本。

```
query_engine = index.as_query_engine(service_context=service_context)
response = query_engine.query("What's the cat's name?")
print("Query LLM Token Count:", token_counter.total_llm_token_count)
print("Query Embedding Token Count:",
    token_counter.total_embedding_token_count)
```

这同样展示了搜索的潜在成本，具体体现在嵌入查询和生成响应所消耗的 token 数量上。此外，还需要使用 MockLLM 估算合成响应期间理论上消耗的大语言模型 token 的数量。

总之，应遵循预防性的最佳实践，而且务必在将索引应用于整个文档集合之前预测索引构建和查询的开销。

现在到了动手实践的环节，让我们再次回顾 PITS 项目。

5.8 动手实践——为 PITS 项目的学习资料构建索引

在掌握了 LlamaIndex 的索引机制后，现在可以开始在 PITS 项目中实现索引模块的构建逻辑。我们将创建一个名为 index_builder.py 的模块，用于负责索引的创建。按照现有实现，它会创建两种索引：一个是向量化存储索引 VectorStoreIndex，另一个是树形索引 TreeIndex。这只是初步的实现，后续仍有优化提升的空间。我们先来处理必要的导入。

```python
from llama_index.core import (
    VectorStoreIndex, TreeIndex, load_index_from_storage)
from llama_index.core import StorageContext
from global_settings import INDEX_STORAGE
from document_uploader import ingest_documents
```

接下来将实现索引构建的功能。

```python
def build_indexes(nodes):
    try:
        storage_context = StorageContext.from_defaults(
            persist_dir=INDEX_STORAGE
        )
        vector_index = load_index_from_storage(
            storage_context, index_id="vector"
        )
        tree_index = load_index_from_storage(
            storage_context, index_id="tree"
        )
        print("All indices loaded from storage.")
```

首先检查索引是否已保存至磁盘。若存在则直接加载，以免重复构建带来的额外开销。

> **关于 index_id 的说明**
> 在同一个存储目录 INDEX_STORAGE 中保存了多个索引时，使用 `load_index_from_storage` 方法加载索引时，必须指定各个索引的唯一标识符 ID，以确保 LlamaIndex 能正确识别并加载对应索引对象。

如果在 INDEX_STORAGE 文件夹中找不到索引，我们就从节点开始构建索引。同时通过 `set_index_id()` 方法为每个索引设置一个 ID，确保未来会话中能够正确加载索引。

```
except Exception as e:
    print(f"Error occurred while loading indices: {e}")
    storage_context = StorageContext.from_defaults()
    vector_index = VectorStoreIndex(
        nodes, storage_context=storage_context
    )
    vector_index.set_index_id("vector")
    tree_index = TreeIndex(
        nodes, storage_context=storage_context
    )
    tree_index.set_index_id("tree")
    storage_context.persist(
        persist_dir=INDEX_STORAGE
    )
    print("New indexes created and persisted.")
return vector_index, tree_index
```

`build_indexes()` 函数将返回两个索引对象，供应用程序后续阶段使用。接下来，我们将在第 6 章中继续深入探讨更多内容。

5.9　本章小结

在本章中，我们探索了 LlamaIndex 提供的不同索引策略与架构。索引是构建高效检索增强生成系统不可或缺的一部分。

我们重点研究了最常用的一种索引类型——向量化存储索引。我们学习了嵌入、向量库、相似度搜索和存储上下文等核心概念，这些都是与向量化存储索引有紧密关联的内容。

此外，我们也了解了其他几种索引类型，包括适用于简单线性扫描的摘要索引 SummaryIndex、支持关键词搜索的关键词表索引 KeywordTableIndex、针对层次结构数据的树形索引 TreeIndex，以及用于关系型查询的知识图谱索引 KnowledgeGraphIndex。组合图 ComposableGraph 作为一种构建多层次索引的工具也被提及，同时我们还讨论了成本预估技巧和最佳实践。

总体而言，本章为我们提供了一个全面概览，介绍了 LlamaIndex 的索引功能，为构建复杂而高效的检索增强生成应用打下了坚实的基础。

在第 6 章中，我们将进一步探讨如何在 LlamaIndex 中查询数据的方法。

第三篇
索引数据的检索和使用

本篇从 LlamaIndex 在 RAG 工作流中的查询功能出发,逐步深入探讨检索机制、查询方法和高级检索策略,以及用于提升用户查询的后处理技术。然后介绍如何将这些技术集成到完整的查询引擎中。最后通过实践探讨聊天机器人的构建,包括不同引擎的工作模型、智能体的架构设计以及对话特性的实现,帮助读者掌握构建动态对话式 RAG 应用的知识和技能。

本篇内容包含以下 3 章。

- 第 6 章　数据查询——上下文检索。
- 第 7 章　数据查询——后处理和响应合成。
- 第 8 章　构建聊天机器人和智能体。

第6章
数据查询——上下文索引

本章将专注于 LlamaIndex 在 RAG 工作流程中的查询能力。我们将介绍查询系统的工作原理,并重点探讨该框架的检索能力。

本章将涵盖以下主要内容。
- 查询机制概述。
- 基本检索器的原理。
- 构建复杂的检索流程。
- 通过异步检索提升效率。
- 使用元数据过滤器、工具和选择器。
- 查询转换与子查询生成。
- 理解密集检索与稀疏检索的区别。

6.1 技术需求

首先,确保环境中已安装 Rank-BM25 包。
- Rank-BM25: https://pypi.org/project/rank-bm25/。

此外，为了运行示例代码，还需要安装以下 LlamaIndex 集成包。
- OpenAI Question Generator：`https://pypi.org/project/llama-index-question-gen-openai/`。
- BM25 Retriever：`https://pypi.org/project/llama-index-retrievers-bm25/`。

本章的所有代码示例都可以在本书配套的 GitHub 仓库的 ch6 子文件夹中找到：`https://github.com/PacktPublishing/Building-Data-Driven-Applications-with-LlamaIndex`。

6.2　查询机制概述

在本章中，我们将开始看到之前努力的成果。文档的导入、解析与分段、元数据提取以及索引构建，都是为即将要讨论的查询操作做好铺垫。在任何 RAG 工作流中，关键在于能将相关上下文整合进提示中，以辅助大语言模型生成更准确的回答。直到现在，我们的重点一直是构建和组织这些上下文，而现在是时候利用这些上下文，从与大语言模型的互动中获取最优的答案了。接下来将介绍 LlamaIndex 提供的各种查询技术，并从最基础的方法入手——即所谓的"朴素方法"，因为这些方法结构简单、无须复杂配置，然后逐步深入探讨更高级的查询模式。

查询过程的典型步骤包括：检索、后处理和响应合成。

在第 3 章的索引部分中，我们已讨论了通过 `index.as_query_engine()` 构建查询引擎的基本方式。这种方法虽然简单易行，但并不总能保证高效，因为这种朴素的查询索引方式只是查询索引功能的一小部分。接下来将深入探讨查询流程中的三大机制，理解其运行原理并了解其可定制的配置选项。

下面我们将重点放在检索器上。

6.3 基本检索器的原理

检索机制是 RAG 系统的核心组件。尽管各类检索器的工作方式各异,但它们都遵循一个共同的原则:遍历索引并选取相关节点以构建所需的上下文。每种索引类型都支持多种检索模式,每种模式都有其独特的特性和自定义选项。无论检索器的类型如何,它返回的结果通常是一个 `NodeWithScore` 对象——这是一种将节点与关联的分数结合在一起的结构。这些分数在 RAG 工作流中用于衡量节点与查询的相关性,便于后续排序和响应生成。需要注意的是,不是所有的检索器都会为节点分配具体的分数。

LlamaIndex 提供了多种解决方案实现同一目标,因此检索器可以有多种构建方式。最直接的方法是从一个 Index 对象中直接构造检索器。假设文档已导入,以下代码展示如何构建索引并基于索引结构创建检索器。

```
from llama_index.core import SummaryIndex, SimpleDirectoryReader
documents = SimpleDirectoryReader("files").load_data()
summary_index = SummaryIndex.from_documents(documents)
retriever = summary_index.as_retriever(
    retriever_mode='embedding'
)
result = retriever.retrieve("Tell me about ancient Rome")
print(result[0].text)
```

在上面的例子中,构建的检索器是 `SummaryIndexRetriever` 类型的检索器。这是该索引类型的默认检索器。

另一种方法是直接实例化检索器,如下所示。

```
from llama_index.core import SummaryIndex, SimpleDirectoryReader
from llama_index.core.retrievers import SummaryIndexEmbeddingRetriever
documents = SimpleDirectoryReader("files").load_data()
summary_index = SummaryIndex.from_documents(documents)
```

```
retriever = SummaryIndexEmbeddingRetriever(
    index=summary_index
)
result = retriever.retrieve("Tell me about ancient Rome")
print(result[0].text)
```

接下来将列出针对不同索引类型的检索器及其实例化方式。虽然后续内容较为繁杂，但对于实际开发却是极具参考价值的。当读者开始使用 LlamaIndex 框架构建实际应用时，不妨将其作为参考，随时查阅。

以下是根据不同索引类型对应的检索器列表。

6.3.1 向量存储索引检索器

向量存储索引有两种检索器选项。下面将探讨它们的工作原理及如何根据不同的应用场景进行定制。

1. VectorIndexRetriever

向量存储索引默认使用的检索器是向量索引检索器 VectorIndexRetriever。它可通过如下命令轻松创建。

```
VectorStoreIndex.as_retriever()
```

由于向量存储索引 VectorStoreIndex 是复杂且广泛应用的一种索引类型，因此这种检索器同样具备一定的复杂性。

图 6.1 展示了 VectorStoreIndex 的操作方式。

该检索器通过将查询转换为向量，然后在向量空间中执行相似性搜索来工作。可以根据不同的应用场景调整多个参数，包括但不限于：

- similarity_top_k：定义检索器返回的前 k 个最相似结果的数量。例如，如果希望进行更广泛的搜索，可以调整 k 值（默认值为 2）。

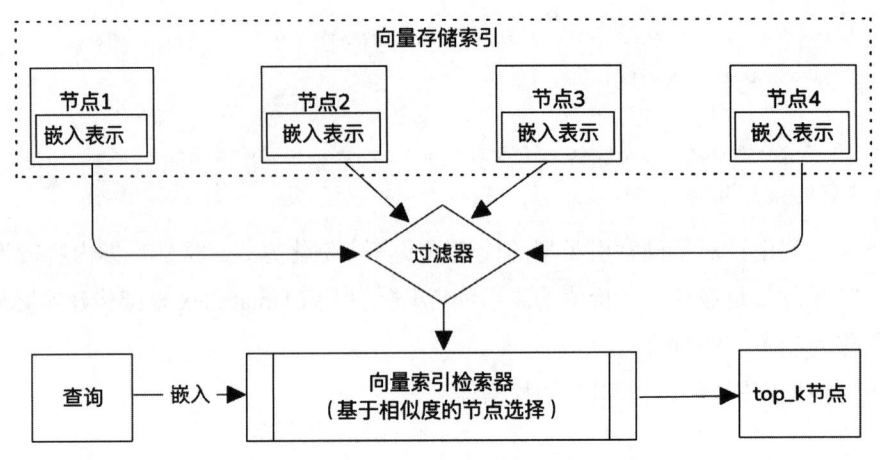

图 6.1 使用向索引检索器进行节点检索

- `vector_store_query_mode`：设置向量存储的查询模式。不同的外部向量存储，例如 Pinecone（https://www.pinecone.io/）、OpenSearch（https://opensearch.org/）等，支持不同的查询模式。这使得我们可以充分利用其搜索能力。
- `filters`：在第 3 章中的 Nodes 部分，我们讲解过如何为节点添加元数据。现在，我们可以使用这些元数据缩小检索器的搜索范围。在本章中，我们将展示一个实际案例，其中使用元数据过滤器实现一个简单的节点筛选系统。
- `alpha`：当使用混合搜索模式（稀疏搜索和密集搜索的结合）时，这个参数非常有用。本章稍后将详细讨论稀疏搜索和密集搜索的区别。
- `sparse_top_k`：稀疏搜索的结果数量。这在混合搜索模式下很重要。前面提到的内容也适用于此。
- `doc_ids`：类似于元数据过滤器，但稍微粗略一些，`doc_ids` 可用于将搜索限制在特定的文档子集中。例如，假设公司使用了一个由所有部门共享的通用知识库，同时组织对文档有一个明确的命名约定。如果在文档名称中包含部门的名称或代码，我们就可以使用这个参数将用户的查询限制在其部门的文档上。

- `node_ids`：该参数类似于 `doc_ids`，但指的是索引中的节点 ID。这可以更精细地控制检索器返回的信息。
- `vector_store_kwargs`：该参数可以传递针对特定向量存储的其他参数，以便在查询时能够正确应用。

根据安全设计原则，安全措施应尽可能早地融入应用的生命周期中，RAG 应用也不例外。理想的策略是从信息检索的时刻就开始控制信息访问权限，而不是等到后期处理或响应合成阶段再进行过滤。这样做不仅减少了引入安全风险的可能性，还降低了因处理大量不必要的信息而产生的成本。

2. VectorIndexAutoRetriever

在确切知道要寻找的内容并且对数据结构非常了解的情况下，之前讨论的 `VectorIndexRetriever` 的这些参数将非常有用。但在某些情况下，我们将面对复杂的数据结构以及索引中的模糊性。

`VectorIndexAutoRetriever` 是一种更高级的检索器，它能利用大语言模型根据内容的自然语言描述和元数据支持自动配置向量存储的查询参数。这对于不熟悉数据结构或不知如何构建有效查询的用户尤为有用。在这种情况下，此检索器可以将含糊不清的查询转换为更具结构性的形式，更充分地发挥向量存储的能力，从而提高找到相关结果的概率。有关这一机制的更多详情，请参阅官方文档：https://docs.llamaindex.ai/en/stable/examples/vector_stores/elasticsearch_auto_retriever.html。

6.3.2 摘要索引检索器

`SummaryIndex` 有三种不同的检索器选项，下面将逐一介绍这些检索器及其工作机制。

1. SummaryIndexRetriever

可以使用以下命令构建摘要索引检索器 `SummaryIndexRetriever`。

```
SummaryIndex.as_retriever(retriever_mode = 'default')
```

这是 `SummaryIndex` 的默认检索器。如图 6.2 所示，它采取一种非常直接的方式：返回索引中的所有节点，不进行额外的过滤或排序。

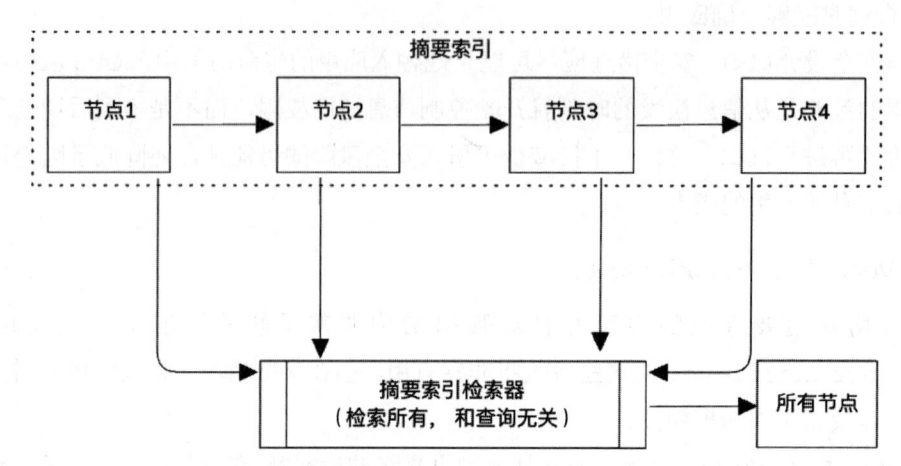

图 6.2　使用 SummaryIndexRetriever 检索节点

这种方式适用于希望获取索引中数据的完整视图，而无须对结果进行筛选或排序。注意，该检索器不会为节点分配相关性分数。

2. SummaryIndexEmbeddingRetriever

可以使用以下命令构建此检索器。

```
SummaryIndex.as_retriever(retriever_mode = 'embedding')
```

此检索器依赖于嵌入以从 `SummaryIndex` 检索节点。虽然 `SummaryIndex` 本身以纯文本形式存储节点，但当执行查询时，检索器会使用嵌入模型将这些纯文本节点转换为嵌入向量。参考图 6.3 可更好地理解其工作原理。

这些嵌入是根据需要动态生成的，而非与索引一同持久存储。`similarity_top_k` 参数决定了根据节点与查询之间的相似性返回的节点数量。这个检索器通过使用相似性计算找到与给定查询最相关的节点。

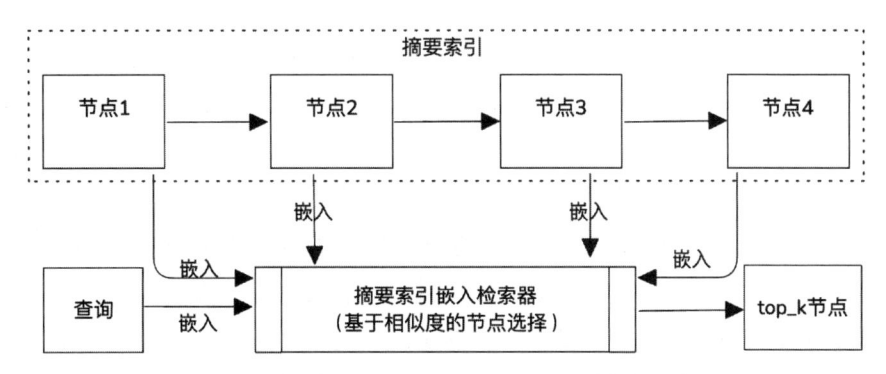

图 6.3　SummaryIndexEmbeddingRetriever 的内部工作原理

对于每个选定的节点，检索器根据嵌入计算相似性分数，然后作为 `NodeWithScore` 与节点一起返回。该评分反映了节点与查询之间的匹配程度。

3. SummaryIndexLLMRetriever

可以使用以下命令构建此检索器。

```
SummaryIndex.as_retriever(retriever_mode = 'llm')
```

顾名思义，该检索器会基于提示词模板，引导大语言模型从 `SummaryIndex` 中检索最相关的节点。图 6.4 展示了该检索器的工作原理。

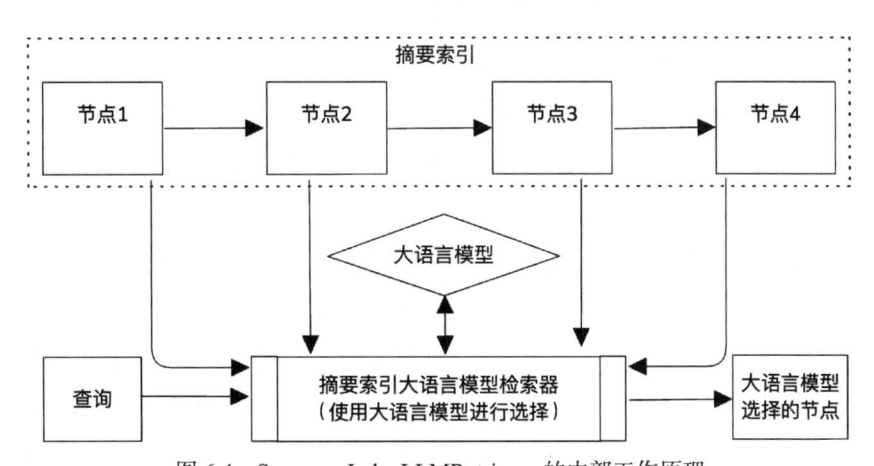

图 6.4　SummaryIndexLLMRetriever 的内部工作原理

实际上，可以通过设置 `choice_select_prompt` 参数覆盖默认提示词模板。这里，查询以批处理方式运行，每个批次的大小由 `choice_batch_size` 参数确定。另外，还可以提供 `format_node_batch_fn()` 和 `parse_choice_select_answer_fn()` 函数作为参数。它们用于格式化节点批次并解析大模型响应。`parse_choice_select_answer_fn()` 函数还负责计算特定于节点的相关性分数。相关性分数是通过解析大语言模型的生成结果确定的。然后将这些分数与相应的节点相关联并返回为 `NodeWithScore`。此外，检索器也支持自定义大语言模型，可通过 `service_context` 参数实现。在第 3 章中，我们看到了如何使用 `ServiceContext` 配置大语言模型。

这种类型的检索器适用于复杂的搜索系统。在这类系统中，大语言模型能够为查询提供蕴含丰富上下文信息的答案。

接下来将介绍文档摘要索引检索器。

6.3.3 文档摘要索引检索器

对于索引 `DocumentSummaryIndex`，我们提供两种检索选项。下面将逐一介绍。

1. DocumentSummaryIndexLLMRetriever

可以通过以下命令构建该检索器。

```
DocumentSummaryIndex.as_retriever(retriever_mode='llm')
```

顾名思义，该检索器使用大语言模型从文档摘要索引中选择相关摘要。通过查看图 6.5，可以更好地理解其工作原理。

检索器 `DocumentSummaryIndexLLMRetriever` 将查询分为批次处理，每次将指定数量的节点发送给大语言模型进行评估。批处理的大小由 `choice_batch_size` 参数控制。检索器使用 `choice_select_prompt` 参数提供的自定义提示，引导大语言模型判断摘要与查询之间的相关性。最终，系统将根据相关性分数对节点排序，并返回 `choice_top_k` 个节点。此外，该检索器还支持两个额外的可选函数参数：`format_node_batch_`

fn()和parse_choice_select_answer_fn()。前者负责将节点信息整理成适合大语言模型处理的格式；后者则解析大语言模型的响应，识别最相关的节点，并计算每个节点的相关性分数。通过分析大语言模型的输出，parse_choice_select_answer_fn()帮助检索器挑选出对用户查询最为重要的节点。

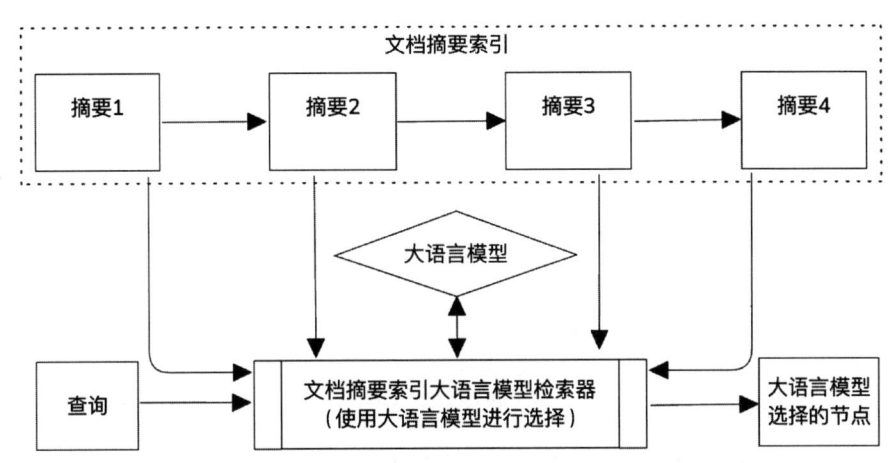

图 6.5　DocumentSummaryIndexLLMRetriever 的工作原理

总而言之，DocumentSummaryIndexLLMRetriever 充分发挥了大语言模型在自然语言理解方面的优势，能够从大量文档摘要中高效地检索出有价值的信息。值得一提的是，该检索器还为每个节点生成相关性分数，这对于后续结果排序和质量评估非常有帮助。

> **作者注**
>
> 在实验中，我发现大语言模型分配给每个节点的相关性评分普遍较高，有时甚至达到满分 10 分（测试时使用的是 GPT3.5-Turbo）。对于需要更细粒度区分相关性的场景，建议通过调整提示词或对大语言模型的响应结果进行后处理，以获得更加平衡的相关性评分分布。这也凸显了根据具体应用需求对提示词模板及解析逻辑进行定制的重要性。我们将在第 10 章中进一步探讨提示词工程的相关策略。

2. DocumentSummaryIndexEmbeddingRetriever

可以使用以下命令构建该检索器。

```
DocumentSummaryIndex.as_retriever(retriever_mode='embedding')
```

该检索器依赖嵌入从索引中检索摘要节点。图 6.6 展示了其工作原理。

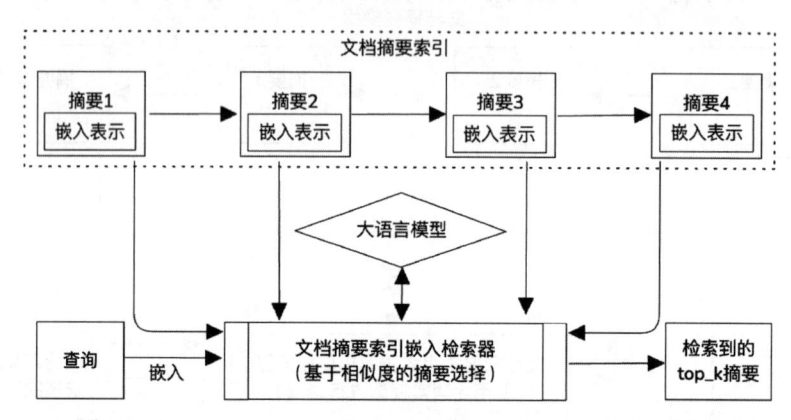

图 6.6 DocumentSummaryIndexEmbeddingRetriever 的工作原理

当接收到查询时，`DocumentSummaryIndexEmbeddingRetriever` 会计算查询的向量嵌入，然后找到与查询最相似的摘要。为了使此方法有效，索引在构建时应将 `embed_summaries` 参数设置为 `True`。`similarity_top_k` 参数决定了根据相似性返回的摘要节点数量。值得注意的是，该检索器不会返回与每个节点相关的相关性分数。

该检索器利用基于向量嵌入的相似性计算，能够高效地找出与给定查询最相关的摘要。

6.3.4 树索引检索器

树索引是一个相对复杂的索引类型，如第 5 章中所述，它构建了一种节点的树形结构。

> **重要提示**
>
> `TreeIndex` 的设计初衷是为了体现数据内部的层次关系，因此特别适用于天然具

有树状结构的数据场景，例如文件系统、组织架构或商品分类等。LlamaIndex 的 `TreeIndex` 是通过建立关于数据的摘要树实现的。无论原始文档是否已具备某种结构，`TreeIndex` 都会通过分块处理并为树的每一层创建摘要，构建出结构清晰的分层索引。`TreeSelectLeafRetriever` 和 `TreeSelectLeafEmbeddingRetriever` 的递归特性，可能导致查询时遍历结构比其他索引类型更加耗费计算资源。这种递归过程会增加计算开销，尤其在处理层级较深的树结构或大数据集时。

我们有如下几种方式查询 `TreeIndex`。

1. TreeSelectLeafRetriever

可以使用以下代码构建该检索器。

```
TreeIndex.as_retriever(retriever_mode='select_leaf')
```

这是 `TreeIndex` 默认使用的检索器，其目的是递归查询索引结构，找出与查询最为相关的叶节点。读者可以在图 6.7 中看到这一点。

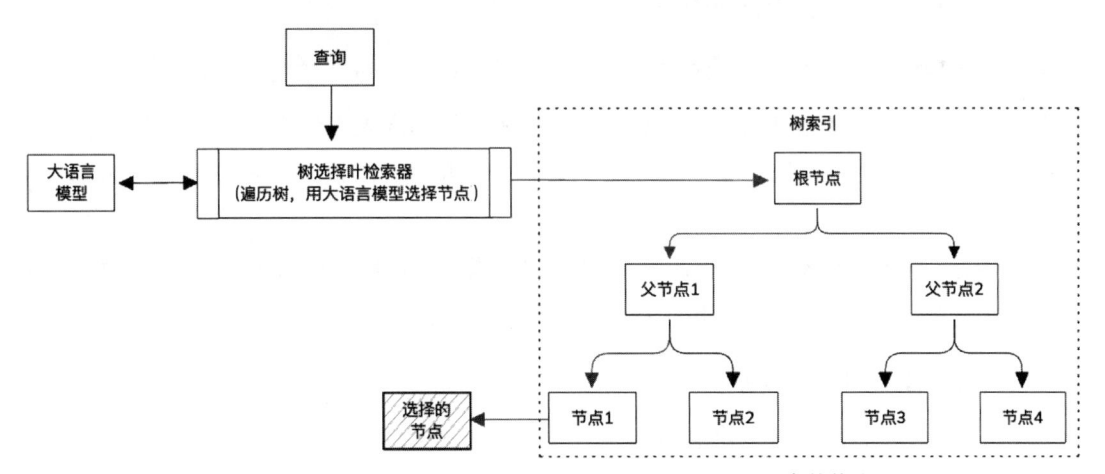

图 6.7　TreeSelectLeafRetriever 配置 child_branch_factor 参数值为 1

`child_branch_factor` 参数用于控制每一层级中需要评估的子节点数目。数值越大，搜索范围越广，检索器更有可能找到相关性更强的节点，但同时也会增加计算成本和

处理时间。若未指定此参数，检索器将默认采用值 1。另一个有用的功能是 verbose 参数，当设置为 True 时，将输出详细的节点选择过程，便于调试及理解检索器的执行机制。由该检索器返回的节点不包含相关性分数。由于它使用了大语言模型选择节点，因此可以通过几个参数来自定义提示。

- `query_template`：用于指定大语言模型查询的提示模板。
- `text_qa_template`：这是另一个用于基于文本的问答查询的模板，它用于从文本节点中获取具体答案。
- `refine_template`：此模板用于优化或增强从大模型获取的初始答案。它可以用来添加额外的上下文或澄清答案。
- `query_template_multiple`：一个替代的提示词模板，允许同时为多个节点构建查询，适用于 `child_branch_factor` 大于 1 的情况。

接下来将介绍 `TreeSelectEmbeddingRetriever`。

2. TreeSelectEmbeddingRetriever

可以使用以下代码构建该检索器。

```
TreeIndex.as_retriever(retriever_mode='select_leaf_embedding')
```

顾名思义，该检索器通过计算查询与节点文本之间的嵌入相似度，在树结构中递归地筛选出相关节点。除相似度的计算方式不同外，其余工作机制与 `TreeSelectLeafRetriever` 基本相同。

此检索器额外支持参数 `embed_model`，用于指定所使用的嵌入模型。与前述检索器相同，该检索器返回的节点也不包含相关性分数。

3. TreeAllLeafRetriever

可以使用以下代码构建该检索器。

```
TreeIndex.as_retriever(retriever_mode='all_leaf')
```

图 6.8 展示了该检索器的工作流程。

该检索器一次性分析全部叶节点，有助于在生成回答时覆盖所有可能相关的信息，并避免

遗留。它的行为类似于 `SummaryIndexRetriever`，直接从索引中提取所有节点，无论其在树结构中的层级位置如何。该方法可视为一种批量检索过程，但返回结果中不包含相关性分数。

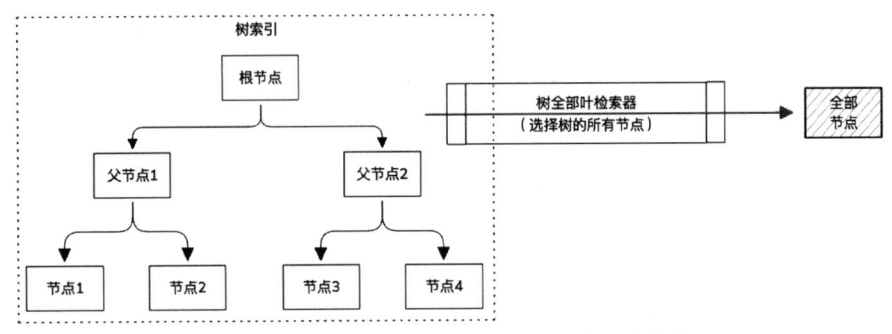

图 6.8　使用 TreeAllLeafRetriever 检索所有节点

4．TreeRootRetriever

可以使用以下代码构建该检索器。

```
TreeIndex.as_retriever(retriever_mode='root')
```

不同于 `TreeAllLeafRetriever`，该检索器专门用于直接从树的根节点检索答案。它假定树索引的根节点已包含所需信息。相比之下，其他方法可能会向下解析树以提取相关信息，而 `TreeRootRetriever` 则依赖于根节点处已经存在的答案。图 6.9 提供了该检索器的直观示意。

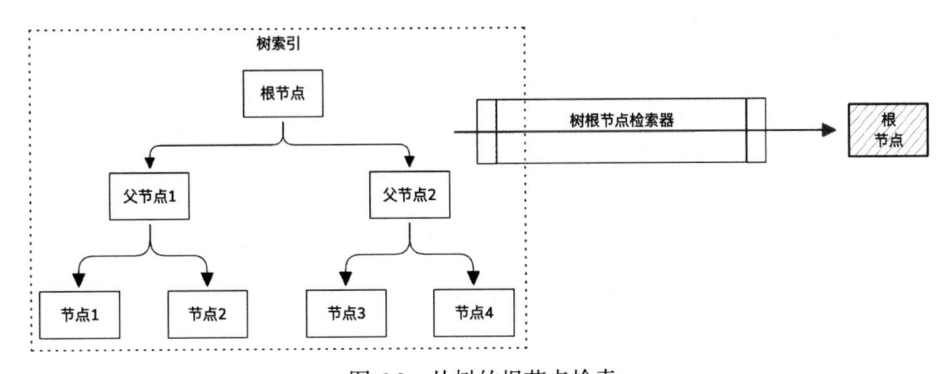

图 6.9　从树的根节点检索

在关键信息已被汇总于数据结构顶层的场景中，如数据摘要、总结性结论或常见问题解答，这种方法尤为有效。该检索器返回的节点同样不包含相关性分数。

> **实用案例**
>
> 在医疗领域的临床决策支持系统(clinical decision support system, CDSS)中，树索引可发挥重要作用。例如，可将树的每个根节点对应一个具体的医学问题，其答案或临床建议已在构建索引时预先生成并存储于根节点中，例如，针对COVID-19 的常见症状，根节点可直接返回包括发热、干咳、乏力等已知症状的预设答案。当医生或患者询问有关 COVID-19 感染的症状时，该检索器将直接从根节点返回答案，无须进一步处理或遍历树查找信息。

6.3.5 关键词表索引检索器

关键词表索引 KeywordTableIndex 的检索过程始于从给定的查询中提取相关关键词。根据使用的检索器不同，提取方法也有所不同。提取关键词后，检索器会计算其在不同索引中的出现频次，以此评估节点与查询的相关性。各类 KeywordTableIndex 检索器的整体工作流程如图 6.10 所示，其主要差异在于关键词提取方式的不同。

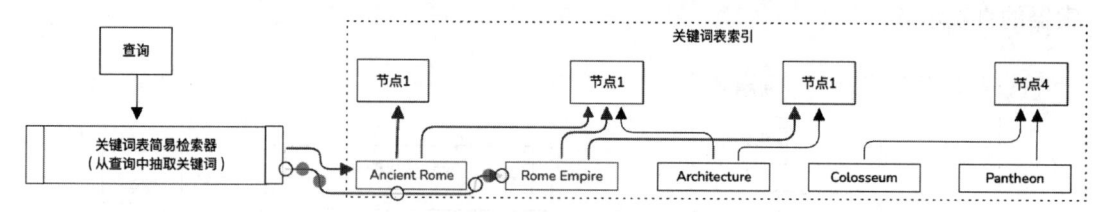

图 6.10　关键词表索引

节点将根据匹配关键词的数量进行排序，通常按照相关性降序排列，并以 NodeWithScore 的形式返回。需要注意的是，对于此类索引，查询结果中并不会包含与节点关联的相关性分数。

下面介绍该索引支持的三种检索器类型。

1. KeywordTableGPTRetriever

可以使用以下代码构建该检索器。

```
KeywordTableIndex.as_retriever(retriever_mode='default')
```

该检索器依赖大语言模型从查询中识别关键词，并返回与这些关键词关联的节点。

2. KeywordTableSimpleRetriever

可以使用以下代码构建该检索器。

```
KeywordTableIndex.as_retriever(retriever_mode='simple')
```

此方法使用基于正则表达式的关键词提取器，不依赖大语言模型，因此处理速度更快。然而，它在识别复杂或上下文相关的关键词方面可能不如前者。

3. KeywordTableRAKERetriever

可以使用以下代码构建该检索器。

```
KeywordTableIndex.as_retriever(retriever_mode='rake')
```

与前一个检索器类似，此检索器使用 RAKE 方法高效提取相关关键词。该方法的详细原理已在第 5 章中介绍。

此外，`KeywordTableIndex` 支持以下常用参数配置。

- `query_keyword_extract_template`：用于自定义从查询文本中提取关键词的默认提示词。仅适用于默认模式。
- `max_keywords_per_query`：限制从每个查询中提取的最大关键词数，有助于控制查询复杂度，避免系统因关键词过多而超载。
- `num_chunks_per_query`：限制在单次查询中允许检索的最大块数，有助于优化系统性能和效率，防止处理超量数据。

接下来将探讨如何从知识图谱中检索数据。

6.3.6 知识图谱索引检索器

在第 5 章中提到，这类索引构建了由三元组组成的图。每个三元组由一个主语、一个谓语和一个宾语组成。主语用于陈述一个实体或概念；谓语是将主语与宾语链接的关系或动词，描述它们之间的关系；宾语是通过谓语链接到主语的实体或概念。该索引的核心有两个检索器，`KGTableRetriever` 和 `KnowledgeGraphRAGRetriever`，它们都基于查询并从知识图谱中提取相关节点。

`KGTableRetriever` 是 `KnowledgeGraphIndex` 的默认检索器，它可以配置为三种检索模式：仅使用关键词、仅使用向量嵌入，或两者结合的混合模式。所有模式按照图 6.11 中描述的方式运行。

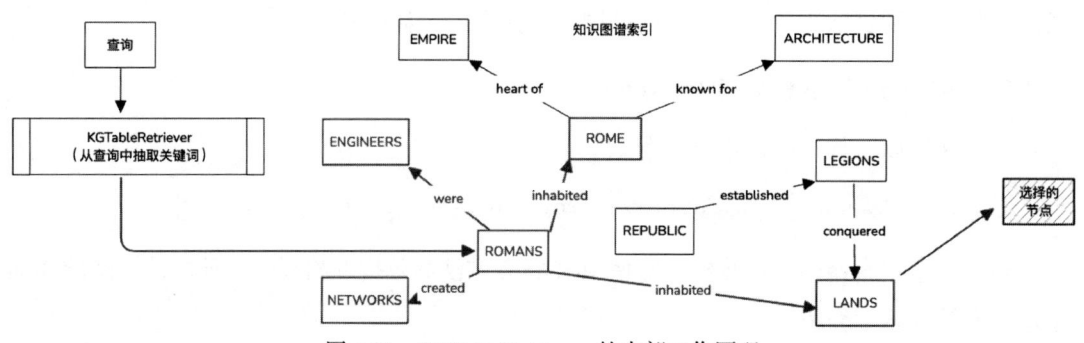

图 6.11 KGTableRetriever 的内部工作原理

接下来介绍它们的工作原理。

1. 关键词模式

读者可以使用以下命令配置关键词模式。

```
KnowledgeGraphIndex.as_retriever(retriever_mode='keyword')
```

在关键词模式下，检索器会提取查询中的关键词，并查找包含这些关键词的相关节点。

关键词匹配对大小写敏感。例如，在某索引中，"Colosseum"与"colosseum"被视为不同的关键词。因此，查询"where is the Colosseum?"将得到正确结果，而"where is the colosseum?"则可能找不到匹配节点。

2. 向量嵌入模式

读者可以使用以下命令配置此模式。

```
KnowledgeGraphIndex.as_retriever(retriever_mode='embedding')
```

在该模式下,检索器将查询转换为向量嵌入,并且系统在图中查找向量表示与查询的嵌入相似的节点,即使节点中没有包含查询中的关键词,也能通过向量相似性被检索到。

3. 混合模式

读者可以使用以下命令配置此模式。

```
KnowledgeGraphIndex.as_retriever(retriever_mode='hybrid')
```

在这种模式下,检索器结合使用查询中的关键词和嵌入查找相关节点集。它整合了两种检索方法的结果,通过去重获得既具关键词匹配精度,又具语义理解能力的结果集。

针对这种类型的检索器,用户可以调整多个参数自定义检索行为。比如,可以通过 query_keyword_extract_template、refine_template 和 text_qa_template 分别修改关键词提取、查询优化和文本问答的默认提示信息。以下是其他一些重要的参数。

- max_keywords_per_query:该参数限制关键词的数量,以避免搜索过程超载。默认值为 10。
- num_chunks_per_query:该参数决定在单个查询中可以解析的文本片段的数量,默认值为 10。修改参数时,应综合考虑性能影响及所使用的大语言模型的限制。
- include_text:默认值为 True。此参数指示是否应在每个相关三元组的查询中使用源文档的文本。这可以通过添加额外的上下文丰富查询,但不可避免地会增加计算成本。
- similarity_top_k:当检索器配置为嵌入模式或混合模式时,该参数指定在检索过程中考虑的相似嵌入的数量。默认值为 2。
- graph_store_query_depth:该参数控制在图结构中搜索相关信息的深度。默认值为 2。

- `use_global_node_triplets`：设置为 True 时，检索器不仅限于从用户查询中直接提取的关键词；它将在文本片段中搜索其他关键词或实体，这些片段已被识别为与初始关键词相关的内容。这一过程有助于为查询带来额外的知识层。通过探索图中不同节点之间的关系和连接，检索器可以访问比仅限于原始关键词更丰富和更具上下文的信息。然而，这种方法在计算资源和搜索时间方面更为昂贵，因为它涉及分析图中更多的节点和关系。因此，该选项默认为 False。
- `max_knowledge_sequence`：该参数在展示质量和数量之间提供平衡。例如，若查询理论上可以生成 100 个相关知识序列，但 `max_knowledge_sequence` 默认设置为 30，那么将只展示最相关的 30 个序列。设置该参数有助于控制答案的长度，避免内容过长或难以理解，同时保留足够有用的信息。

尽管知识图谱检索器返回 NodeWithScore 对象，但它不为实际节点提供任何分数，而是为每个检索到的节点返回一个默认值 1000。

如果检索器根据配置的模式和搜索参数在索引中找不到任何节点，则它们将首先尝试仅根据提供的关键词识别节点。如果找不到任何相关节点，它们将返回一个包含文本 No relationships found 且分数为 1 的占位节点。

4. 知识图谱 RAG 检索器

这种检索器是一种特别设计的检索器，它的工作原理是首先识别查询中的核心实体，然后利用这些实体在知识图谱中进行导航。为了使查询更具上下文关联性，它会应用实体提取（entity extraction）和同义词扩展（synonym expansion）的功能，这些功能分别由特定的函数（`entity_extract_fn`，`synonym_expand_fn`）和模板（`entity_extract_template`，`synonym_expand_template`）来实现。根据识别出的实体及其同义词，检索器会在图中按照预设的深度 `graph_traversal_depth` 进行遍历，构造出与查询相关的知识序列。

该检索器支持多种操作模式，用户可通过设置 `retriever_mode` 参数灵活地配置节点检索方式。

正如 KGTableRetriever 一样，此检索器有三种操作模式：keyword、embedding

和 keyword_embedding。

> **检索模式的说明**
> 截至 2024 年 1 月，LlamaIndex v0.9.25 版本仅支持关键词检索，其他模式尚未实现。

此外，检索器还提供 with_nl2graphquery 选项。当启用时，它将使用自然语言-图查询（NL2GraphQuery）功能，从而增强其解释和响应复杂查询的能力。NL2GraphQuery 是一种将自然语言查询转换为基于图的查询语言的过程。这是通过结合实体提取、同义词扩展和图遍历技术实现的。默认情况下，此参数设置为 False。

以下是可能希望自定义的其他参数。

- max_knowledge_sequence：设置限制以平衡查询结果中的知识序列数量和清晰程度。
- max_entities：指定从查询中提取的实体最大数量，默认值为 5。
- max_synonyms：确定为每个实体扩展的同义词最大数量，默认值为 5。
- synonym_expand_policy：控制同义词扩展的策略，选项为 union 或 intersection，默认值为 union。
- entity_extract_policy：设置实体提取的策略，选项为 union 或 intersection，默认值为 union。
- verbose：用于启用或禁用调试信息的打印。启用它有助于理解检索器的操作。
- graph_traversal_depth：决定在知识图中遍历的深度，默认设置为 2。

> **快速提示**
> 需要特别指出的是，所有支持大语言模型和自定义提示参数的检索器，其提示参数均为 BasePromptTemplate 类型。我们将在第 10 章中详细讨论该类的结构及其使用方法。

到目前为止，我们已经介绍了每种类型的检索器之间的区别。现在，让我们看看它们的共同点。

6.3.7 检索器的共同特点

所有检索器都接收查询，形式可以是字符串，或是封装为 `QueryBundle` 对象的参数。`QueryBundle` 是一种通用机制，它可用于更高级的场景，例如基于嵌入的搜索，或在多模态场景中搜索图像和文本内容。

此外，所有检索器都接收 `callback_manager` 参数。我们将在第 10 章中详细讨论该机制。

上述内容构成了 RAG 应用中的基础检索逻辑组件。对于简单场景，可以直接使用这些基础组件。而对于更为复杂的需求，LlamaIndex 提供了一些高级检索模块，这些模块整合了基础检索器的功能，引入了更多新特性。本章稍后会介绍部分高级模块。

如前所述，一些检索器依赖嵌入模型或大语言模型查询以确定最相关的节点。从本质上看，这些检索器类型均为 `BaseRetriever` 的子类，因此它们都继承了核心方法 `retrieve()` 和用于异步操作的 `aretrieve()` 方法。

接下来，我们将讨论异步操作。

6.3.8 检索机制的高效使用——异步操作

为了简化说明，我们迄今为止讨论的所有代码示例均采用了同步方法。虽然同步方式的操作流程是线性的且易于理解，但在现代应用中，为了提升性能和减少延迟，异步操作尤为关键，尤其是对用户体验至关重要。

值得欣喜的是，LlamaIndex 在大多数场景中已支持异步执行。以下示例展示了如何对 `KeywordTableIndex` 定义的两个检索器执行异步检索操作。

```
import asyncio
from llama_index.core import KeywordTableIndex
from llama_index.core import SimpleDirectoryReader
async def retrieve(retriever, query, label):
    response = await retriever.aretrieve(query)
```

```
        print(f"{label} retrieved {str(len(response))} nodes")
async def main():
    reader = SimpleDirectoryReader('files')
    documents = reader.load_data()
    index = KeywordTableIndex.from_documents(documents)
    retriever1 = index.as_retriever(
        retriever_mode='default'
    )
    retriever2 = index.as_retriever(
        retriever_mode='simple'
    )
    query = "Where is the Colosseum?"
    await asyncio.gather(
        retrieve(retriever1, query, '<llm>'),
        retrieve(retriever2, query, '<simple>')
    )
asyncio.run(main())
```

上述代码并行执行了两个检索任务。当然，这里使用的数据集规模较小，因此在这种情境下，异步操作带来的性能提升并不明显。

不过在商业应用场景中，当系统频繁调用检索器，并且需要对大量索引节点执行复杂的查询时，异步操作的优势就变得尤为突出。它不仅提升了系统的性能，还能更高效地利用计算资源、降低响应延迟，从而减少用户等待时间并带来更加流畅的用户体验。

接下来将深入探讨更高级的检索技术。

6.4　构建更高级的检索机制

在掌握了 LlamaIndex 提供的基本组件之后，我们可以进一步构建更为复杂的解决方

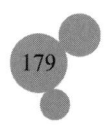

案。一方面，前面介绍的检索器已为知识库查询与 RAG 流程中的上下文增强提供了高效的解决方案。另一方面，我们还将看到许多更高级的检索方法，要么使用特定技术，要么巧妙地结合了已经讨论的检索器。

6.4.1 朴素的检索方法

LlamaIndex 默认提供了快速查询的方法。只需几行代码，就可以导入文档、创建节点，并构建一个 `VectorStoreIndex` 检索器，进而通过基于相似性测量技术的检索器查询以返回最相关的部分。

这种方法简单易用，但并不适用于所有情况。这种被称为朴素方法的技术，通常仅能生成一般水平的结果，难以满足更高精度或复杂性的要求。

想象一下，这就像在房子里用锤子修理所有东西。锤子是一个基本且易于使用的工具，但并不是解决所有问题的最佳方案。同样地，使用简化的查询方法可能对基本情况有效，但面对更复杂的情况或需要更高灵活性和适应性的特殊需求时，效果就有限了。

在这些更复杂的情况下，需要探索更高级和定制的解决方案，这可能涉及调整检索算法或以各种不同方式组合它们。

此外，对于大规模数据集，朴素方法可能效率低下，要么返回过多不相关的结果，要么遗漏重要信息。它们在响应时间和资源消耗方面也表现不佳。

另外，现实中的数据在质量、结构和格式方面可能会有显著差异。简单的方法未必能够应对这种多样性并提取有价值的信息。

例如，当信息零散地分布在文档的多个小段落中时，检索结果可能不如预期。在接下来的几节中，我们将讨论一些可以在各种特定情况下提供更好结果的更高级的检索方法。

6.4.2 实现元数据过滤器

一个简单而有效的检索机制是通过元数据过滤筛选检索到的节点。我们将探讨组织中

常见的实际问题，以及 LlamaIndex 的检索功能如何提供解决方案。

我们将展示如何通过用户所属部门过滤返回的节点。这类似于面向对象编程中的多态概念，同一术语在不同领域可能代表不同含义。

例如，用户在查找组织知识库中对"事件"的定义。但"事件"一词对于负责信息安全的人和负责 IT 服务运营的人而言，定义可能不同。让我们看看如何在一个检索机制中实现类似的多态特性。

首先，我们处理必要的导入，并定义用户到部门的映射。

```
from llama_index.core.vector_stores.types import MetadataFilter, MetadataFilters
from llama_index.core import VectorStoreIndex
from llama_index.core.schema import TextNode
user_departments = {"Alice": "Security", "Bob": "IT"}
```

然后，我们定义两个存储了"事件"概念定义的节点。不同之处在于元数据，指定了定义适用的部门。

```
nodes = [
    TextNode(
        text=(
        "An incident is an accidental or malicious event that has the
        potential to cause unwanted effects on the security of our IT
        assets."),
        metadata={"department": "Security"},
    ),
    TextNode(
        text=("An incident is an unexpected interruption or degradation
        of an IT service."),
        metadata={"department": "IT"},
    )
]
```

接下来定义负责过滤和检索的函数。

```python
def show_report(index, user, query):
    user_department = user_departments[user]
    filters = MetadataFilters(
        filters=[
            MetadataFilter(
                key="department",
                value=user_department
            )
        ]
    )
    retriever = index.as_retriever(filters=filters)
    response = retriever.retrieve(query)
    print(f"Response for {user}: {response[0].node.text}")
```

因此,即便查询相同,返回的结果也会因为用户所属部门不同而异。

```python
index = VectorStoreIndex(nodes)
query = "What is an incident?"
show_report(index, "Alice", query)
show_report(index, "Bob", query)
```

输出结果如下所示。

```
Response for Alice: An incident is an accidental or malicious event that has the potential to cause unwanted effects on the security of our IT assets.
Response for Bob: An incident is an unexpected interruption or degradation of an IT service.
```

可见,该机制的实现较为简洁,可用于控制信息访问和定义安全规则。

例如,在由多个客户共享的多租户模型知识库系统中,可以通过 MetadataFilters 实现限制访问。

之前看到的代码只进行简单的过滤:它将搜索限制在部门键的值等于用户部门的节点上。但是,还有更复杂的过滤变体,使用基于 FilterOperator 类的操作符。然而,LlamaIndex

中的默认向量存储仅支持 EQ（等于）操作符，也就是说它只能应用于键的值等于某个参数的过滤器。如果使用更高级的向量存储系统（如 Pinecone 或 ChromaDB），我们就可以使用 FilterOperator 中提供的全部操作符，如表 6.1 所示。

表 6.1　FilterOperator 可用的完整操作符列表

符号运算符	编程等效	描述
EQ	==	等于（默认）
GT	>	大于
LT	<	小于
NE	!=	不等于
GTE	>=	大于或等于
LTE	<=	小于或等于
IN	in	在数组中
NIN	nin	不在数组中

以下是使用过滤操作符和过滤聚合条件实现更复杂场景的示例。

```
from llama_index.core.vector_stores.types import (FilterOperator, FilterCondition)
filters = MetadataFilters(
    filters=[
        MetadataFilter(
            key="department",
            value="Procurement"
        ),
        MetadataFilter(
            key="security_classification",
            value=<user_clearance_level>,
            operator=FilterOperator.LTE
        ),
    ],
    condition=FilterCondition.AND
)
```

在示例中,我们基于用户的安全级别和安全分类实现了一个非常简单的访问控制机制。只有属于特定部门且分类级别小于或等于用户访问级别的节点才会返回。接下来将讨论另一种方法。

6.4.3 使用选择器实现更高级的决策逻辑

在高级人机交互系统中,用户可能提出多种类型的查询。有时候,用户会询问非常具体的问题,寻求确切的答案;而在其他情况下,他们可能希望获取一般性的信息,或者让系统对两份文档进行总结或对比。

面对如此多样化的查询需求,系统如何选择最合适的检索策略呢?实际上,最优策略是融合多种检索技术的优势。而为了实现这一点,RAG 应用内部必须具备一套选择机制,以确保每次都能根据具体的查询挑选出最恰当的检索器。这就引出了本节的重点——选择器。

在 LlamaIndex 框架中,选择器共有 5 种类型:`LLMSingleSelector`、`LLMMultiSelector`、`EmbeddingSingleSelector`、`PydanticSingleSelector` 和 `PydanticMultiSelector`。

这些选择器的工作方式各不相同。一些选择器依赖大语言模型的决策能力,另外一些选择器基于相似度计算挑选最佳选项,还有一些选择器则是使用 Pydantic 对象进行选择。有的选择器会从列表中挑选出唯一答案,而有的选择器则能同时选出多个选项。尽管它们的工作原理不尽相同,但目标一致:即辅助我们在应用程序中构建更为复杂的条件判断逻辑。

选择器的核心功能是评估复杂情境并确定应用执行路径,类似于编程中的 IF...THEN 条件判断,但适用于更复杂的场景。

图 6.12 展示了 `LLMSingleSelector` 选择器在 RAG 应用中所扮演的角色。

以下是使用大模型从预定义选项列表中返回单个选项的选择器的非常简单的实现。

```
from llama_index.core.selectors.llm_selectors import LLMSingleSelector
```

```
options = [
    "option 1: this is good for summarization questions",
    "option 2: this is useful for precise definitions",
    "option 3: this is useful for comparing concepts",
]
selector = LLMSingleSelector.from_defaults()
```

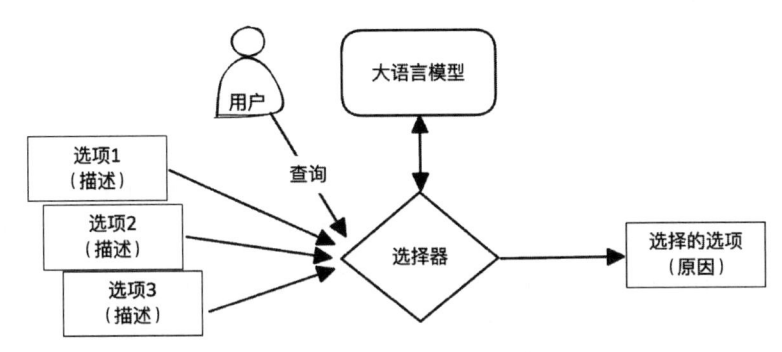

图 6.12 LLMSingleSelector 工作原理

我们通过上述代码把选项定义成字符串列表，通过 `.select()` 方法传给大语言模型。

```
decision = selector.select(
    options,
    query="What's the definition of space?"
).selections[0]
print(decision.index+1)
print(decision.reason)
```

`.select()` 方法将定义的选项和用户查询作为参数。选择器在后台使用特别构建的提示，要求大模型根据查询从列表中选择最佳选项。

作为响应，选择器返回一个 `SingleSelection` 对象，该对象包含了被选中选项的序号以及选择该项的理由。可以看到，选择器并不是检索器专属的组件。在这个示例中，我们甚至都没有定义具体的检索器。

示例的目的是要展示这一机制具有普遍适用性，选择器可用于实现应用程序中的任何条件逻辑。返回的选项序号可以用来从解析器、索引、检索器等多个组件中做出选择。在这个简化版的例子中，选择器从一组定义好的字符串选项中做出选择。除此之外，还有更复杂的选择方式，例如涉及 `ToolMetadata` 类的使用。为此，需要先了解所谓的"工具"指的是什么。

6.4.4　工具的重要性

在任何具备**自主决策能力**的应用中，核心组件之一就是工具容器。它允许应用程序根据上下文决定使用哪种方法，并在运行时调用容器中包含的不同的功能模块。

LlamaHub 提供了一系列精心打造的工具，`https://llamahub.ai/?tab=tools` 涵盖了从邮件编辑发送、API 查询到文件系统交互等多种实用功能。在第 8 章中我们将深入探讨这些工具在**智能体**实现中的应用，并构建 PITS 聊天机器人。

接下来将演示如何将检索器封装进工具容器，并借助选择器实现一种能够根据具体情况调整检索策略的机制。我们将重点讨论 `RetrieverTool` 类，它接收两个重要参数：一个参数是检索器本身，另一个参数是对该检索器功能的文字说明。在面对特定查询时，选择器会依据这个描述判断应该启用哪一个检索器。为了达到这一目的，我们在每个检索器之上构建了一个 `RouterRetriever` 对象，该对象是一个复杂的决策装置，它依靠选择器决定何时使用哪个检索器。其主要参数包括选择器以及以 `RetrieverTool` 对象形式提供的可选项。下面将通过代码展示如何实现这一逻辑。

```
from llama_index.core.selectors import PydanticMultiSelector
from llama_index.core.retrievers import RouterRetriever
from llama_index.core.tools import RetrieverTool
from llama_index.core import VectorStoreIndex, SummaryIndex, SimpleDirectoryReader
documents = SimpleDirectoryReader("files").load_data()
vector_index = VectorStoreIndex.from_documents([documents[0]])
summary_index = SummaryIndex.from_documents([documents[1]])
vector_retriever = vector_index.as_retriever()
summary_retriever = summary_index.as_retriever()
```

首先，我们从 `files` 子文件夹中获取了两个示例文件。第一个文件包含关于古罗马的信息，第二个是关于狗的通用文本。然后，我们为每个文件创建了一个索引，并从每个索引中创建了一个检索器。下面定义工具。

```
vector_tool = RetrieverTool.from_defaults(
    retriever=vector_retriever,
    description="Use this for answering questions about Ancient Rome"
)
summary_tool = RetrieverTool.from_defaults(
    retriever=summary_retriever,
    description="Use this for answering questions about dogs"
)
```

可以看到，我们将每个检索器封装在 `RetrieverTool` 中，并为选择器提供了一个清晰的描述。接下来必须构建 `RouterRetriever`。

```
retriever = RouterRetriever(
    selector=PydanticMultiSelector.from_defaults(),
    retriever_tools=[
        vector_tool,
        summary_tool
    ]
)
response = retriever.retrieve(
    "What can you tell me about the Ancient Rome?"
)
for r in response:
    print(r.text)
```

在后续每次检索时，选择器会基于查询内容判断调用哪个检索器，以返回最相关的文档节点作为上下文信息。以下是一个示例。

```
retriever.retrieve("What can you tell me about the Ancient Rome?")
```

这将使用 `vector_tool` 进行检索。对于以下代码：

```
retriever.retrieve("Tell me all you know about dogs")
```

它将调用 `summary_tool`。由于使用了 `PydanticMultiSelector`，还可以处理同时使用两个检索器的情况，如下所示。

```
retriever.retrieve("Tell me about dogs in Ancient Rome")
```

与 `PydanticSingleSelector` 不同，`PydanticMultiSelector` 可以同时从选择器列表中选择多个选项，从而支持多种使用场景。同样，还可以在查询引擎层面使用 `RouterQueryEngine` 构建更复杂的路由策略，我们将在第 7 章对此进行详细讲解。在此之前，我们将探讨几种其他更高级的检索器。

6.4.5　转换和重写查询

在 6.4.4 节中，我们介绍了如何通过选择器和路由器，使应用动态决定选择最合适的检索器。此外，RAG 系统还可借助另一项关键机制——查询转换 `QueryTransform`，在查询提交索引前对其进行优化和改写，从而提升检索质量，如图 6.13 所示。

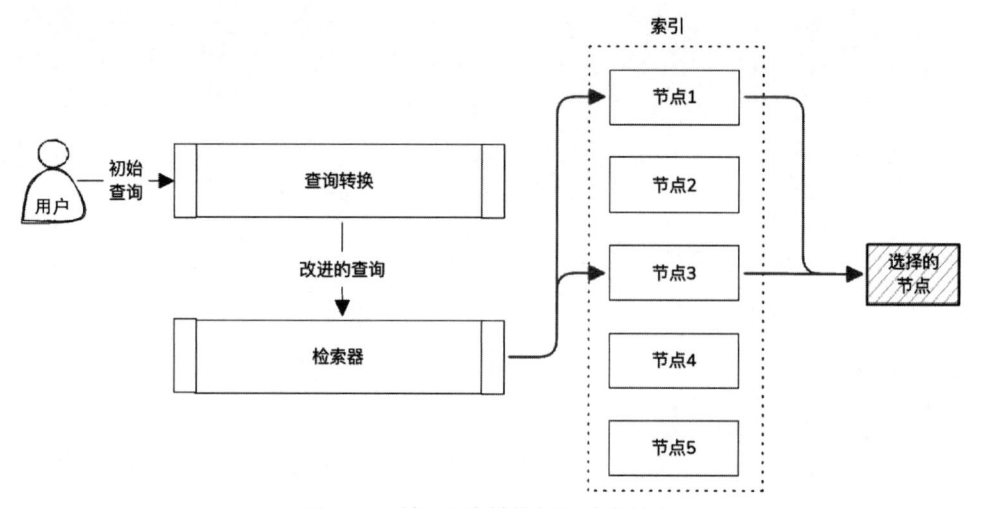

图 6.13　利用查询转换提升检索效率

设想这样的场景：我们需要运用查询转换 `QueryTransform` 提供的功能解决问题。

> **实例分析**
>
> 设想一个为复杂软件提供技术支持的聊天机器人：由于用户往往使用含糊不清或非专业的术语描述问题，`QueryTransform` 能够解析这些问题描述，将其拆解成更具体的小查询，或者补充相关的技术术语，使查询与文档更加匹配。例如，原本模糊的查询"我的计算机不断死机"被转化为更具针对性的查询"操作系统死机的故障排查步骤"。

`QueryTransform` 存在多种变体，每一种变体都在信息检索过程中扮演着不同的角色。接下来我们将逐一介绍。

- `IdentityQueryTransform`：这是一种基础转换。它接收查询请求后直接返回，不对查询做任何改变。这种转换适用于那些不需要特殊处理的情况，保持最原始的查询形式。
- `HyDEQueryTransform`：这种转换利用大语言模型生成假设文档，将查询转换为假设的回答，并用作嵌入字符串。这种方法能提高结果的相关性，同时去除不准确的信息，确保生成的内容基于真实资料。关于这项技术的优势，可以在 Gao 等人的研究中找到更多信息（https://arxiv.org/abs/2212.10496）。
- `DecomposeQueryTransform`：该转换将复杂的查询分解为若干个更简单且聚焦的子查询。这不仅让索引更容易处理查询，也增加了找到相关节点的机会，特别是当索引结构不支持复杂或模棱两可的查询时。
- `ImageOutputQueryTransform`：此转换会指示系统将结果格式化为图像，例如生成 HTML `<img>` 标签。当查询结果应以图像形式展示，或是作为后续复杂处理逻辑中的中间步骤时，这一转换就显得尤为有用。
- `StepDecomposeQueryTransform`：类似于 `DecomposeQueryTransform`，但这种转换多了一层对先前推理或上下文的考量，即在分解查询时考虑到之前的推理或上下文。这有助于根据反馈或历史结果不断优化查询，从而提高检索精度。

以上每一种查询转换都能改善系统并以更高效的方式处理查询，使其更加适应用户的具体需求或数据特点。

下面通过一个实例直观感受一下它们的工作原理。

```
from llama_index.core.indices.query.query_transform.base import
DecomposeQueryTransform
decompose = DecomposeQueryTransform()
query_bundle = decompose.run(
    "Tell me about buildings in ancient Rome"
)
print(query_bundle.query_str)
```

当执行代码后，`DecomposeQueryTransform` 接手了原本十分模糊的查询请求。它借助特制的引导词，利用大语言模型生成了一个更为精准的查询。在这个例子中，输出结果应该是这样的：

```
What were some famous buildings in ancient Rome?
```

可以看出，新查询明显比原查询更明确，极大提升了检索器从索引中提取出正确上下文的可能性。

6.4.6 生成更具体的子查询

除了改写原始查询，另一种增强检索效果的方法是将一个模糊或复杂查询分拆并生成为多个具体的子查询。有时，将一个模糊或复杂的提问分解成若干个明确的问题，可以使答案更加清晰。LlamaIndex 在这方面提供了解决方案。`OpenAIQuestionGenerator` 正是为此目的而设计的一种机制。下面是之前讨论选择器和路由时用过的代码示例，我们将对其进行一些修改，以便演示 `OpenAIQuestionGenerator` 的工作原理。

```
from llama_index.question_gen.openai import OpenAIQuestionGenerator
from llama_index.core.tools import RetrieverTool, ToolMetadata
from llama_index.core import (
    VectorStoreIndex, SummaryIndex,
```

```
    SimpleDirectoryReader, QueryBundle)
documents = SimpleDirectoryReader("files").load_data()
vector_index = VectorStoreIndex.from_documents(
    [documents[0]]
)
summary_index = SummaryIndex.from_documents([documents[1]])
```

与前述示例相同，我们从 files 文件夹中读取了两个文件并分别构建索引。

```
vector_tool_metadata = ToolMetadata(
    name="Vector Tool",
    description="Use this for answering questions about Ancient Rome"
)
summary_tool_metadata = ToolMetadata(
    name="Summary Tool",
    description="Use this for answering questions about dogs"
)
```

对于每个索引，我们在 ToolMetadata 结构中定义了一个名称和描述。这些信息将被 OpenAIQuestionGenerator 用于理解每个检索器的角色以及它可能回答的问题类型。接下来将定义两个检索器。

```
vector_tool = RetrieverTool(
    retriever=vector_index.as_retriever(),
    metadata=vector_tool_metadata
)
summary_tool = RetrieverTool(
    retriever=summary_index.as_retriever(),
    metadata=summary_tool_metadata
)
```

接下来是子查询的生成过程。使用默认设置初始化 OpenAIQuestionGenerator 实例 question_generator 后，我们创建一个 QueryBundle 对象以包含来自用户的原始查询，并将这个 QueryBundle 作为参数传递给问题生成器 question_generator。

```
question_generator = OpenAIQuestionGenerator.from_defaults()
query_bundle = QueryBundle(
    query_str="Tell me about dogs and Ancient Rome")
sub_questions = question_generator.generate(
    tools=[vector_tool.metadata, summary_tool.metadata],
    query=query_bundle
)
```

子查询生成器接收两个核心参数：一个参数是可用的工具列表，另一个参数是待精化的原始查询。

```
for sub_question in sub_questions:
    print(f"{sub_question.tool_name}: {sub_question.sub_question}")
```

最终生成的子查询如下所示。

```
Summary Tool: What are the different breeds of dog?
Summary Tool: What was the role of dogs in ancient Rome?
Vector Tool: What were the most important events in Ancient Rome?
Vector Tool: What were the most famous buildings in ancient Rome?
```

借助 `OpenAIQuestionGenerator`，原始查询经过大语言模型处理后，生成了一组更为具体的问题列表。

返回的结果存储在 `sub_questions` 变量中，它是一系列 `SubQuestion` 对象组成的列表，每个对象有两个属性：工具名称 `tool_name` 和子查询 `sub_question`。我们可以遍历整个列表，提取出对应的工具和问题。

实践证明，生成更具体的子查询有助于提升上下文匹配度，从而显著优化查询引擎 `QueryEngine` 的回答质量。

除了 `OpenAIQuestionGenerator`，还有一个名为 `LLMQuestionGenerator` 的替代方案，它允许使用任意的大语言模型。`LLMQuestionGenerator` 使用专门的解析器格式化输出，而 `OpenAIQuestionGenerator` 则依赖于 `Pydantic` 对象的生成。

此外，问题生成器集合中还包括 `GuidanceQuestionGenerator`，它利用大语言模

型生成辅助问题以指导查询引擎，在需要按特定顺序拆分和处理复杂查询时非常有用。

生成的子查询随后可以在特制的查询引擎中加以利用。关于这一点，我们将在第 7 章中详细讨论，届时将介绍 `SubQuestionQueryEngine`。

接下来将探讨信息检索领域的两个关键概念：密集检索和稀疏检索。

6.5 密集检索和稀疏检索

检索方法是 RAG 系统的核心组件之一，它负责在生成回答前精准定位并排序与查询相关的内容。在开发 RAG 应用的过程中，通常会遇到两种主要的检索模式：密集检索和稀疏检索。由于理解这两个概念至关重要，本节将重点介绍它们各自的特性、权衡取舍方案，以及结合使用时的优势。

6.5.1 密集检索

密集检索利用向量嵌入将文本表示为连续的高维空间中的点。通过嵌入模型，文本被编码为固定长度的数值向量，这些向量旨在捕捉文本的语义特征。同样，输入的查询也会被编码，从而可以通过几何运算衡量查询向量与节点向量间的相似性。在密集检索中，节点被向量嵌入并存储在专用索引中，例如 `VectorStoreIndex`。

之所以称为"密集"，是因为这类向量通常包含大量非零值，从而以紧凑的方式表达了丰富的语义信息。在检索过程中，输入的查询会被实时嵌入，并使用相似性搜索算法（如第 5 章中所述）检索最相似的前 k 个节点。

密集检索的优点包括语义理解能力、快速检索和良好的可扩展性。语义相似的节点往往聚集成簇，即使词语不完全匹配，也不影响检索效果。例如，Pinecone 向量数据库提供了高效的相似性搜索（https://www.pinecone.io/product/），能够处理数百万个向量，响应时间从几 ms 到不到 1s，并易于扩展。

但密集检索也存在一些缺点。

- 计算成本：对大规模数据进行嵌入和索引通常会耗费大量的计算资源和时间。
- 精确性和召回率之间的权衡：密集检索系统往往在召回率与精确性之间存在难以平衡的问题，具体取决于嵌入模型的调整。找到既不遗漏相关信息又不过多地检索无关信息的平衡点的确颇具挑战。
- 长文档处理难题：生成固定长度向量的密集模型有时难以处理非常长的内容，因为重要信息可能在嵌入过程中被稀释或丢失。
- 逻辑推理不足：尽管在捕捉语义相似性方面表现出色，但密集检索通常缺乏逻辑推理能力，这导致它会检索到表面上相关但实际上不符合用户意图的文档，尤其是在查询需要理解复杂关系或细致推理的情况下。
- 对模型质量的依赖：密集检索的效果高度依赖于底层嵌入模型的质量。训练不佳的模型可能导致检索性能不佳。

接下来将讨论稀疏检索。

6.5.2 稀疏检索

稀疏检索依赖关键词精确匹配机制，将文档与查询建立关联。一般来说，这个过程涉及分析文档中的重要词汇，并建立倒排索引，这是一种能够快速检索包含特定关键词的文档的数据结构。

在检索阶段，查询会对这些倒排索引进行搜索，以找出与查询含有相同关键词的文档。然后根据查询与索引文档间共有的关键词数量对文档进行排名。稀疏检索中最常用的技术之一是词频——逆文档频率 TF-IDF 方法。

1. 稀疏检索中的 TF-IDF

TF-IDF 是一个统计数值，反映了某个词对文档集合中每篇文档的重要性。它将文本转化为数值表示，既考虑单个文档内的词频，也考虑词在整个文档集合中的分布情况。

- 词频（term frequency，TF）：衡量一个词在文档中出现的频率，通过将文档中该词出现的次数除以文档中总词数得出。这表明该词在特定文档中的相对重要性。
- 逆文档频率（inverse document frequency，IDF）：评估一个词在整个文档集合中的重要性。它是通过对总文档数与含该词的文档数之比取对数计算而来。这样可以降低频繁出现在许多文档中的词的重要性，比如"the"或"is"这样的常见词，而独特的词则具有更高的 IDF 分数。

TF-IDF 分数是 TF 和 IDF 的乘积，表示文档中每个词的重要性，调整了词在整个集合中的普遍性。在稀疏检索中，每个文档被表示为高维空间中的一个向量，其中每个维度对应一个唯一词，而值是 TF-IDF 分数（https://en.wikipedia.org/wiki/Tf-idf）。

之所以称之为稀疏，是因为在这种高维向量空间中，对于任何给定的文档，大多数维度（词）的值都为零。这表明集合中大多数词并未在该文档中出现。如果可视化这些向量，这将导致一种稀疏表示，其中有许多零，因为大多数文档只包含集合总词汇量的一小部分。

在检索时，查询同样被转化为 TF-IDF 向量表示，通过计算余弦相似度等确定文档与查询的相关性，并根据结果对文档进行排名，最终返回的是与查询最相似的最高分文档。

稀疏检索方法，如 TF-IDF，特别适合于精确词匹配的任务。然而它们无法捕捉文本的语义或词使用的上下文，这一局限可以通过更高级的检索技术（如密集检索方法）弥补。

与密集检索相比，稀疏检索有以下优势。

- 高效处理大数据集：稀疏检索方法，如 TF-IDF，在处理大数据集方面通常更为高效。倒排索引结构允许基于关键词匹配快速搜索和检索文档，非常适合大型文本集合。
- 高精度：当精确匹配词至关重要时，稀疏方法往往能提供高准确度。它们擅长检索包含用户查询中出现的特定关键词的文档，这对关键词特异性要求高的应用很有利。
- 简单性和可解释性：稀疏检索方法在概念上比密集方法更简单且更具可解释性。由于它们依赖于显式的关键词频率，因此更容易理解为何某些文档会响应特定查询。
- 较少的资源消耗：与密集检索不同，稀疏方法无需复杂的神经网络模型生成嵌入，这使得它们在计算能力和内存需求方面消耗较少，易于部署和维护。
- 对模型依赖度低：稀疏检索不像密集检索那样依赖机器学习模型的细微差异，因此对模型质量的变化不太敏感，性能在不同数据集上表现得更为稳定和一致。

稀疏检索也有以下局限性。

- 缺乏语义理解：稀疏方法可能无法捕捉词之间的语义联系，可能会错过那些上下文相关但与查询没有精确关键词匹配的文档。
- 同义词和多义词的处理问题：稀疏检索在处理同义词或多义词时可能遇到困难，这会导致检索结果不完全或不相关。
- 无法捕捉上下文和细微差异：稀疏检索无法有效地捕捉语言中的广泛的上下文或细微差异，而这些对于理解查询背后的真正意图至关重要。

6.5.3　在 LlamaIndex 中实现稀疏检索

从本质上讲，像 `KeywordTableIndex` 这样的结构已构成了稀疏检索的基本形式，因为它遵循了前面提到的原则和方法。但在 LlamaIndex 中还有更高级的稀疏检索能力，例如 `BM25Retriever`，其实现基于经典的 BM25（best matching 25）检索算法。

BM25 是 TF-IDF 方法的改进版，是一种用于稀疏检索的更复杂的算法。与 TF-IDF 不同，BM25 同时考虑了词频和文档长度，为文档的相关性评分提供了更为细致的评估。通过 BM25 检索器，节点根据其相对于查询的 BM25 分数进行排序，得分最高的前 k 个节点将作为查询结果返回，为用户提供最相关的结果。

下面通过一个例子介绍 `BM25Retriever` 的使用方法。在开始使用这个检索器之前，请运行如下命令安装必要的 Python 包和相应的 LlamaIndex 集成包。

```
pip install rank-bm25
pip install llama-index-retrievers-bm25
```

安装完 rank-bm25 包后，可以通过如下示例代码验证检索器的基本使用方法。

```
from llama_index.retrievers.bm25 import BM25Retriever
from llama_index.core.node_parser import SentenceSplitter
from llama_index.core import SimpleDirectoryReader
reader = SimpleDirectoryReader('files')
documents = reader.load_data()
```

```
splitter = SentenceSplitter.from_defaults(
    chunk_size=60,
    chunk_overlap=0,
    include_metadata=False
)
nodes = splitter.get_nodes_from_documents(
    documents
)
```

我们使用了两个包含有关古罗马和不同犬种数据的初始样本文件。在这个例子中，SentenceSplitter 配置为相对较小的块大小，因为样本文件较小，这样做的目的是生成更多细粒度的句子结构节点，以便更好地展示 BM25Retriever 的工作原理。接下来实现该检索器。

```
retriever = BM25Retriever.from_defaults(
    nodes=nodes,
    similarity_top_k=2
)
response = retriever.retrieve("Who built the Colosseum? ")
for node_with_score in response:
    print('Text:'+node_with_score.node.text)
    print('Score: '+str(node_with_score.score))
```

在将两个文档分割成块之后，我们使用检索器应用 BM25 算法，以检索出与斗兽场的查询最相关的两个块。

读者可以继续探索这个示例，尝试调整 similarity_top_k 参数、查询或分块策略，以深入了解这个检索器的工作机制。

1. 何时选用稀疏检索

让我们看一个 RAG 应用中稀疏检索可能比密集检索效果更好的实际案例。

> **稀疏检索的实际案例**
> 假设开发了一个检索法律文件的系统。在这种情况下，用户的查询可能包含精确的

法律术语、引用或法律文本中的具体短语。例如，用户可能查询"GDPR 第 45 条关于基于充分性决定的个人数据传输"。这类查询包含的"第 45 条"和"GDPR"等特定短语，很可能在相关的法律文件中以同样的形式出现。对于这样的查询，稀疏搜索往往能提供非常精准的结果。它能够准确定位含有 GDPR 特定条款的文档，降低噪声和无关检索的可能性。考虑到法律文件通常包含结构化的格式，包括不同的章节和条款，稀疏检索方法可以有效地解析这类结构化数据，并根据查询中的直接引用检索节点。

由于密集检索方法侧重于一般含义而非确切的术语匹配，因此在如此专业化、基于关键词的查询中，它们可能会产生不太准确的结果。

除非专门针对法律文本进行训练，否则用于密集检索的嵌入模型可能难以准确解释和匹配法律查询中使用的复杂法律术语和特定的引用样式。

2. 何时选用密集检索

这里再举一个实际的例子。

客服聊天机器人是密集检索可以产生更好的结果的一个典型的使用场景。客服聊天机器人设计用于理解和响应各种客户查询。假设该聊天机器人负责帮助用户解决与技术产品相关的各种问题，例如硬件故障排除、软件功能、使用技巧以及关于产品和服务的查询。

用户可能会问这样一个问题："我没怎么用我的笔记本，但电池也很快就没电了。我该怎么办？"由于密集检索擅长理解查询的语义上下文，因此在这种情况下，它可以理解"电池电量快速消耗"背后的更广泛含义，并将其与类似问题相关联，即使技术手册或常见问题解答中没有确切的短语。

3. 可以在单个检索器中结合两种检索方法吗

答案是可以的，通过结合二者，我们可以充分利用各自的优势和特点。之前已探讨了如何在 RAG 应用中使用选择器和路由器实现更复杂的查询行为。

我将把这部分留给读者，根据上面演示的方法，实现一个融合密集检索方法和稀疏检索方法的混合系统。如果读者需要更多的实例，可以参考这个链接：https://docs.llamaindex.ai/en/stable/examples/vector_stores/PineconeIndexDemo-

Hybrid.html，它展示了如何使用 Pinecone 向量数据库实现混合搜索。

4．处理检索结果为空的情况

有时检索器会返回空结果，找不到与当前查询匹配的索引内容。这通常意味着对于特定查询，索引中没有相关节点。

根据索引类型的不同，如果查询关键词非常具体或罕见，而索引中的任何节点都不包含这些确切的关键词，或者是在基于向量嵌入的索引中，搜索过程执行的相似性搜索未能找到任何当前参数下的匹配节点，则会出现这种情况。为了应对这一情况，我们可以考虑以下几种策略。

- 备选方案：搜索系统可以设有备选策略，例如通过调整检索器的参数执行更宽泛的搜索，或向用户推荐可替代的查询词。
- 查询扩展：查询可以自动扩展，加入同义词、相关术语或更宽泛的概念，以增加找到相关节点的机会。
- 相关性评分：即便没有找到确切的关键词匹配，搜索系统也能运用相关性评分算法，找出语义上与查询相近或部分匹配的节点。

6.5.4 探索其他高级检索方法

除了上述的基础概念，还有一些高级检索方法值得我们去了解，请参考官方文档：https://docs.llamaindex.ai/en/stable/optimizing/advanced_retrieval/advanced_retrieval.html。这里，读者将了解到更多关于 Small-to-Big 检索、递归检索、嵌入表检索、多模态检索、自动合并检索等特殊技术的知识。

虽然本书不会对每种检索策略进行详尽的讲解，但它们的重要性不容忽视。若 RAG 无法高效地检索出相关上下文信息，那么前期的文档导入和索引工作就失去了意义。

> **实践建议**
>
> 在启动正式项目前，请务必查阅最新的官方文档。技术领域变化迅速，新方法和技

> 术层出不穷，重新发明轮子只会浪费时间。值得一提的是，我曾经花费几个小时开发一个类似"Small-to-Big"检索的方法，但几天后才发现它已经是一个经过测试并被收录的方法。

本章内容到此就告一段落了。这里，我们暂且跳过动手实践环节，我们将在第 7 章中提供更多信息，继续在 PITS 项目中加入更多功能。

6.6 本章小结

本章聚焦于 LlamaIndex 的检索机制，探讨了多种查询策略和架构，深入了解了检索器的作用，即如何从索引中提取相关信息以生成对 RAG 系统有用的响应。我们讨论了 `VectorIndexRetriever` 和 `SummaryIndexRetriever` 等基本检索器类型，也理解了异步检索、元数据过滤器、工具、选择器和查询转换等高级概念。这些内容使我们能够构建更复杂的检索逻辑。

此外，我们还介绍了密集检索和稀疏检索这两种核心范式及其各自的优劣，并介绍了 LlamaIndex 中 BM25 检索器的实现。

整体而言，本章系统介绍了 LlamaIndex 中的检索功能，为构建既高性能又具备上下文理解能力的 RAG 应用打下了坚实的理论基础。

现在，我们已经掌握了从索引中有效检索信息所需的知识。第 7 章将以此为基础，进一步探讨查询引擎的其他重要组件：后处理和响应合成。

第 7 章
数据查询——后处理和响应合成

在第 6 章所学知识的基础上，我们将深入探索各种后处理技术，并介绍如何在最终合成回答前对检索到的上下文进行清洗和增强。此外，我们还将学习如何将所有组件整合到高效的查询引擎中，从而实现对文档的端到端自然语言查询功能。相关实践也将在 PITS 项目中落地，帮助读者进一步巩固知识。

本章将涵盖以下主要内容。
- 后处理器——对节点进行重排、转换和过滤。
- 响应合成。
- 输出解析技术。
- 查询引擎的构建和使用。
- 动手实践——在 PITS 项目中构建测验。

7.1 技术需求

为了完成本章的学习，读者需要安装以下 Python 包。

- **spaCy**：https://spacy.io/。
- **Guardrails-AI**：https://www.guardrailsai.com/。
- **pandas**：https://pandas.pydata.org/。

本章的所有代码示例都可以在本书配套的 GitHub 仓库的 ch7 子文件夹中找到：https://github.com/PacktPublishing/Building-Data-Driven-Applications-with-LlamaIndex。

7.2 后处理器——对节点进行重排、转换和过滤

在第 6 章中，我们讨论了 LlamaIndex 提供的多种检索方法。我们提取到的上下文信息能够丰富和改进发送给大语言模型的查询。然而，这是否能确保生成高质量的回答呢？

正如已经讨论过的，简单的检索方法在任何情况下都难以生成理想的结果。在实际应用中，检索结果可能包含无关信息，或者未按时间顺序排列，从而影响信息的连贯性。这些问题可能会使大语言模型的生成质量下降，进而影响 RAG 应用的提示效果。

> **提示说明**
>
> RAG 工作流的核心目标，是通过程序自动构建提示内容。与手动编写提示并输入到类似 ChatGPT 的对话界面不同，LlamaIndex 可以根据文档内容动态生成提示，这些文档被切分成多个节点，再经由检索器进行索引和选择。此过程中存在诸多潜在问题，例如原始文档导入不完整或不准确，或是没有选择合适的分块大小导致节点过细或包含了过多的无关信息，或是节点索引不当，或是检索器没有按正确的顺序选取节点，或是引入了过多不相关信息。

在整个流程中，错误可能在多个环节上悄然发生，若未及时发现，将显著影响输出质量。

不过，我们在将信息最终发送给大语言模型之前，仍然有机会改进这个上下文。这一机会主要体现在节点后处理器和响应合成器的使用上。

首先了解一下后处理器的工作原理。

节点后处理器是优化检索结果质量的关键环节。即使检索执行得很好，仍可能混入冗余或无关的节点内容，干扰大语言模型理解。虽然有时检索到的节点是相关的，但如果顺序不对，这种情况也会降低大语言模型生成响应的质量。

图 7.1 展示了后处理器在 RAG 工作流中的作用。

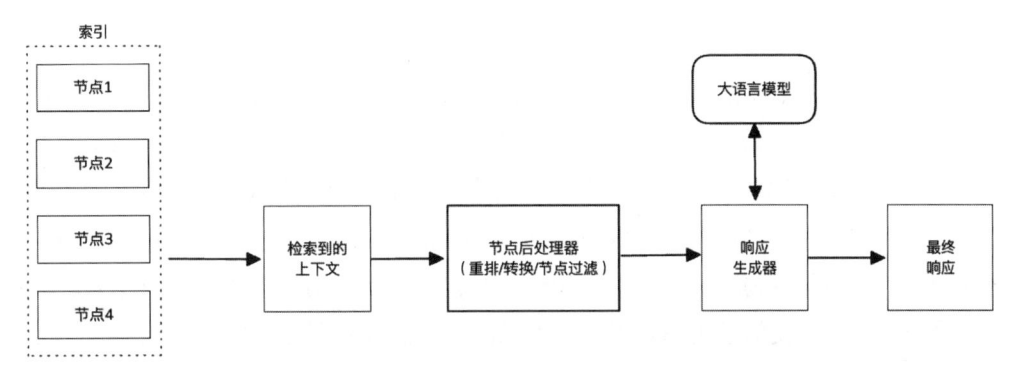

图 7.1　节点后处理器在 RAG 工作流中的作用

节点后处理器通过对节点集进行转换或过滤，提升信息的相关性和质量。它们既可独立使用，也可嵌入查询引擎流程中，在节点检索之后、响应合成之前发挥作用。LlamaIndex 提供了多种内置的后处理器，同时也支持用户开发自定义的后处理逻辑。

接下来将深入了解节点后处理器的不同功能及其操作模式。

7.2.1　探索后处理器如何对节点进行过滤、转换和重排

本质上，所有节点后处理器的作用，都是在将上下文注入提示词并发送给大语言模型之前，对检索到的节点进行筛选与优化。后处理器主要通过三种方式提升上下文质量：节点过滤、节点转换以及节点重排序。接下来将详细介绍每种方式的特点及应用场景。

1. 节点过滤后处理器

节点过滤后处理器用于剔除初步检索结果中不相关或冗余的节点。它们根据特定标准筛查每个节点，并剔除不符合要求的部分。例如，`SimilarityPostprocessor` 过滤掉相似度分数低于指定阈值的节点，确保只有高度相关的节点被传递给大语言模型进行响应生成。类似地，`KeywordNodePostprocessor` 只保留包含某些必需关键词的节点或排除包含敏感关键词的节点。节点过滤有助于减少信息过载，并通过关注最相关的信息提高最终响应的质量。

2. 节点转换后处理器

节点转换后处理器不对节点进行删除，而是对节点内容进行调整，以提升其与查询的相关性和信息价值。例如，元数据替换后处理器 `MetadataReplacementPostprocessor` 可以用节点元数据中的某个特定字段替换节点内容，使节点内容可根据其元数据动态替换，而不是始终依赖原始文档内容。此外，还有句子嵌入优化器 `SentenceEmbeddingOptimizer`，它通过挑选节点中与查询语义最相似的句子，优化长文本段的内容质量。通过节点内容的转换，后处理器可以使信息更贴合用户查询意图，进而提升整体 RAG 生成响应的质量。

3. 节点重排后处理器

节点重排后处理器根据节点与查询的相关程度，对初步检索结果重新排序，而不直接修改或删除节点。这对于处理长格式查询或复杂的信息需求尤其重要，因为很多大语言模型在处理长篇或多层次的上下文时难以有效生成精确的回应。借助重排序器，RAG 系统可以优先排列最相关的信息，并以更连贯的方式提供给大语言模型，从而获得更好的响应。

重排后处理器运用深度学习、Transformer 或大语言模型等先进技术评估每个检索到的文档或段落的相关性。它们可能会考量语义相似性、上下文重叠或查询-文档对齐等因素，为检索到的节点打分。排在前列的节点会被送入大语言模型，由大语言模型根据经过优化的上下文生成最终响应，从而改进了 RAG 系统在长文本或复杂查询中的生成效果，缓解了大语言模型在处理长上下文时的性能限制，最终为用户提供更准确、相关和有用的信息。

下面将详细介绍 LlamaIndex 内置的三类典型后处理器。

7.2.2 相似度后处理器

相似度后处理器 SimilarityPostprocessor 通过设定相似度分数阈值，过滤掉检索结果中相关性较低的节点。这种方法非常有用，因为它确保传递给语言模型进行响应生成的节点具有高度的语义相关性。

> **应用场景举例**
>
> 一家电子商务公司运营着一个由大语言模型支持的客服聊天机器人。假设聊天机器人从关键词表索引 KeywordTableIndex 中检索节点，并试图根据用户查询中包含的关键词提取所有可能相关的上下文信息。例如，当用户询问"我如何退回昨天收到的有缺陷的商品？"时，检索到的节点可能包含通用的退货政策、用户订购商品的产品描述、物流信息，甚至一些完全无关的内容，如产品广告或促销信息。在这种情况下，相似度后处理器就可以过滤掉那些与查询的具体上下文不密切相关的节点。在这个例子中，它会优先考虑涉及有缺陷商品退货政策及用户最近订单的节点，而丢弃一般性的产品广告和无关的物流细节。如此可提高大语言模型生成响应的准确性和实用性。

相似度后处理器的输入是一组由检索器返回的节点，每个节点都带有一个相似度分数。后处理器通过 similarity_cutoff 参数设置相似度阈值。该阈值决定了一个节点是否被视为相关。如果某个节点的相似度分数为 None 或低于参数 similarity_cutoff，则认为该节点未达到阈值标准，因而不会被包含在最终的节点列表中。简而言之，后处理器会过滤掉所有相似度分数低于设定阈值的节点，仅保留与查询紧密相关的节点用于大语言模型的后续处理和响应合成。以下是该后处理器在实践中使用的简单示例。

```
from llama_index.core.postprocessor import SimilarityPostprocessor
from llama_index.core import VectorStoreIndex, SimpleDirectoryReader
reader = SimpleDirectoryReader('files/other')
documents = reader.load_data()
```

```
index = VectorStoreIndex.from_documents(documents)
retriever = index.as_retriever(retriever_mode='default')
nodes = retriever.retrieve(
    "What did Fluffy found in the gentle stream?"
)
```

首先导入模块，并将示例文件加载为文档。随后创建了一个VectorStoreIndex索引并使用默认的检索器根据查询获取相关节点。

```
print('Initial nodes:')
for node in nodes:
    print(f"Node: {node.node_id} - Score: {node.score}")
```

这里打印了检索器最初获取的节点列表。接下来应用相似度后处理器。

```
pp = SimilarityPostprocessor(
    nodes=nodes,
    similarity_cutoff=0.86
)
remaining_nodes = pp.postprocess_nodes(nodes)
print('Remaining nodes:')
for node in remaining_nodes:
    print(f"Node: {node.node_id} - Score: {node.score}")
```

在将相似度后处理器应用到节点后，我们打印了剩下的节点。输出结果类似于下面的样子。

```
Initial nodes:
Node: da51464d-e83f-4aec-a9db-8bd839ab3a4c - Score: 0.8516122822966049
Node: f839ec27-e487-4132-b139-79e3695d5500 - Score: 0.8368901228748273
Remaining nodes:
Node: da51464d-e83f-4aec-a9db-8bd839ab3a4c - Score: 0.8516122822966049
```

可以看到，初始列表中的第二个节点由于其相似度评分低于设定的阈值0.85而被移除。

7.2.3 关键词节点后处理器

关键词节点后处理器 KeywordNodePostprocessor 旨在根据特定关键词优化节点的选择。它通过筛选包含必要关键词或排除特定关键词的节点来工作，从而有助于使节点内容更贴合用户查询，提高相关性。

> **RAG 场景中实际用例**
>
> 设想在一个企业场景中，RAG 系统用于从海量内部数据库中检索信息以回答员工的问题，然而存在一些机密文档或文档片段不应被全体员工访问。通过配置 KeywordNodePostprocessor，并使用诸如 confidential, restricted 或特定项目代码等关键词，系统能够自动将含有这些关键词的节点从检索结果中移除。这一设置可防止敏感信息被意外泄露，从而保障公司数据安全。

它接收一个节点列表作为输入，并依据预设的包含或排除关键词的参数进行筛选。随后，关键词节点后处理器会处理这些信息块，仅保留符合关键词条件的信息块。这样可以确保最后呈现给用户的信息块更加贴近查询意图，提高了 RAG 系统响应的精确度和实用性。

> **提示**
>
> 关键词节点后处理器依赖 spaCy 库（https://pypi.org/project/spacy/），这是一款强大的 Python 自然语言处理库。它提供了多种功能，比如词性标注、语法分析和命名实体识别等，均基于神经网络模型。spaCy 是一款遵循 MIT 许可协议的商业开源软件。

要使用 KeywordNodePostprocessor，请确保已在环境中安装 spaCy，可通过运行如下命令安装。

```
pip install spacy
```

下面是一个简单的实例，展示如何利用后处理器根据日志条目的分类标签进行过滤。

```
from llama_index.core.postprocessor import KeywordNodePostprocessor
from llama_index.core.schema import TextNode, NodeWithScore
nodes = [
    TextNode(
        text="Entry no: 1, <SECRET>, Attack at Dawn"
    ),
    TextNode(
        text="Entry no: 2, <RESTRICTED>, Go to point Bravo"
    ),
    TextNode(
        text="Entry no: 3, <PUBLIC>, text: Roses are Red"
    ),
]
```

示例中手动定义了节点，且未从外部文件导入数据。在定义节点之后，还需将其封装进带有评分的节点 `NodeWithScore` 中，因为这是后处理器所期望的输入格式。

```
node_with_score_list = [
    NodeWithScore(node=node) for node in nodes
]
pp = KeywordNodePostprocessor(
    exclude_keywords=["SECRET", "RESTRICTED"]
)
remaining_nodes = pp.postprocess_nodes(
    node_with_score_list
)
print('Remaining nodes:')
for node_with_score in remaining_nodes:
    node = node_with_score.node
    print(f"Text: {node.text}")
```

在这个示例中，`KeywordNodePostprocessor` 会过滤掉由检索器抓取并包含"SECRET"和"RESTRICTED"的节点。

该后处理器可自定义多个参数,其中最重要的是:

- 必需关键字 required_keywords:一个字符串列表,其中每个字符串代表一个关键字,只有当信息块包含这些关键字时才会被选入最终结果。如果此列表非空,那么任何缺少这些关键字的信息块都会被过滤掉。
- 关键字排除 exclude_keywords:同样是一个字符串列表。但凡信息块中含有此列表内的任何一个关键字,就会被从最终结果中移除。这项设置有助于去除含有不需要内容的信息块。
- 语言 lang:决定了内部使用的自然语言处理库 spaCy 应采用哪种语言模型。默认值为 en,可根据需要调整为 spaCy 支持的其他语言代码。不同的语言处理方式可能会影响关键字匹配的效果。例如,spaCy 分词的方式会影响到关键字的识别。

需要注意的是,关键字(无论是必需的还是排除的)在处理过程中是区分大小写的。建议在处理前将关键词和节点文本统一转换成相同的大小写(如全部转为小写),以确保处理的一致性。

7.2.4 前后节点后处理器

PrevNextNodePostprocessor 旨在通过文档中的关系上下文获取额外的节点以增强节点检索。此后处理器允许用户选择三种模式操作:previous、next 或 both,即可以检索当前节点集的前序节点、后序节点或同时检索两者。

> **场景用例**
>
> 在法律检索中,用户向 RAG 系统询问某个具体的法律案例时,可以将 PrevNextNodePostprocessor 设置为 both 模式以检索直接关联案例的节点,以及可能包含关键上下文信息的前序和后续节点,例如相关的法律先例或之后的裁决。通过提供更广泛的上下文,可确保对案例有全面的理解,这对于注重每一个细节的法律研究来说尤为重要。

该过程是从检索器获取的一系列节点列表开始的。然后，它根据配置的模式添加（直接）前一个、后一个或两者的节点扩展这个列表。这样做可以使节点集合的上下文信息更加丰富，从而使RAG系统的响应更为细致和全面。以下是该后处理器的参数列表。

- `docstore`：存储节点的实际文档库。
- `num_nodes`：设置返回节点的数量，默认在所选方向上返回的节点数为1。
- `mode`：模式可设为`previous`、`next`或`both`。

另外，还有一种名为`AutoPrevNextNodePostprocessor`的高级变体。它能够智能地判断是否需要根据查询的上下文获取前序、后序或无需额外节点的信息。

与`PrevNextNodePostprocessor`不同的是，它自动化了模式选择的过程，利用特定提示根据当前上下文和查询内容推断方向（前序、后序或无）。

这种推断机制在节点检索方向不明确，或需要根据查询性质和已有答案进行动态决定时特别有用。例如，在进行历史研究时，它可以自动判断是否应根据查询上下文获取前序或后序的历史事件或数据点，从而提高响应的相关性和全面性。

这种特性使其非常适合那些信息顺序和上下文相关性对于生成准确且有用的回答至关重要的应用。

提示可以通过`infer_prev_next_tmpl`和`refine_prev_next_tmpl`参数进行定制。此外，`verbose`参数能提供更多关于选择过程的可见性。

7.2.5　长文本记录后处理器

长文本记录LongContextReorder专门用于提升大语言模型在处理长上下文场景时的表现。Liu等人的研究表明（https://arxiv.org/abs/2307.03172），当重要的细节位于输入上下文的开头或结尾时，它们可以被更好地利用。因此，LongContextReorder后处理器通过重新排列节点，将关键信息放在模型更容易访问的位置以应对这个问题。

> **场景用例**
>
> 在 RAG 系统中，尤其是在学术或研究性质的查询中，长篇且详细的文档较为常见，这时 LongContextReorder 就显得尤为重要。例如，如果用户询问有关详细的历史事件，系统可能会检索到包含大量细节的长节点，LongContextReorder 会重新安排这些节点，确保最重要的细节出现在起始或结尾位置，从而增强了大语言模型提取并有效利用这些关键信息的能力。这使得生成的响应更加连贯，且具有更丰富的上下文，进而显著提升了涉及长上下文的情况下输出的质量。

LongContextReorder 接收由检索器获取的一系列节点，并根据其相关性评分进行重新排序。这样做是为了优化信息的布局，以便最大化大语言模型访问和处理重要细节的能力，尤其是在上下文长度可能影响性能的情况下。

该后处理器在需要详细和全面响应的应用场景中尤为有效，确保最关键的资料以最利于模型处理的方式展现出来，从而最大化模型处理关键信息的效率与准确性。

7.2.6 隐私信息屏蔽后处理器

PIINodePostprocessor 和 NERPIINodePostprocessor 是用于屏蔽节点中包含的个人可识别信息（personally identifiable information，PII）的后处理器，以此提升隐私和安全。PIINodePostprocessor 使用本地模型，而 NERPIINodePostprocessor 则可使用来自 Hugging Face 的命名实体识别（named entity recognition，NER）模型。我们在第 4 章曾介绍过一个使用该后处理器的示例。

PIINodePostprocessor 具有以下参数。

- llm：指定一个用于处理的本地模型的对象。
- pii_str_tmpl：用于自定义默认的、用于屏蔽个人数据的提示模板。
- pii_node_info_key：该字符串作为节点元数据的键，用于追踪和引用各节点中已处理的 PII 数据。必要时，它还可以用来恢复原始信息。

NERPIINodePostprocessor 也可以通过 pii_node_info_key 参数配置，这个

字符串键用于在节点元数据中存储与 PII 处理相关的信息，并作为节点元数据中追踪已处理 PII 数据的唯一标识符。

> **最佳实践**
>
> 正如我们在第 4 章中所讨论的，为了最大限度地保护用户隐私，最佳做法是在实际检索之前就应用 PII 屏蔽，这可确保不会向任何外部大语言模型发送敏感数据。

接下来将了解其他的后处理器。

7.2.7 元数据替换后处理器

`MetadataReplacementPostProcessor` 旨在使用节点元数据中的特定字段替换节点的内容。这意味着，可以根据元数据而不是原始导入的内容动态切换用于表示节点的文本。

> **场景用例**
>
> 假设使用 `SentenceWindowNodeParser` 对文档进行拆分，它会将文本切分成句子级别的节点，并在元数据中记录周围的文本。通过配置元数据替换后处理器，并使用包含句子窗口的元数据字段替换节点内容，查询将能够检索完整的句子上下文而非只是句子片段。这种方法可以让检索器基于句子进行操作以提高准确性，同时仍可向大语言模型展示更宽泛的上下文。这种技术在处理大型文档时非常有用，读者可以在这里找到完整示例：
> https://docs.llamaindex.ai/en/stable/examples/node_postprocessor/MetadataReplacementDemo.html。

该后处理器接收一系列节点作为输入，并通过 `target_metadata_key` 参数指定要用于替换的元数据字段。`MetadataReplacementPostProcessor` 处理节点的方法是，用指定元数据键的内容替换每个节点的 `text` 属性。若指定的键不存在，则保留原始文本。这提供了一种灵活的方式，可以在运行时转换节点内容。

这里有一个简单的例子，有助于读者理解它的功能。

```
from llama_index.core.postprocessor import
MetadataReplacementPostProcessor
from llama_index.core.schema import TextNode, NodeWithScore
nodes = [
    TextNode(
        text="Article 1",
        metadata={"summary": "Summary of article 1"}
    ),
    TextNode(
        text="Article 2",
        metadata={"summary": "Summary of article 2"}
    ),
]
```

首先，我们定义了两个样本节点，现在将在这些节点上应用后处理器，并使用元数据字段 summary 中的值替换每个节点的文本。

```
node_with_score_list = [
    NodeWithScore(node=node) for node in nodes
]
pp = MetadataReplacementPostProcessor(
    target_metadata_key="summary"
)
processed_nodes = pp.postprocess_nodes(
    node_with_score_list
)
for node_with_score in processed_nodes:
    print(f"Replaced Text: {node_with_score.node.text}")
```

处理完成后，输出应该如下所示。

```
Replaced Text: Summary of article 1
Replaced Text: Summary of article 2
```

接下来将探讨 LlamaIndex 提供的其他后处理选项。

7.2.8 句子嵌入优化后处理器

句子嵌入优化 SentenceEmbeddingOptimizer 旨在通过选择与查询语义相似度最高的句子优化长文本段落。它使用高级自然语言处理技术评估句子的相关性，并剔除无关信息。

> **为什么以及何时使用**
>
> 在工作流中处理长文档时，检索全文段落可能会超出模型的上下文限制。SentenceEmbeddingOptimizer 允许我们仅发送最重要的句子给大语言模型，同时保留足够的上下文。这通过减少噪声内容，从而降低无效 token 消耗。删除无关的内容还可以大大提高响应速度，并显著降低大语言模型调用的成本。

句子嵌入优化后处理器接收一个节点列表作为输入，并使用嵌入分析每个句子与查询语义的相似性。最接近查询向量的句子被保留，而相距甚远、无关的句子会被移除。以下示例代码展示了如何使用该处理器优化查询响应。

```
from llama_index.core.postprocessor.optimizer import SentenceEmbeddingOptimizer
optimizer = SentenceEmbeddingOptimizer(
    percentile_cutoff=0.8,
    threshold_cutoff=0.7
)
query_engine = index.as_query_engine(
    optimizer=optimizer
)
response = query_engine.query("<your_query_here>")
```

在这个示例中，SentenceEmbeddingOptimizer 使用 `percentile_cutoff` 值

0.8 和 `threshold_cutoff` 值 0.7 选择句子。这意味着，它试图保留相似度分数最高的前 80%的句子并进一步筛选，以确保仅包括相似度得分超过 0.7 的句子。可定义的主要参数如下。

- `percentile_cutoff`：保留相似度分数位于前 x%的句子。例如，这允许我们将节点压缩到最相关的 75%的句子。
- `threshold_cutoff`：绝对相似度得分的阈值，其中只有相似度高于此值的句子会被保留。这对更严格的过滤非常有用。
- `context_before` 和 `context_after`：这两个参数允许在匹配项前后保持一定数量的句子以获得更多的上下文。

与 `KeywordNodePostprocessor` 类似，`SentenceEmbeddingOptimizer` 后处理器从节点中移除相关性较低的句子。不过它是基于向量搜索而非关键词完成的。

`SentenceEmbeddingOptimizer` 后处理器主要是为了在每个节点内精炼和缩短内容以更好地与查询对齐。该方法可在满足大语言模型上下文限制的前提下，为查询保留最优信息密度。

相比之下，像 `KeywordNodePostprocessor` 和 `SimilarityPostprocessor` 这样的后处理器，则是在节点级别上根据关键词或相似度分数保留或删除整个节点。

7.2.9 基于时间的后处理器

基于时间的后处理器旨在通过各种技术优先考虑时效性，为用户提供最新、最及时的信息。它们根据日期元数据对节点排序、根据嵌入相似性进行过滤，或使用时间衰减评分模型实现这一目标。

以下将介绍几种时间感知型后处理器。

1. FixedRecencyPostprocessor

这个简单的后处理器按日期元数据对节点进行排序，返回最新的 top_k 个节点，确保系统输出为最及时的信息。这在环境监测等应用场景中尤为重要，因为在这些场景下，拥有最新的数据至关重要。例如，当查询最近的空气质量指标时，该后处理器保证只提供最新的读数，确保结果集中展示最新信息。

该处理器有两个可配置的参数。
- `top_k`：返回的最近节点的数量。
- `date_key`：用于标识每个节点中日期的元数据键。

2. EmbeddingRecencyPostprocessor

该后处理器通过嵌入相似性比较节点内容，并移除那些与较早节点过于相似的节点，进一步精炼按日期排序的结果。与早期节点过于相似的节点被过滤掉，以确保内容不仅保持最新还具备多样性。

`EmbeddingRecencyPostprocessor` 使用指定的 `date_key` 元数据字段按日期对节点进行排序。然后，它通过将节点内容插入到 `query_embedding_tmpl` 模板中生成每个节点的查询嵌入。这种查询嵌入用于查找相似的文档。

> **场景用例**
>
> 假设一个新闻聚合服务，当用户查询一个最近的事件时，系统会检索一组按日期排序的节点（即新闻文章）。然而，许多文章涵盖相同事件时，会导致信息冗余。`EmbeddingRecencyPostprocessor` 检查这些文章并过滤掉那些内容与较新文章过于相似的文章。这可以防止呈现多个关于同一事件的重复文章，从而消除内容与更近期报道显著重叠的文章，提高信息的独特性和价值。

该后处理器的可配置参数如下。
- `similarity_cutoff`：嵌入相似性的阈值，高于此阈值的节点被认为过于相似并被过滤掉。
- `date_key`：用于按日期对节点进行排序的元数据键。
- `query_embedding_tmpl`：用于为每个节点生成查询嵌入的模板。

3. TimeWeightedPostprocessor

时间加权后处理器 `TimeWeightedPostprocessor` 根据节点最后一次被访问的时

间，通过应用时间衰减函数对节点进行重新排序。这有利于最新、不重复的内容优先展示，在如趋势新闻汇总这样的应用场景中尤为关键，因为用户渴望的是最新资讯而非陈旧消息。

评分可以动态适应随时间变化的访问模式。时间加权后处理器根据节点的新鲜程度及其过去的访问记录进行重排，并采用时间加权评分体系。这种方法在防止信息冗余并确保内容时效性的场合下特别有效。

其运作原理是根据最后一次访问的时间点调整每个节点的分数，并利用衰减因子突出那些较早前访问过的节点。这种动态重新排序确保输出结果既相关又及时且多样化。这对于需要持续为用户提供最新信息的应用程序尤为重要。

该后处理器的可配置参数如下。
- `time_decay`：用于加权评分的时间衰减系数。
- `last_accessed_key`：用于追踪节点上次访问时间的元数据键。
- `time_access_refresh`：决定是否更新最后访问时间的布尔选项。
- `now`：一个可选参数，用于设置当前时间，便于测试环境下的模拟。
- `top_k`：重排后返回的最高分节点数量，默认值为 1。

借助这些高级的时间感知后处理器，我们的 RAG 系统进化为一个动态的信息策划者，能够巧妙地管理数据的时间维度。这意味着系统不仅能检索信息，还能智慧地挑选出既新颖又多样化且关联性强的内容。

因此，时间加权后处理器对于需要即时和多样化的信息流的场景来说是必不可少的，它为用户带来了始终新鲜而充实的体验。

7.2.10 重排后处理器

除上述基本处理器之外，LlamaIndex 还提供了几种更复杂的选择，这些选择利用大语言模型或嵌入模型对节点进行重新排序。一般而言，它们根据与查询的相关性重新排序节点，而不是删除节点或改变节点的内容。例如，一些后处理器，如 `SentenceTransformerRerank`，还会更新节点的相关性分数以反映它们在查询之间的相似性。

所有这些处理器都接收一个名为 `top_n` 的参数，它决定了应返回多少个重新排序后的节点。如果读者想了解更多细节，请参阅官方文档：`https://docs.llamaindex.ai/en/stable/module_guides/querying/node_postprocessors/`。

本节将简要介绍现有的基于大语言模型的处理器。

1. LLMRerank

这个处理器依赖大语言模型分配相关性分数重新排序节点。它根据用户的查询，从给定的节点集中选择 `top_n` 个最相关的节点。通过 `choice_select_prompt` 参数指定提示词，以提升处理效率。

为了提高效率，LLMRerank 采用批量处理方式，可以通过 `choice_batch_size` 参数自定义批次大小。它需要一个 `query_bundle` 参数进行处理，并使用 `llm` 参数中配置的大语言模型。其工作流程涉及将节点内容格式化为提示、使用大语言模型评估每个节点的相关性、根据计算的相关性分数重新排序节点。

2. CohereRerank

CohereRerank 处理器使用 Cohere 的神经网络模型（`https://cohere.com/rerank`）按相关性对节点进行重排。使用的默认模型是 rerank-english-v2.0。CohereRerank 选出并返回由 Cohere 模型认为最相关的 `top_n` 个节点。

此处理器使我们可以利用 Cohere 强大的相关性算法，不过需要 Cohere API 密钥以及在本地环境安装相关库。

3. SentenceTransformerRerank

SentenceTransformerRerank 使用句子转换器模型，并根据查询的相关性对节点进行重新排序。

这个过程涉及使用句子转换器模型对节点进行评分，默认使用的模型是 cross-encoder/stsb-distilroberta-base，然后根据这些分数重新排序节点。它选择排名最高的节点返回，最多到设定的 `top_n` 数量。读者可以在这里找到更多信息：`https://www.sbert.net/examples/applications/retrieve_rerank/README.html`。

4. RankGPTRerank

这个重排后处理器旨在使用 GPT-3.5 等大语言模型改进检索结果的相关性。它的工作原理是将用户的查询和节点内容格式化为提示，指导语言模型根据相关性对这些节点进行排名。

然后，RankGPTRerank 会根据模型的输出重新排序节点，确保最相关的节点排在前列。当检索到的上下文超出大语言模型的上下文窗口的容量时，RankGPTRerank 会采用滑动窗口的方法逐步重排每段内容块。

这种方法是基于 Sun 等人的一篇论文 *Is ChatGPT Good at Search? Investigating Large Language Models as Re-Ranking Agents*（https://arxiv.org/abs/2304.09542v2）。

5. LongLLMLinguaPostprocessor

LongLLMLinguaPostprocessor 是一款实用的后处理器，旨在通过压缩节点文本优化查询。它是基于 Jiang 等人提出的方法（*LLMLingua: Compressing Prompts for Accelerated Inference of Large Language Models*，https://arxiv.org/abs/2310.05736v2）。

LongLLMLinguaPostprocessor 解决了与大语言模型相关的几个问题，如延迟、上下文窗口限制及高昂的 API 成本。

其关键思想是智能压缩提示词，聚焦最相关的信息，使大语言模型的处理更加高效准确。研究表明，这种提示词压缩最多可达 20 倍，可在不明显牺牲性能的前提下显著改善模型推理速度和成本效益。

该处理器用于与本地训练良好的语言模型协作，以高效压缩提示词供大语言模型使用，无须依赖外部 API 调用即可完成本地优化过程。读者可以在这里找到完整演示：https://github.com/microsoft/LLMLingua/blob/main/examples/RAGLlamaIndex.ipynb。

6. 评估重排的有效性

使用基于大语言模型的重新排序器时，人们常担心其输出的质量。由于大语言模型是在海量数据上训练的，因此它们有时会产生带有偏见、不一致甚至是错误的结果，这在处理专业领域或敏感信息时尤其成问题。为了验证基于大语言模型的重排后处理器是否能够充分重新排序节点，重要的是正确评估它们的性能。以下是几种评估重排效果的方法。

- 手动相关性评估：手动检查重新排序的结果，检查最相关的节点是否确实出现在顶部。这种定性评估取决于人类判断，以确定重新排序是否符合查询的意图。尽管此方法不具备严格的科学性，但对于简单用例、实验环境或非生产级 RAG 应用，仍具有参考价值。
- 基准数据集评估：在具有预定义查询和相关性判断的标准信息检索基准上评估重新排序性能。该过程可能较为耗时，应依赖预先构建的评估数据集，但它会为你减少 RAG 工作流中的麻烦。通过将重新排序的结果与基本事实进行比较，可以计算精度、召回率等指标量化重新排序的质量。我们将在第 9 章中更详细地介绍评估过程。
- 用户反馈：在实际应用中，收集用户对重新排序搜索结果的反馈。用户满意度分数、点击率或其他参与度指标可以表明重新排序是否增强了用户体验并提供了更相关的结果。此方法的优势在于依赖实时环境中直接收集的用户反馈，可持续监控模型表现并发现前端模型漂移。这使得它在检测任何潜在的模型漂移方面很有用，从而能够及时调整管道，避免随时间推移的质量下降。
- A/B 测试：另一种收集用户反馈的方法是运行受控实验，其中一些用户看到原始排名，而其他用户看到大语言模型重新排序的结果。通过对比两组用户的行为指标，可判断重排是否带来了明显的效果提升。
- 领域专家评估：对于专业领域，请主题专家审查重新排序的结果并提供关于其相关性和质量的反馈。虽然比其他选项更昂贵和困难，但当涉及需要深入理解主题的技术或特定主题时，这种方法可能是最好的解决方案。

评估方法的选择将取决于具体的用例、可用资源以及所需的严谨程度。结合定性和定量评估方法可以更全面地评估大语言模型重排序的效果。

7. 了解模型漂移现象

尽管模型漂移现象并不专属于重排序过程，但它却可能大幅影响 RAG 工作流的质量，因其对 RAG 系统性能影响深远，因此必须纳入考量。我们的模型是基于训练数据的一个静

态快照。但随着时间的推移，这些数据也会发生变化。例如，可能会出现未包含在训练数据中的新概念，又或是数据本身的分布发生了改变。这种现象称为模型漂移，它可以表现为多种形式。

- 数据漂移：当输入数据的统计属性或分布随时间变化时就会产生数据漂移。比如，如果一个模型是基于某个特定时期的客户评论数据集训练出来的，那么对于那些包含不同语言模式、情感或主题的新评论，模型性能可能随之下降。
- 概念漂移：当输入特征与目标变量之间的关系发生演变时，就会发生概念漂移。例如，在设计用于辅助医疗查询的 RAG 系统中，随着新疾病、治疗方式或医学术语的引入，可能会导致概念漂移。这时，模型对领域的理解已经过时，其性能可能也会随之下降。
- 数据源变化：当训练模型所用的数据与实际生产环境中使用的数据存在差异时，就会发生这种类型的漂移。例如，如果一个 RAG 系统是在精心策划的数据集上训练的，但在生产环境中却应用于未经处理的原始数据，那么由于数据质量、格式或分布上的差异，模型的表现可能会大打折扣。
- 反馈循环：在某些情况下，模型的输出会影响其后续的输入，形成一种反馈机制。例如，如果一个 RAG 系统用于向用户推荐文章，而这些推荐随后又用于更新检索组件，那么模型可能会逐渐倾向于之前产生的输出，最终导致所提供的信息范围随时间推移变得越来越狭窄。
- 领域迁移：当模型应用于不同于其最初训练的领域或情境时，就会出现这种情况。如果一个 RAG 工作流中的检索组件是基于某一领域（例如法律文档）的数据训练的，但后来被用来回答另一个领域（例如医疗问题）的查询，由于语言、术语或基本概念的不同，模型的表现可能会受到影响。
- 时效性漂移：这种类型的漂移与时间的流逝有关，可以包含数据漂移和概念漂移。随着时间的推移，与特定任务相关的数据和概念可能会发生变化，如果没有及时应对，模型性能可能会逐渐下降。

为了缓解上述不同类型的模型漂移，我们需要持续监测 RAG 系统的性能，定期用最新的数据更新其检索组件，并根据底层数据分布、概念或领域的变化进行调整。此外，谨慎设置反馈机制，确保训练数据与生产环境保持一致，有助于减少数据源变化和与反馈相关的漂移的影响。这样做可以确保RAG系统始终保持准确、与时俱进，并满足用户不断变化的需求。

7.2.11 关于节点后处理器的小结

如果现有的后处理器并不完全适用于我们的具体需求，我们可以选择自己构建。通过继承BaseNodePostprocessor类创建自定义的节点后处理器。读者可以在这里找到完整示例：https://docs.llamaindex.ai/en/stable/module_guides/querying/node_postprocessors/root.html#custom-node-postprocessor。

> **重要提示**
> 在更复杂的应用场景中，可以将多个后处理器串联起来，以便在节点传递给响应合成器之前对其执行多重转换。这一过程的关键在于运用正确的节点后处理器，以消除干扰噪声、提升关联度、引入多样性和妥善处理敏感内容，以此生成更加高质量且可靠的响应。

现在，我们将重点转向整个系统中的最后一部分：响应合成器。

7.3 响应合成器

在向大语言模型发送经过细致处理的上下文数据前，首先需要经过响应合成器处理。它负责结合用户查询和检索到的上下文，从大语言模型生成最终响应。

它简化了查询大语言模型以及基于私有数据生成答案的流程。与框架的其他组件一样，响应合成器既可以单独使用，也可以配置在查询引擎中，用来完成节点检索和节点后处理

之后的最终响应生成。

下面是一个简单示例，它演示如何直接在一个给定的节点集合上使用响应合成器。

```
from llama_index.core.schema import TextNode, NodeWithScore
from llama_index.core import get_response_synthesizer
nodes = [
    TextNode(text=
        "The town square clock was built in 1895"
    ),
    TextNode(text=
        "A turquoise parrot lives in the Amazon"
    ),
    TextNode(text=
        "A rare orchid blooms only at midnight"
    ),
]
node_with_score_list = [NodeWithScore(node=node) for node in nodes]
```

首先定义了一个包含三个节点的上下文列表，作为后续响应生成的标注，这些节点构成了专有上下文。接下来将使用响应合成器基于这些上下文执行大语言模型查询。

```
synth = get_response_synthesizer(
    response_mode="refine",
    use_async=False,
    streaming=False,
)
response = synth.synthesize(
    "When was the clock built?",
    nodes=node_with_score_list
)
print(response)
```

输出结果如下。

```
The clock was built in 1895.
```

读者是否想了解更多背后的工作原理呢？图 7.2 可帮助读者理解这一过程。

图 7.2　精化响应合成器

下面是对图 7.2 中过程的描述。

（1）合成器首先以首个节点为上下文构建一个自定义提示。提示内容包括查询、具体指示以及上下文（即首个节点）。它使用一个默认值，但可以通过 `text_qa_template` 参数自定义。

```
System: "You are an expert Q&A system that is trusted around the world.
Always answer the query using the provided context information, and not
prior knowledge. Some rules to follow:
1. Never directly reference the given context in your answer. 2. Avoid
statements like 'Based on the context, ... ' or 'The context information ...
' or anything along those lines."
User: "Context information is below. The town square clock
was built in 1895. Given the context information and not prior knowledge,
answer the query. Query: When was the clock built?
Answer: "
```

（2）响应合成器将提示发送给大语言模型并等待回应。

（3）初始回应返回后，合成器在构建针对下一节点的提示时会结合之前的回答，并通过 `refine_template` 自定义的提示进一步优化最终回答。

（4）重复这一迭代过程，直至遍历所有节点，同时持续优化最终的回答。

（5）当所有节点都已处理完毕，合成器返回最终优化的回答。

在此过程中，合成器的执行将依据 response_mode="refine" 的设定，采用迭代优化的方式逐节点生成最终响应。

不过，refine 模式只是 LlamaIndex 中多种预定义合成器响应合成模式之一，可通过 response_mode 参数进行设定。以下列出了几种常见的响应模式。

- refine：逐个处理每个节点，结合 text_qa_template 和 refine_template 提示迭代构建详细响应。这种模式适用于精细回答的场景，能够确保每条信息均被充分考虑。此外，还可将 verbose 设置为 True 以查看合成器内部详细执行过程，并可通过 output_cls 指定 pydantic 对象作为响应模板。
- compact：与 refine 类似，但该模式通过合并节点以减少对大语言模型的调用次数，在响应细节与效率之间实现平衡。
- tree_summarize：这种模式采用递归方式，使用 summary_template 处理每个节点。它递归地总结和查询节点，在每次迭代中连接它们，直到最终响应。适用于从多个片段构建综合摘要的场景。
- simple_summarize：这种模式对节点进行截断，使其适配于单次大语言模型调用，并用于基本总结。该模式适合快速生成概述，成本低，但可能会遗漏细节。
- accumulate：这种模式将查询单独应用于每个节点，并累积所有响应。适用于对多来源内容进行分析或比较的任务。
- no_text：在这种操作模式下，响应合成器不调用大语言模型，仅返回节点数据。适用于调试、分析原始数据、查看检索结果或对输出结果进行后处理。
- compact_accumulate：结合 compact 与 accumulate 的优势，在压缩节点上下文的基础上逐个应用查询，适合高效处理多个信息源。

除了这些预定义模式，还可通过继承 BaseSynthesizer 并实现 get_response 方法自定义响应逻辑。读者可参考如下完整示例：https://docs.llamaindex.ai/en/stable/module_guides/querying/response_synthesizers/root.html#custom-response-synthesizers，了解如何实现自定义响应生成方法，以灵活满足特定

应用场景的需求。

此外，如 `structured_answer_filtering` 等特性也可以在 `refine` 和 `compact` 合成器上启用。该机制通过大语言模型筛除与查询无关的节点，进而提高响应质量。

例如 `text_qa_template` 和 `refine_template` 等提示模板，允许在响应合成的各阶段自定义提示，此外还可以添加额外变量以影响响应生成。

总体而言，响应合成器在节点查询与最终响应生成中发挥了关键作用，提供了在性能、可定制性与响应准确性之间的多种权衡方案。

需要注意的是，响应合成虽已显著提升生成质量，但仍面临诸如上下文限制、响应控制、用户交互复杂性等挑战，后续章节中还将对此进行深入探讨。

7.4 输出解析技术

接下来将探讨在基于大语言模型的 RAG 应用中一个常见的问题：当大语言模型生成的结构化输出需要作为后续处理步骤的输入时，输出结构的一致性变得尤为关键。

> **背景**
>
> 由于大语言模型具有非确定性的特征，有时它们会生成与请求格式不同的响应，并附带额外的评论或描述——这和人类的行为相似。即使精心设计了提示词，也难以完全避免这种情况的发生。

即使是专门训练用于遵循指令的大语言模型，有时也可能生成不符合预期结构的输出。当输出内容直接面向用户时，这类不规则结构通常影响不大，甚至可提升交互的自然感。

然而问题出现在响应的结构很重要的时候，例如，当我们要将输出存储在一组变量中并将其发送以进一步处理时。参考图 7.3，可以更好地理解这一点。

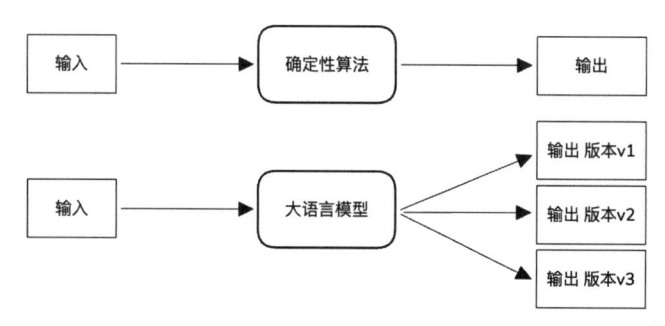

图 7.3　大语言模型可能产生不可预测的输出

那么，怎样才能确保从大语言模型获得结构化且可预测的输出呢？为应对该问题，LlamaIndex 提供了以输出解析器和 `Pydantic` 程序为核心的解决方案。以下是确保输出结构化的几种方法的概览。

7.4.1　使用输出解析器提取结构化输出

为了应对大语言模型响应的不确定性，输出解析器起着关键作用。它们确保大语言模型的输出能够在应用的后续步骤中保持结构化并且格式正确。不同的解析器采用不同的方法处理和优化这些输出。

1. GuardrailOutputParser

`GuardrailsOutputParser` 解析器是基于 Guardrails AI 提供的 Guardrails 库构建的（https://www.guardrailsai.com/）。Guardrails 通过强制大语言模型的输出符合指定结构和类型要求，确保其在 RAG 应用中的一致性和结构化特性，便于后续处理。

Guardrails 通过验证大语言模型输出是否符合预定义的格式实现这一点，并在必要时采取纠正措施（比如重新向大语言模型提问）以保证输出的结构一致性。这个特性对于维持自动化流程中大语言模型输出的完整性及可用性至关重要。

内部工作原理

Guardrails 的内部运作依赖于其核心概念 rail。在 Guardrails 库里，rail 作为一种工具

> 用来规定大语言模型的输出格式，它确保输出遵循特定的结构、类型以及验证准则。对于结构化的输出，可以通过RAIL（reliable AI markup language）定义rail，或者直接利用Python的Pydantic结构进行定义。

为了保证大语言模型的输出能够达到预定的质量和格式标准，系统会设定验证机制以及当输出不符标准时的修正措施。

解析器的操作逻辑如下。

（1）接收初始提示和指定输出格式作为输入。

（2）根据指定的输出格式，调整提示内容以匹配目标大语言模型的需求。

（3）对大语言模型返回的输出进行验证。若输出未能满足既定的规格要求，则持续重新生成直至输出结构正确无误。

解析器可以通过以下参数配置。

- `guard`：Guardrails库中的Guard类的一个实例。这个类包含了Guardrails系统的主要功能，负责实施RAIL规范。
- `llm`：可选参数，用于选择与Guardrails解析器配合使用的语言模型。
- `format_key`：可选参数，当需要按照所需的输出格式添加特定格式化指令到查询时很有用。

读者可以通过以下链接找到使用此方法的完整示例：https://docs.llamaindex.ai/en/stable/module_guides/querying/structured_outputs/output_parser.html#guardrails。

一旦掌握了RAIL语言的使用，Guardrails库就可以方便地集成到应用程序中作为输出解析方案。请通过以下命令安装Guardrails库。

```
pip install guardrails-ai
```

如果读者想知道如何在输出解析器中构建和实现自定义rail逻辑，可以参考如下示例：https://docs.llamaindex.ai/en/latest/examples/output_parsing/llm_program/#define-a-custom-output-parser。

2. LangchainOutputParser

除了 `GuardrailsOutputParser`，LlamaIndex 还支持 LangChain 提供的输出解析器 `LangchainOutputParser`。它不使用复杂的 RAIL 语言定义验证标准和纠正措施，而是采用了一种更简单的、称之为响应模式的方法。

在 LangChain 中，响应模式用于定义输出所应包含的字段结构，从而实现结构化输出。这些模式指导 LangChain 系统将输出与预期格式相匹配。

这种方法的重点在于组织输出数据，使其具有条理性和可预见性，而不是强调严格的验证规则或纠错措施。

下面是一个基于上述方法实现的简单报价系统示例。

```
from langchain.output_parsers import StructuredOutputParser, ResponseSchema
from llama_index.core.output_parsers import LangchainOutputParser
from llama_index.llms.openai import OpenAI
from llama_index.core.schema import TextNode
from llama_index.core import VectorStoreIndex
from pydantic import BaseModel
from typing import List

nodes = [
    TextNode(
        text="Roses have vibrant colors and smell nice."),
    TextNode(
        text="Oak trees are tall and have green leaves."),
]
```

在代码的第一部分，我们处理了必要的导入，然后定义了一些包含在两个节点中的随机私有数据。接下来必须定义用于结构化大语言模型输出的响应模式。

```
schemas = [
    ResponseSchema(
        name="answer",
```

```
        description=(
            "answer to the user's question"
        )
    ),
    ResponseSchema(
        name="source",
        description=(
            "the source text used to answer the user's question, "
            "should be a quote from the original prompt."
        )
    )
]
```

如上述示例中，模式定义了预期的输出结构。现在可以定义 LangChain 解析器以及配置使用它的 OpenAI llm 对象。

```
lc_parser = StructuredOutputParser.from_response_schemas(schemas)
output_parser = LangchainOutputParser(lc_parser)
llm = OpenAI(output_parser=output_parser)
```

接下来将基于已有节点构建一个索引和 QueryEngine。QueryEngine 将配置使用 LangChain 解析器，以便它可以结构化输出。

```
index = VectorStoreIndex(nodes=nodes)
query_engine = index.as_query_engine(llm=llm)
response = query_engine.query(
    "Are oak trees small? yes or no",
)
print(response)
```

输出如下。

```
{'answer': 'no', 'source': 'Oak trees are tall and have green leaves.'}
```

在 RAG 系统中，引用原始文本片段至关重要，它不仅提升了响应的透明性，还支持基于私有数据进行答案验证。

LangChain 解析器有两个可配置参数。

- `output_parser`：此参数接收 LangChain 输出解析器 `LCOutputParser` 的实例，用于定义输出处理和格式化逻辑。正如前面的示例所示，这里提供的解析器决定了从大语言模型处理和格式化输出的方式。
- `format_key`：可选参数，用于将额外的格式指令插入到查询中，特别是查询需要根据特定指令格式化的场景。

虽然 `GuardrailsOutputParser` 和 `LangchainOutputParser` 都旨在结构化和验证大语言模型的输出，但它们的具体机制和对输出格式的控制程度各不相同。LangChain 解析器更侧重于处理大语言模型的输出，而 Guardrails 解析器在塑造查询和输出格式方面起到更积极的作用。稍后将讨论另一种方法。

7.4.2 使用 Pydantic 程序提取结构化输出

Pydantic 程序提供了另一种实现结构化输出的方式。在大语言模型的工作流程中，Pydantic 程序是一种抽象形式，用于将输入的字符串转换为结构化的 Pydantic 对象。它们既可以调用函数，也可以依赖文本补全结果和输出解析器进行结构化处理。

该机制具有高度通用性，既可灵活组合使用，也能适配通用或特定的应用场景。读者可参考 LlamaIndex 官方文档，获取更多类型的 Pydantic 程序用例：https://docs.llamaindex.ai/en/stable/module_guides/querying/structured_outputs/pydantic_program.html。在本章的动手实践环节中，读者将亲手操作，学习如何在实际应用中使用 Pydantic 程序。

7.5 查询引擎的构建和使用

至此,我们的"拼图"已经拼合完成。在前面的章节中,我们已依次了解了 RAG 系统中的各个关键组成部分。现在,是时候将所有内容整合在一起了:节点、索引、检索器、后处理器、响应合成器和输出解析器。

我们将重点介绍将这些元素融合成一个复杂的系统:查询引擎。本节将探讨查询引擎的工作机制及其在实际应用中的关键特性。

7.5.1 探索构建查询引擎的各种方法

从本质上讲,QueryEngine 是一个用于处理自然语言查询并生成丰富响应的接口模块。它通常通过一个或多个索引与检索器协同工作,并且可以与其他查询引擎结合以增强功能。

定义 QueryEngine 的最简单方法是使用 LlamaIndex 提供的高级 API,如下所示。

```
query_engine = index.as_query_engine()
```

只需一行代码,便可基于已有索引快速构建查询引擎实例。尽管快速,但这种方法在幕后使用 RetrieverQueryEngine 且只有默认设置,没有太多自定义选项。

如果想要完全控制其参数和完整的自定义选项,可以使用底层 API 显式构建查询引擎。

让我们看一个示例。

```
from llama_index.core.retrievers import SummaryIndexEmbeddingRetriever
from llama_index.core.postprocessor import SimilarityPostprocessor
from llama_index.core.query_engine import RetrieverQueryEngine
from llama_index.core import (SummaryIndex, SimpleDirectoryReader, get_response_synthesizer)
```

像往常一样，我们从处理导入开始。接下来加载演示文件并构建一个简单的 SummaryIndex。

```
documents = SimpleDirectoryReader("files").load_data()
index = SummaryIndex.from_documents(documents)
```

随后，我们配置了一个检索器、响应合成器以及节点后处理器。使用底层 API 的方法构建查询引擎允许我们完全自定义每个组件。

```
retriever = SummaryIndexEmbeddingRetriever(
    index=index,
    similarity_top_k=3,
)
response_synthesizer = get_response_synthesizer(
    response_mode="tree_summarize",
    verbose=True
)
pp = SimilarityPostprocessor(similarity_cutoff=0.7)
```

最后，我们将这些组件组合，构建出完整的 QueryEngine。

```
query_engine = RetrieverQueryEngine(
    retriever=retriever,
    response_synthesizer=response_synthesizer,
    node_postprocessors=[pp]
)
response = query_engine.query(
    "Enumerate iconic buildings in ancient Rome"
)
print(response)
```

其输出结果如下所示。

```
The iconic buildings in ancient Rome included the Colosseum and the Pantheon.
```

成功构建基础查询引擎后,我们将继续探索更高级的使用场景。

7.5.2 查询引擎接口的高级用法

LlamaIndex 社区开发并使用了各种高级查询方法,并将 QueryEngine 作为主要组件。除了本书此前介绍的查询引擎,表 7.1 汇总了本书撰写时 LlamaIndex 中已实现的其他查询引擎模块及其应用场景概述。

表 7.1　LlamaIndex 中可用的查询引擎模块一览

查询引擎类	简单描述和用例
CitationQueryEngine	用于需要从多个来源引用以支持答案的情况。它在学术研究、法律分析或任何需要验证、基于来源的信息的上下文中特别有用。在生成响应时,此查询引擎包含并引用相关来源,确保答案不仅准确,而且可由记录证据支持
CogniswitchQueryEngine	与 Cogniswitch 服务(https://www.cogniswitch.ai/)集成,使用 Cogniswitch 的知识处理能力和 OpenAI 的模型组合回答查询
ComposableGraphQueryEngine	用于在可组合图结构中操作,允许跨不同数据源和索引的灵活、模块化查询。在不同类型的信息相互连接的复杂数据生态中,它非常理想
QASummaryQueryEngineBuilder	结合 SummaryIndex 和 VectorStoreIndex,这对于从文档中检索特定信息和获取内容的简明摘要都很有用
TransformQueryEngine	用于在提交给底层查询引擎之前使用特定转换预处理查询。当查询在格式或清晰度上变化很大时,应用转换来规范或增强它们可以大大提高检索效果
MultiStepQueryEngine	通过将复杂查询分解为更简单、顺序的步骤来工作。它可以用于处理需要一系列逻辑步骤的复杂或多方性的问题
ToolRetrieverRouterQueryEngine	可以根据查询的上下文动态选择多个候选查询引擎。它使用最合适的查询引擎工具处理每个特定查询
SQLJoinQueryEngine	用于需要 SQL 数据库查询和额外信息检索或处理的案例。当 SQL 查询结果需要使用进一步查询增强或精化时,这特别有用

续表

查询引擎类	简单描述和用例
SQLAutoVectorQueryEngine	将 SQL 数据库查询与向量检索集成，实现两步过程，其中可以对 SQL 数据库执行查询。根据这些结果，可以从向量存储中获取更多信息
RetryQueryEngine	当查询的初始响应不符合某些评估标准时，它会自动重试查询（如果评估失败）
RetrySourceQueryEngine	用于根据评估标准在查询上重试不同的源节点。如果查询引擎的初始响应未通过评估器的标准，它会尝试找到可能产生更好响应的替代源节点
RetryGuidelineQueryEngine	类似于 RetryQueryEngine，会根据评估过程的反馈在每次重试时转换查询
PandasQueryEngine	将自然语言查询转换为可执行的 pandas Python 代码，允许对 pandas DataFrames 进行数据操作和分析
JSONalyzeQueryEngine	通过将自然语言查询转换为在 SQLite 数据库中执行的 SQL 查询来分析 JSON 列表形状数据
KnowledgeGraphQueryEngine	生成和处理知识图的查询，将自然语言查询转换为特定于图的查询，并根据图查询结果合成响应。这对于需要与知识图交互的应用程序非常有用
FLAREInstructQueryEngine	实施前瞻性主动检索方法，允许模型在生成内容时持续访问和整合外部知识。这对于生成知识密集型的长文本特别有用。通过主动预测未来内容需求并相应地检索信息，FLARE 旨在减少幻觉并提高生成响应的事实准确性。它基于 Jiang 等人的一篇论文 *Active Retrieval Augmented Generation*（https://arxiv.org/abs/2305.06983v2）
SimpleMultiModalQueryEngine	一个多模态查询引擎，可以处理涉及文本和图像的查询，假设检索到的文本和图像可以适应大语言模型的上下文窗口。它根据查询检索相关文本和图像，然后使用多模态大语言模型合成响应
SQLTableRetrieverQueryEngine	将自然语言查询转换为 SQL 查询，但也从查询结果中合成响应，使响应对用户的自然语言查询更易理解和相关
PGVectorSQLQueryEngine	用于与 PGvector（https://github.com/pgvector/pgvector）一起工作，允许向量直接存储和嵌入在数据库中的 PostgreSQL 扩展

鉴于这些高级查询引擎的数量和复杂性，它们本身已足以构成一整本专著的主题。

因此，我没有着手详细介绍每种方法。相反，我鼓励读者查阅有关该主题的官方项目文档，以了解这些构建模块如何在各种场景中使用：https://docs.llamaindex.ai/en/stable/module_guides/deploying/query_engine/modules.html。这里，读者将找到详细的解释、每个模块的用例。最重要的是，读者将找到示例代码，并通过这些示例理解每种方法的操作和实现。

接下来将介绍几个在 RAG 场景中必不可少的模块。

1. 使用 RouterQueryEngine 实现高级路由

在第 6 章中我们讨论过路由检索器，接下来将介绍一种更高级的路由机制，它是在查询引擎级别实现的。图 7.4 总结了 RouterQueryEngine 的操作，如下所示。

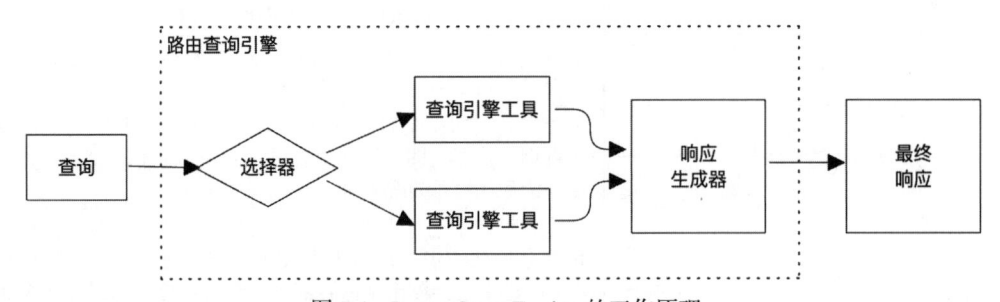

图 7.4 RouterQueryEngine 的工作原理

RouterQueryEngine 能够从它可用的不同工具中进行选择。根据用户查询，路由器将决定应该使用哪个 QueryEngineTool 生成答案。就像检索器的情况一样，我们可以使用 PydanticMultiSelector 或 PydanticSingleSelector 配置其行为。多选择器结合了多个选项，可以处理更广泛的用户查询。

> **潜在用例**
>
> 某些组织将其知识库划分为多个独立文档模块，此时路由器可对整个知识体系进行统一查询，同时精确定位生成答案所用的源数据。

在以下示例中，我们正在构建一个在不同文档上操作不同查询引擎工具的

RouterQueryEngine。对应代码如下所示。

```python
from llama_index.core.tools import QueryEngineTool
from llama_index.core.query_engine import RouterQueryEngine
from llama_index.core.selectors import PydanticMultiSelector
from llama_index.core import SummaryIndex, SimpleDirectoryReader
from llama_index.core.extractors import TitleExtractor
documents = SimpleDirectoryReader("files").load_data()
```

在代码的第一部分，我们处理了导入问题并摄取了示例数据。像以前一样，我们使用两个简单的文本文件：一个文件包含关于古罗马的信息，另一个文件包含关于狗的通用文本。在接下来的部分中，我们将遍历每个文档并使用 TitleExtractor 提取标题并将其存储为元数据字段。

```python
title_extractor = TitleExtractor()
for doc in documents:
    title_metadata = title_extractor.extract([doc])
    doc.metadata.update(title_metadata[0])
```

当文件被提取并且生成了文档标题，我们可以为每个文档定义 SummaryIndex、QueryEngine 和 QueryEngineTool。我们使用文档标题向选择器提供每个工具的描述。

```python
indexes = []
query_engines = []
tools = []
for doc in documents:
    document_title = doc.metadata['document_title']
    index = SummaryIndex.from_documents([doc])
    query_engine = index.as_query_engine(
        response_mode="tree_summarize",
        use_async=True,
    )
    tool = QueryEngineTool.from_defaults(
        query_engine=query_engine,
```

```
        description=f"Contains data about {document_title}",
    )
    indexes.append(index)
    query_engines.append(query_engine)
    tools.append(tool)
```

完成工具定义后，我们可以基于 `PydanticMultiSelector` 构建最终的 `RouterQueryEngine`，实现查询请求的动态请求。

为此，必须将查询引擎工具作为参数传递。这些将是选择器可用的选项。

```
qe = RouterQueryEngine(
    selector=PydanticMultiSelector.from_defaults(),
    query_engine_tools=tools
)
```

根据查询，选择器将决定使用哪些工具收集响应。在每个工具响应后，查询引擎将合成并返回最终响应。

```
response = qe.query(
    "Tell me about Rome and dogs"
)
print(response)
```

对于相对较小的文档，这种方法可能会很好地工作。只要文本足够短并可以适当地总结成标题，这个查询引擎即可处理大多数用户查询。尽管在现实生活中我们不太可能在标题中完全总结整个内容，在这种情况下，使用文档摘要而不是标题会更可取。

2. 使用 SubQuestionQueryEngine 查询多个文档

在涉及多个数据源的现实生活场景中，用户可能会提出更复杂的查询，例如，他们可能会要求比较不同文档中记录的主题之间的差异。对于这种情况，我们可以使用 `SubQuestionQueryEngine`，进而将问题分解为更小的子问题以处理复杂查询。

每个子问题由其指定的查询引擎处理，然后结合单个响应。响应合成器将其组合成连贯的最终响应，从而有效地管理基于混合（多面性）方法的查询。图 7.5 描述了其操作。

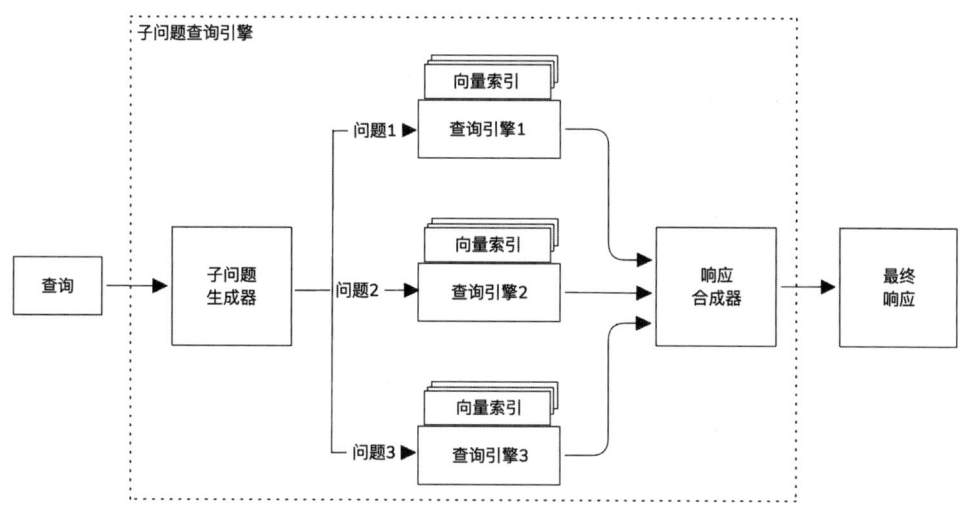

第 7 章 数据查询——后处理和响应合成

图 7.5 SubquestionQueryEngine 的工作原理

代码的第一部分与 RouterQueryEngine 示例非常相似。

```
from llama_index.core.tools import QueryEngineTool
from llama_index.core.query_engine import RouterQueryEngine
from llama_index.core.query_engine import SubQuestionQueryEngine
from llama_index.core.selectors import PydanticMultiSelector
from llama_index.core.extractors import TitleExtractor
from llama_index.core import SummaryIndex, SimpleDirectoryReader
```

在导入必要的模块后，加载文件并提取它们的标题。

```
documents = SimpleDirectoryReader("files/sample").load_data()
title_extractor = TitleExtractor()
for doc in documents:
    title_metadata = title_extractor.extract([doc])
    doc.metadata.update(title_metadata[0])
indexes = []
query_engines = []
tools = []
```

239

到目前为止，我们已经完成了与 RouterQueryEngine 相同的步骤。在接下来的部分中，还将从元数据中提取 file_name，并将其用作相应工具的名称。这样，我们将能够确切地知道每个答案来自哪里。

```
for doc in documents:
    document_title = doc.metadata['document_title']
    file_name = doc.metadata['file_name']
    index = SummaryIndex.from_documents([doc])
    query_engine = index.as_query_engine(
        response_mode="tree_summarize",
        use_async=True,
    )
    tool = QueryEngineTool.from_defaults(
        query_engine=query_engine,
        name=file_name,
        description=f"Contains data about {document_title}",
    )
    indexes.append(index)
    query_engines.append(query_engine)
    tools.append(tool)
```

接下来构建 SubQuestionQueryEngine。

```
qe = SubQuestionQueryEngine.from_defaults(
    query_engine_tools=tools,
    use_async=True
)
```

此时，我们已准备好生成输出。

```
response = qe.query(
    "Compare buildings from ancient Athens and ancient Rome"
)
print(response)
```

除了最终的响应内容，系统还会输出生成的各个子问题及其对应的处理工具名称，便于用户理解响应的来源路径。

对于需要多步骤推理的复杂查询，SubQuestionQueryEngine 表现尤为出色。它通过问题拆分与结果整合，能够有效提升整体响应质量与可读性。

- 比较分析：对于需要比较和对比不同主题的查询，引擎可以将查询分解为更小、更集中的子问题，以收集每个主题的详细信息，然后合成一个比较响应。比如这个示例问题：Compare and contrast the economic policies of country A and Country B in the last decade。
- 多方面问题：在查询涉及多个方面或标准的案例中，此引擎可以将查询分解为单独的组件，分别处理每个组件，然后结合结果以获得全面的答案，例如问题：What are the environmental, economic, and social impacts of deforestation in the Amazon rainforest？
- 复杂研究任务：对于需要从各种来源或视角收集信息的、以研究为导向的查询，此引擎可以有效地处理任务，将其分割为更易于管理的子问题。例如问题：Investigate the historical development of renewable energy technologies and their adoption across different continents。

通过本节内容，读者已初步掌握查询引擎的构建方式及其核心模块。在实际项目中，读者可进一步探索并组合现有查询引擎模块，以满足多样化的查询需求。

如果读者想知道是否可以创建自定义的查询引擎，答案是可以的。读者可以在此处找到相关示例：https://docs.llamaindex.ai/en/stable/examples/query_engine/custom_query_engine.html#option-1-ragqueryengine。

现在我们掌握了一些新知识，是时候在我们的辅导项目中构建一些新组件了。

7.6 动手实践——在 PITS 项目中构建测验

在 PITS 项目中，我们实现了一个关键功能：根据用户上传的学习资料，自动生成结构

化的测验题目。

这些测验最初将用来评估用户对特定主题的整体理解程度。根据评估结果，培训讲义和讲解音频将被调整到适合学习者的水平。

同样的机制还可以用于生成每个章节结束时的阶段性测验，以检验用户对当前知识的掌握情况。接下来将探讨如何简单地实现测验特性的构建。

我们将使用 LlamaIndex 提供的一个预包装 Pydantic 程序，即 DataFrame Pydantic 提取器，它用来从纯文本中提取表格形式的 DataFrame。

现在，让我们来看看 `quiz_builder.py` 文件中的代码。

```
from llama_index.core import load_index_from_storage, StorageContext
from llama_index.program.evaporate.df import DFRowsProgram
from llama_index.program.openai import OpenAIPydanticProgram
from global_settings import INDEX_STORAGE, QUIZ_SIZE, QUIZ_FILE
import pandas as pd
```

首先导入所有必要的模块，包括 `global_settings.py` 中定义的全局变量。

- `INDEX_STORAGE`：索引存储位置。
- `QUIZ_SIZE`：测验题数。
- `QUIZ_FILE`：测验文件保存路径。

此外还导入了 `load_index_from_storage()` 函数，它可以从存储中加载索引，从而避免重新构建索引所带来的成本和时间消耗。

由于会使用到 DataFrames，因此还需要导入 pandas 库。如果读者的环境中尚未安装该库，请确保先执行安装命令。

```
pip install pandas
```

现在开始编写主函数：`build_quiz()` 函数负责生成测验，并将问题保存为 CSV 文件以备后续使用。

```
def build_quiz(topic):
    df = pd.DataFrame({
        "Question_no": pd.Series(dtype="int"),
```

第 7 章　数据查询——后处理和响应合成

```
    "Question_text": pd.Series(dtype="str"),
    "Option1": pd.Series(dtype="str"),
    "Option2": pd.Series(dtype="str"),
    "Option3": pd.Series(dtype="str"),
    "Option4": pd.Series(dtype="str"),
    "Correct_answer": pd.Series(dtype="str"),
    "Rationale": pd.Series(dtype="str"),
})
```

（1）首先，我们建立了一个 DataFrame 来组织测验的问题及相应的选项和答案。这个 DataFrame 将作为测验的基础，它包含问题编号、问题内容、4 个选项、正确答案以及答案解析等字段。使用 pandas DataFrame 可以让处理和操作测验数据变得更为简便。

（2）从存储中加载向量索引。为此，首先创建一个存储上下文 StorageContext 对象，并指定索引数据的持久化路径 INDEX_STORAGE，用于加载已存在的向量索引。

```
storage_context = StorageContext.from_defaults(
    persist_dir=INDEX_STORAGE
)
vector_index = load_index_from_storage(
    storage_context, index_id="vector"
)
```

（3）使用索引标识符 index_id 确定向量索引，因为在该存储中还有一个 TreeIndex 索引，但我们现在不会用到它。现在初始化 DFRowsProgram 提取器。

```
df_rows_program = DFRowsProgram.from_defaults(
    pydantic_program_cls=OpenAIPydanticProgram,
    df=df
)
```

（4）定义查询引擎，并构建一个提示，它将用于生成测验题目。

```
query_engine = vector_index.as_query_engine()
quiz_query = (
    f"Create {QUIZ_SIZE} different quiz "
```

```
    "questions relevant for testing "
    "a candidate's knowledge about "
    f"{topic}. Each question will have 4 "
    "answer options. Questions must be "
    "general topic-related, not specific "
    "to the provided text. For each "
    "question, provide also the correct "
    "answer and the answer rationale. "
    "The rationale must not make any "
    "reference to the provided context, "
    "any exams or the topic name. Only "
    "one answer option should be correct."
)
response = query_engine.query(quiz_query)
```

（5）将该提示传递给查询引擎，使用 `DFRowsProgram` 处理其响应并转化为结构化的 DataFrame 格式。

```
result_obj = df_rows_program(input_str=response)
new_df = result_obj.to_df(existing_df=df)
new_df.to_csv(QUIZ_FILE, index=False)
return new_df
```

（6）新创建的 DataFrame 连同测验题目一起作为 CSV 文件保存在由 `QUIZ_FILE` 定义的路径中。该函数将返回生成的 DataFrame 以供进一步处理。

本示例展示了如何结合 LlamaIndex 特性、Pydantic 程序和 DataFrame 的组合创建一个动态测验生成器。我们将在后续章节中继续完善其余功能。

7.7 本章小结

本章探讨了如何使用各种后处理器优化搜索结果，利用不同的合成器生成响应，以及

借助特定的解析器确保输出结构规范。

此外，我们还探讨了如何构建查询引擎，同时整合了之前章节中讨论的各种组件。

本章还介绍了如何通过路由查询引擎 RouterQueryEngine 处理多种数据源，以及如何利用子问题查询引擎 SubQuestionQueryEngine 拆解复杂的查询并组合响应。同时，我们还在动手实践项目 PITS 中展示了测验的创建过程。

在第 8 章中，我们将讨论 LlamaIndex 中的聊天机器人、智能体和对话跟踪的话题，敬请期待。

第 8 章
构建聊天机器人和智能体

本章将深入探讨如何借助 LlamaIndex 提供的能力，创建聊天机器人和自主智能体。首先，我们将探索各种聊天引擎模式，从简单的聊天机器人到更为复杂的上下文感知和问题压缩引擎。然后，我们将深入探讨智能体架构，包括分析工具，推理循环和并行执行方法。通过本章内容的学习，读者将掌握实际技能，构建由大语言模型驱动的对话界面，此类对话界面不仅能够理解用户意图，还可以协调调用工具和数据源以完成具体任务。

本章将涵盖以下主要内容。
- 理解聊天机器人和智能体。
- 在应用中实现自主智能体。
- 动手实践——在 PITS 项目中实施对话跟踪。

8.1 技术需求

为了运行本章中的示例代码，读者需要安装以下 LlamaIndex 集成包。

- **Database Tool:** https://pypi.org/project/llama-index-tools-database。
- **OpenAI Agent:** https://pypi.org/project/llama-index-agent-openai。
- **Wikipedia Reader:** https://pypi.org/search/?q=llama-index-readers-wikipedia。
- **LLM Compiler Agent:** https://pypi.org/project/llama-index-packs-agents-llm-compiler。

本章中的所有代码示例都可以在本书配套的 GitHub 仓库的 ch8 子文件夹中找到：https://github.com/PacktPublishing/Building-Data-Driven-Applications-with-LlamaIndex。

8.2 理解聊天机器人和智能体

在现代商业生态中，聊天机器人系统越来越重要。聊天机器人最初出现在 1960 年代（https://en.wikipedia.org/wiki/ELIZA），一直吸引着开发人员和技术用户。图 8.1 显示了早期系统之一的用户界面。

图 8.1 ELIZA 聊天机器人界面

虽然这些系统最初是基础性的，并且更多地被视为一种实验，但随着自然语言处理技术的进步，它们所提供的体验已变得越来越有趣且有价值。

基于聊天机器人的支持系统为当今的消费者提供了自助服务体验。对于用户而言，自助支持服务相较于人工支持有两个显著优势。

- 它们提供 24 小时/7 天的全天候服务，不受正常工作时间限制。
- 用户无须排队等待，即可随时访问这些服务。

即便开始时用户可能对使用这些系统有所犹豫，但是一旦他们认识到这些优点，很快就会习惯于与之交互。

聊天机器人并非旨在完全取代人工服务和人际互动。尽管近年来它们取得了巨大进步，但这些技术在变得更加先进的同时，仍有其不足之处。

即使在最理想的运行条件下，由于缺乏真实的情感理解和人性化接触，基于聊天机器人的服务不太可能完全取代人工支持。但这并不意味着它们不具备一定的价值，无论对于组织还是用户都是如此。

它们带来的最大价值或许在于混合体验中，即用户既能得到人工支持，也能接入与聊天机器人技术相连的自助服务平台。如果策略得当，这些系统不仅能够大幅改进提供给最终用户的支援，还可以改善组织内部员工间的沟通效率。例如，ChatOps 模式正被越来越多的现代组织所采用（https://www.ibm.com/blog/benefits-of-chatops/）。

> **定义**
>
> ChatOps 是指通过将聊天平台与运营流程无缝集成，实现团队成员、工具和自动化流程之间的透明协作，从而提升服务的可靠性、加快故障恢复速度以及提升协作生产力。

基于对话驱动协作的理念，ChatOps 模型融合了 DevOps 原则（https://en.wikipedia.org/wiki/DevOps），通过使用聊天机器人简化并加速团队成员之间的互动。

无论是用于内部沟通还是与用户交互，聊天机器人的价值在于它们能否真正解决问题。其有效性依赖于聊天机器人对上下文情境的理解能力，以及它们提供的回答是否切题。

图 8.2 展示了 ChatOps 模型的可视化效果。

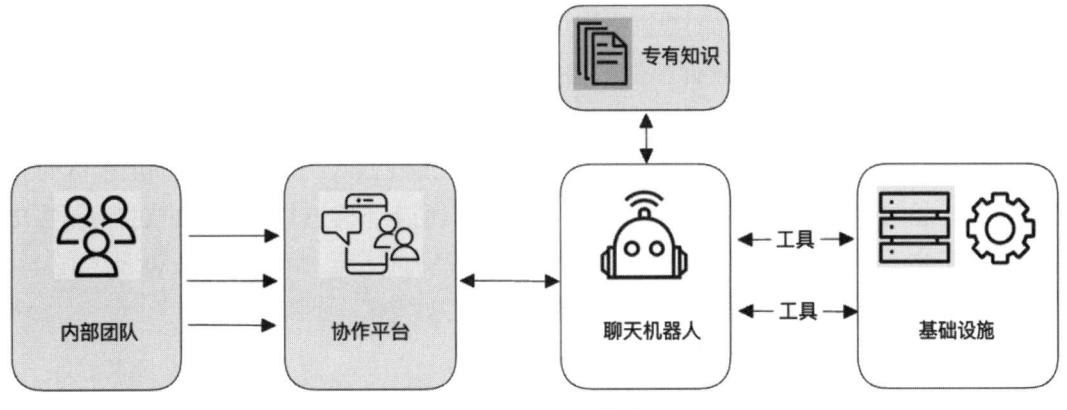

图 8.2 ChatOps 范式

如果最初聊天机器人的主要局限在于与用户的交互方式不够流畅，那么如今，主要挑战已从交互流畅性转向组织内部知识库的整合问题。

毕竟，如果聊天机器人提供的答案无法有效地帮助用户解决问题，那么即便拥有再自然的交流体验也毫无意义。

这就引出了检索增强生成 RAG 的概念。

如果无法接入组织内部知识库，聊天机器人充其量不过是做技术演示。即使是像 GPT-4 这样强大的大语言模型，其支持的对话引擎也只能提供泛化的回复，这些回复未必能回应每个组织的具体需求。更为糟糕的是，由于缺乏可靠文档的支持，这些模型可能会产生看似合理的"幻觉"，从而导致令人不满或潜在危险的用户体验。

如前所述，LlamaIndex 提供了面向聊天机器人技术的 RAG 工具。接下来将系统地介绍如何从构建简单的系统出发，逐步学习构建高级聊天机器人。

首先，让我们了解一下 LlamaIndex 是如何将这些功能集成进去的。

8.2.1 聊天引擎 ChatEngine

在前面的章节中，我们学习了如何构建一个查询引擎，以便基于私有数据执行检索任务。通过集成不同类型的索引、检索器、节点后处理器以及响应合成器，查询引擎能够灵活高效地访问和处理组织内部的数据资源。然而，`QueryEngine`类没有提供任何机制保存对话历史。这意味着每个查询都是单独的交互事件，没有上下文记忆支持连贯的对话体验。

为了解决这个问题，我们引入了聊天引擎`ChatEngine`。与查询引擎不同，`ChatEngine`支持多轮对话，它不仅具备对专有数据的上下文感知能力，还支持对话历史的持久化记忆。换句话说，可以认为`ChatEngine`是拥有记忆功能的`QueryEngine`。

在最简单的情况下，只需基于一个索引就能轻松初始化一个聊天引擎。

```
chat_engine = index.as_chat_engine()
response = chat_engine.chat("Hi, how are you?")
```

一旦初始化，聊天引擎可通过多种方法进行交互。

- `chat()`方法：此方法启动同步聊天会话，处理用户的消息并即时返回回复。
- `achat()`方法：此方法类似于`chat()`方法，但它以异步方式执行查询，允许多个请求并发处理。这在网页应用或移动应用程序中尤为有用，因为可以避免在服务器查询期间主线程被阻塞。
- `stream_chat()`方法：此方法开启流式聊天会话，随着响应的生成逐步返回结果，实现了更加动态的交互。这对于需要长时间处理的冗长或复杂响应特别有用，因为它允许用户在处理完成前就能查看部分响应。
- `astream_chat()`方法：这是`stream_chat()`方法的异步版本，允许在异步环境中处理流式交互。

另外一种选择是使用`ChatEngine`启动一个REPL（read-eval-print）循环。

```
chat_engine.chat_repl()
```

`chat_repl()`方法提供了类似ChatGPT的交互式对话体验，即用户发送消息、大语言模型处理输入、生成回复并立即将其展示给用户，形成持续的对话循环。

可以使用以下命令重置聊天对话。

```
chat_engine.reset()
```

这在读者想要清除历史记录并开始一个新的对话线程时非常有用。

因此，聊天引擎的基本概念非常直观。接下来将讨论 LlamaIndex 中提供的不同内置聊天模式。

8.2.2 不同的聊天模式

在初始化聊天引擎时，可以通过设置 `chat_mode` 参数选择 LlamaIndex 中预先设定的多种聊天引擎类型。接下来将逐一介绍这些引擎的工作原理，帮助读者了解它们各自的优点及适用场景。

首先简要了解一下聊天存储在 LlamaIndex 中是如何管理的。

1. 理解聊天存储的工作原理

`ChatMemoryBuffer` 类是一种专门设计的存储缓存，它能有效地保存聊天记录，并管理不同大语言模型所规定的 `token` 数量上限。这一特性使我们能够将它作为 `memory` 参数传递给聊天引擎，从而在聊天引擎初始化时配置记忆功能。通过在不同会话间保存和恢复该缓存，我们可以实现对话的持久化。

聊天存储有两个存储方案。
- 默认的 `SimpleChatStore` 方案，它将对话存储在内存中。
- 更高级的 `RedisChatStore` 方案，它将聊天历史存储在 Redis 数据库中，无须手动持久化和加载聊天历史。

`chat_store` 属性是 `BaseChatStore` 类的一个实例，用于实际存储和检索聊天信息。这种模块化设计允许采用不同的存储实现，例如简单的内存存储或更复杂的基于数据库的存储方案。

此外，还有一个 `chat_store_key` 参数，用于在聊天存储中唯一标识聊天会话或对话。这在同一聊天存储中存储多个对话时很有用，可以准确检索对应的对话历史。这里有一个使用 `SimpleChatStore` 的对话历史持久性的基本示例。

```
from llama_index.core.storage.chat_store import SimpleChatStore
```

```
from llama_index.core.chat_engine import SimpleChatEngine
from llama_index.core.memory import ChatMemoryBuffer
```

在导入必要的库之后,可以尝试加载之前的对话。如果没有之前的对话保存文件,我们将初始化一个空的 chat_store。

```
try:
    chat_store = SimpleChatStore.from_persist_path(
        persist_path="chat_memory.json"
    )
except FileNotFoundError:
    chat_store = SimpleChatStore()
```

我们将使用 chat_store 作为参数初始化记忆缓存。虽然在这个例子中并非必需,但为了更详细地说明,我们还将自定义 token_limit 和 chat_store_key。

```
memory = ChatMemoryBuffer.from_defaults(
    token_limit=2000,
    chat_store=chat_store,
    chat_store_key="user_X"
)
```

现在我们有了所有必要的组件,下面将它们整合到一个 SimpleChatEngine 类中,并构建一个聊天循环。

```
chat_engine = SimpleChatEngine.from_defaults(memory=memory)
while True:
    user_message = input("You: ")
    if user_message.lower() == 'exit':
        print("Exiting chat...")
        break
    response = chat_engine.chat(user_message)
    print(f"Chatbot: {response}")
```

当用户输入"exit"并结束循环后,我们使用 persist() 方法保存当前对话,以便未

来会话使用。

```
chat_store.persist(persist_path="chat_memory.json")
```

读者可能在想，既然有 chat_repl() 方法，为什么还要创建一个聊天循环呢？答案参见下面的"重要提示"部分。

> **重要提示**
>
> 虽然 chat()、achat()、stream_chat() 和 astream_chat() 方法可以加载和恢复之前的对话，但 chat_repl() 方法在初始化时会重置对话历史。

ChatMemoryBuffer 对确保对话上下文不超过所用模型的 token 限制非常重要。ChatMemoryBuffer 的 token_limit 属性定义了可存储的最大 token 数量，这对于保证对话不超出当前大语言模型的上下文窗口大小至关重要。

当对话内容超过了上下文窗口限制，就会采用滑动窗口法。这种方法会删除较早的对话部分，以确保最新的、最相关的内容能够在大语言模型的 token 限制内得到处理。

> **提示**
>
> 为了更好地理解滑动窗口法，我们可以用一个比喻：可将对话过程类比为一次火车旅行，每个对话片段就如同一节车厢，而火车的长度受到轨道长度（即模型上下文窗口限制）的制约。为了继续前进并添加新的车厢（即新消息），必须移除一些旧的车厢。这样做可以让火车继续前行，涵盖最近和最重要的对话片段，而不超出轨道的限制。同样，滑动窗口法会优先保留最新的对话部分以确保对话流畅。

现在我们已经了解了存储的工作原理，接下来探讨一下各种可用的聊天模式。

2. 简单模式

简单模式是最基础的聊天引擎类型。它允许用户直接与大语言模型交谈，无须连接任何私有数据。图 8.3 以图表形式展示了这一模式的工作原理。

图 8.3　简单聊天引擎

用户在此模式下的体验取决于大语言模型的内在能力和局限，比如上下文窗口大小和整体性能。

要初始化简单模式，可以使用以下代码。

```
from llama_index.core.chat_engine import SimpleChatEngine
chat_engine = SimpleChatEngine.from_defaults()
chat_engine.chat_repl()
```

如果需要，还可以通过 llm 参数对大语言模型进行个性化设置。

```
from llama_index.llms.openai import OpenAI
llm = OpenAI(temperature=0.8, model="gpt-4")
chat_engine = SimpleChatEngine.from_defaults(llm=llm)
```

由于简单模式在 RAG 应用中不太常用，接下来探讨更高级的选项。

3. 上下文模式

上下文聊天引擎 ContextChatEngine 通过专有知识库提升聊天互动效果。它的工作流程是，首先根据用户的输入从索引中提取相关文本，然后将这些信息集成到系统提示中以提供背景信息，最后借助大语言模型生成回复。图 8.4 展示了上下文模式的运作机制。

该聊天引擎支持以下自定义参数。

- retriever：根据用户的消息从索引中检索相关文本的实际检索器。当聊天引擎直接从索引初始化时，它将使用该索引类型的默认检索器。

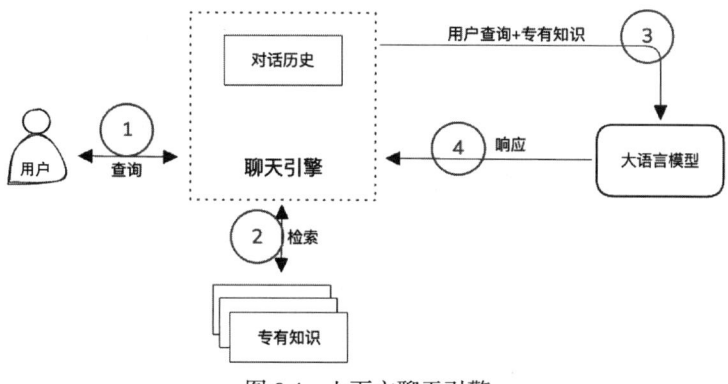

图 8.4　上下文聊天引擎

- `llm`：用于生成响应的大语言模型实例。
- `memory`：用于存储和管理聊天历史的 `ChatMemoryBuffer` 对象。
- `chat_history`：这是一个可选的对话历史 `ChatMessage` 实例列表，它可用于保持对话的连续性。这个历史包含了聊天会话中交换的所有消息，包括用户和聊天机器人的消息。例如，它可以用来从某个点继续对话。每个 `ChatMessage` 对象包含 3 个属性。
    - `role`：默认值为 `user`。
    - `content`：实际的消息文本。
    - `additional_kwargs`：可选参数。
- `prefix_messages`：一个 `ChatMessage` 实例列表，可以在实际用户消息之前作为预定义的消息或提示使用。这有助于设定对话的特定基调或上下文。
- `node_postprocessors`：一个可选的 `BaseNodePostprocessor` 实例列表，用于对检索到的节点进行进一步处理。这可以用来实现防护措施，从上下文中清除敏感信息，或在需要时对检索到的节点进行其他调整。
- `context_template`：一个字符串模板，可用于格式化提供给大语言模型的上下文提示。
- `callback_manager`：一个可选的 `CallbackManager` 实例，用于管理聊天过程中的回调。这对于跟踪和调试非常有用。

- `system_prompt`：可选的系统提示，为聊天机器人提供初始上下文或指令。
- `service_context`：一个可选的 `ServiceContext` 实例，可用于对聊天引擎进行额外定制。

为了实现上下文聊天引擎，需要加载数据并构建索引，然后根据需要配置聊天引擎的不同参数。以下是一个基于样本数据文件的快速示例，读者可以在本书 GitHub 仓库的 **ch8/files** 子文件夹中找到这些文件。

```
from llama_index.core import VectorStoreIndex, SimpleDirectoryReader
docs = SimpleDirectoryReader(input_dir="files").load_data()
index = VectorStoreIndex.from_documents(docs)
chat_engine = index.as_chat_engine(
    chat_mode="context",
    system_prompt=(
        "You're a chatbot, able to talk about "
        "general topics, as well as answering specific "
        "questions about ancient Rome."
    ),
)
chat_engine.chat_repl()
```

在这个例子中，我们从索引初始化了 `chat_engine`。此外也可以单独定义它并提供一个检索器作为参数，如下所示。

```
retriever = index.as_retriever(retriever_mode='default')
chat_engine = ContextChatEngine.from_defaults(
    retriever=retriever
    )
```

总体而言，这种聊天模式对于与数据中包含的知识相关的查询特别有效，支持普通对话和更具体的基于索引内容的讨论。

因为引擎先从索引中检索上下文再生成响应，所以这种方式使用户能够更高效地获取索引数据中的特定信息，继而提升了用户体验。

4. 问题压缩模式

问题压缩聊天引擎 `CondenseQuestionChatEngine` 通过将对话和最新的用户消息压缩成一个独立的问题简化用户交互，这个过程借助大语言模型完成。这个独立的问题旨在捕捉对话的核心要素，随后发送到基于专有数据构建的查询引擎以生成响应。

图 8.5 解释了这种聊天模式的操作流程。

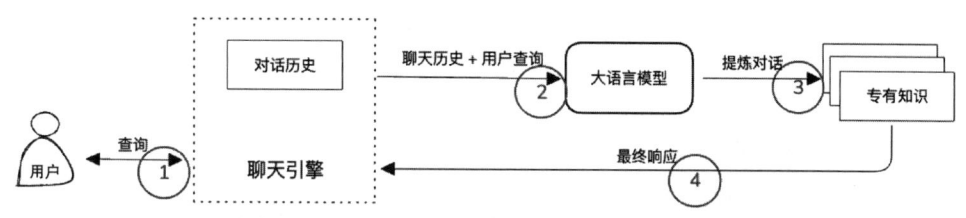

图 8.5 CondenseQuestionChatEngine 的工作原理

这种方法的主要优势在于，它能在每次互动中保持对话集中于主题，保留整个对话的要点，并且始终基于专有数据做出回复。

事实上，由于最终回复来自检索到的专有数据而非直接来自大语言模型，因而这种方式也存在一定局限性：每次响应均依赖知识库检索，因此在处理开放性问题或先前对话的查询时可能表现不佳。

`CondenseQuestionChatEngine` 的一些关键参数如下。

- `query_engine`：一个 `BaseQueryEngine` 实例，用于查询压缩后的问题。这里可以使用任何类型的查询引擎，包括带有路由功能的复杂结构。
- `condense_question_prompt`：一个 `BasePromptTemplate` 实例，用于将对话和用户消息压缩成一个独立的问题。
- `memory`：一个 `ChatMemoryBuffer` 实例，用于管理和存储聊天记录。
- `llm`：用于生成压缩问题的语言模型实例。
- `verbose`：用于在操作期间打印详细日志的布尔标志。
- `callback_manager`：一个可选的 `CallbackManager` 实例，用于管理回调。

为了实现这个聊天引擎，通常会用一个查询引擎初始化它，并根据需要配置自定义参数。如果对话被压缩成一个问题，那么可使用预先定义的模板（可以通过 condense_ question_prompt 参数自定义），然后将得到的问题发送给查询引擎。

下面是一个简短的实现示例。

```
from llama_index.core import VectorStoreIndex, SimpleDirectoryReader
from llama_index.core.chat_engine import CondenseQuestionChatEngine
from llama_index.core.llms import ChatMessage
documents = SimpleDirectoryReader("files").load_data()
index = VectorStoreIndex.from_documents(documents)
query_engine=index.as_query_engine()
chat_history = [
    ChatMessage(
        role="user",
        content="Arch of Constantine is a famous building in Rome"
    ),
    ChatMessage(
        role="user",
        content="The Pantheon should not be regarded as a famous building"
    ),
]
```

代码的第一部分导入了样本文件，创建了索引，然后创建了一个简单的查询引擎。接下来通过创建两个 ChatMessage 对象组成的聊天历史引入了之前的对话上下文。具体来说，我们指示聊天引擎不要考虑万神殿（Pantheon）是一座著名的建筑。

现在，让我们创建聊天引擎并向它发出查询请求。

```
chat_engine = CondenseQuestionChatEngine.from_defaults(
    query_engine=query_engine,
    chat_history=chat_history
)
response = chat_engine.chat(
    "What are two of the most famous structures in ancient Rome?"
)
print(response)
```

让我们来分析一下这段代码的执行过程：

（1）CondenseQuestionChatEngine 接收用户的消息以及提供的聊天历史，并将它们压缩成一个独立问题。这个过程涉及使用大语言模型和 condense_question_prompt 生成一个能概括对话上下文和用户最新查询本质的问题。

（2）然后，引擎将这个压缩问题转发到查询引擎，查询引擎搜索索引数据以获取相关信息。

（3）查询引擎能够访问来自 VectorStoreIndex 的信息，处理问题并返回答案。这个答案反映了之前对话的集体上下文和关于古罗马著名建筑的具体查询。

如果没有添加的聊天历史，样本输出将会类似于以下内容。

```
The Colosseum and the Pantheon.
```

这是因为这两栋建筑物在样本数据中明确提到。

然而，一旦添加新的对话背景，输出则如下所示。

```
The Colosseum and the Arch of Constantine are two famous buildings in ancient Rome.
```

另一种初始化这种聊天引擎的方法是直接从索引开始，如下所示。

```
index.as_chat_engine(chat_mode="condense_question")
```

这种聊天模式对于复杂的对话特别有用，在这种对话中，前几次交流的上下文和细微差别对于理解和准确回应最新查询至关重要。它确保聊天机器人意识到对话的历史，从而使互动更加连贯和上下文相关。

我们将讨论的下一种聊天模式结合了两种其他方法。

5. 结合上下文的问题压缩模式

结合上下文的问题压缩聊天引擎 CondensePlusContextChatEngine 通过结合问题压缩和上下文检索的优点，提供了更加全面的聊天互动。

之前讨论的聊天引擎较为直接，它将对话简化为问题并生成响应，CondensePlusContextChatEngine 增加了额外的一步，通过从索引数据中添加额外的上下文以丰富对话，从而产生更详细和更有上下文感知的回复。这里的权衡是响应生成时间增加，这是因为执行额外步骤而导致的。让我们查看图 8.6 来探索该引擎是如何工作的。

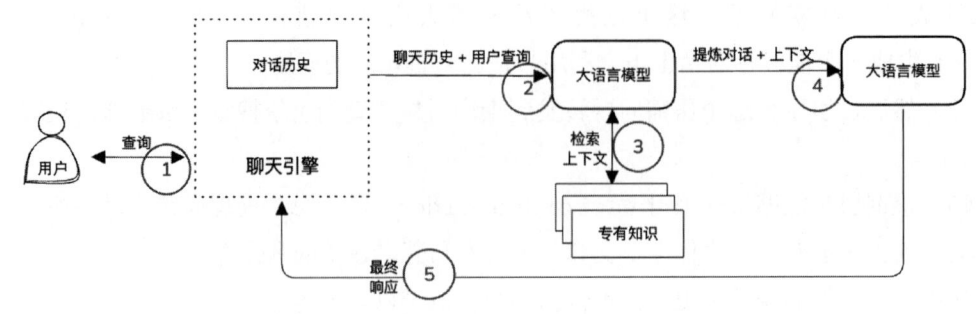

图 8.6　结合上下文的问题压缩聊天引擎

首先，这个引擎将对话和最新的用户消息压缩成一个独立问题。然后，它使用这个压缩后的问题从索引中检索相关的上下文。最后，它使用检索到的上下文和压缩后的问题，借助大语言模型生成回复。

`CondensePlusContextChatEngine` 支持以下关键参数配置。

- `retriever`：根据压缩问题获取上下文的检索器。
- `llm`：生成压缩问题和最终响应的大语言模型。
- `memory`：存储和管理聊天历史的 `ChatMemoryBuffer` 实例。
- `context_prompt`：在系统提示中格式化上下文的提示模板。
- `condense_prompt`：将对话压缩成一个独立问题的提示。
- `system_prompt`：包含聊天机器人指令的提示。
- `skip_condense`：一个布尔标志，用于是否要绕过压缩步骤。
- `node_postprocessors`：一个可选的 `BaseNodePostprocessor` 实例列表，以对检索到的节点进行额外处理。
- `callback_manager`：用于管理回调的可选 `CallbackManager` 实例。
- `verbose`：在操作期间启用详细日志记录的布尔标志。

要从索引构建这种特定的聊天引擎，我们可以使用以下命令。

```
index.as_chat_engine(chat_mode="condense_plus_context")
```

这种聊天模式非常适合那些需要结合对话上下文和索引数据中的具体信息以产生精确且贴切回应的场景。它确保回复不仅紧扣对话上下文，同时融合了来自索引内容的具体细节，从而提升了聊天互动的体验。

接下来进一步探索更加先进的聊天模式。

8.3 在应用中实现自主智能体

名字是 Bot。聊天机器人 Bot。

在本章开始时，我们介绍了 ChatOps 模式的流行趋势。这种模式通过人类操作员和 AI 智能体之间的协作实现。AI 智能体不仅能够根据对话的上下文提供答案，还能执行特定的功能，因此成为了团队的得力助手。

不过，我们知道之前的聊天引擎只能回答问题，无法执行任务或以非只读的方式与后台数据互动。

对于这些应用场景，我们需要智能体。

智能体与简单聊天引擎的关键区别在于智能体依据推理循环工作，并配备了多种工具。想象一下，如果没有 Q 博士提供的各种装备，詹姆斯·邦德还能完成他的任务吗？

相比之下，智能体不仅能回答问题，还可以处理更复杂的任务。这使得智能体在商务环境中尤为有用，尤其是在人类互动得到 AI 增强的情况下。

接下来将深入了解智能体的核心组件：工具和推理循环。

8.3.1 智能体的工具和 ToolSpec 类

我们在第 6 章中简要讨论了工具。由于第 6 章重点介绍了数据查询，因此只展示了如何将不同的查询引擎或检索器包装成工具，使之成为路由系统的一部分。实际上，读者可以认为路由系统是一种简单的智能体形式，它利用大语言模型推理选择合适的查询引擎或检索器。

但工具的作用远不止于此。

工具可以是任何用户定义函数的包装器，能够读取或写入数据，调用外部 API 函数，或者执行任意代码。这意味着工具有两种不同的风格。

- QueryEngineTool：可封装任何现有的查询引擎，它仅提供对数据的只读访问。
- FunctionTool：这是一种通用的工具类型，能够将任何用户定义的函数转变为工具，支持执行各类操作。

既然已经了解了查询引擎工具 QueryEngineTool 的工作原理，接下来将重点介绍函数工具 FunctionTool。

下面是定义函数工具的一个例子。

```python
from llama_index.core.tools import FunctionTool
def calculate_average(*values):
    """
    Calculates the average of the provided values.
    """
    return sum(values) / len(values)
average_tool = FunctionTool.from_defaults(fn=calculate_average)
```

为了让智能体能够将函数当作工具来使用，每个函数都必须带有描述性的文档字符串（docstring），如同上面的例子所示。LlamaIndex 使用这些 docstring 帮助智能体理解用户定义函数的目的及其正确用法。

> **定义**
>
> 在 Python 中，docstring 是指出现在模块、函数、类或方法定义的第一个语句中的字符串文字。它用来记录代码块的目的和使用方法，可以通过对象的 _doc_ 属性在运行时访问文档字符串，这也是 Python 中生成文档的主要方式。

智能体的推理循环会使用这个描述判断哪个工具最适合解决特定的任务，从而决定执

第 8 章　构建聊天机器人和智能体

行路径。值得注意的是，强大的智能体通常可以处理多个工具。

为此，LlamaHub 提供了 `ToolSpec` 类。类似一套工具包，`ToolSpec` 为特定服务提供一整套工具，就像是为智能体配备了一套完整的 API，专门用于某项技术。

虽然可以创建自定义的 `ToolSpec` 类，但 LlamaHub 上也有一系列现成的类可供使用（`https://llamahub.ai/?tab=tools`），例如 Gmail、Slack、SalesForce 和 Shopify 等服务集成。

> **LlamaHub 智能体工具库**
>
> LlamaHub 智能体工具库是一个重要的资源，其中收集了一系列经过整理的工具规范，使得智能体可以与各种服务互动并拓展功能。这个库简化了针对不同 API 的智能体设计，并提供了很多实践案例，方便集成和使用。

让我们以 LlamaHub 上 `DatabaseToolSpec` 类为例。这个 `ToolSpec` 类的具体链接为 `https://llamahub.ai/l/tools-database? from=tools`。请参阅图 8.7 了解其结构。

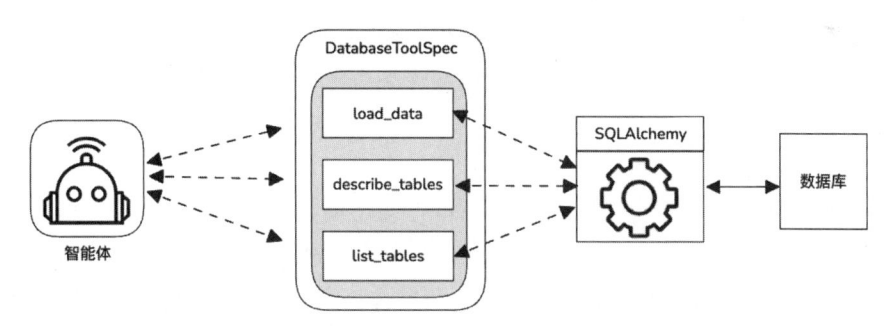

图 8.7　DatabaseToolSpec 类结构

基于 SQLAlchemy 库（`https://www.sqlalchemy.org/`）构建的 DatabaseToolSpec 可以访问多种类型的数据库，并提供了三个简便的工具。

- `list_tables`：列出数据库模式中的所有表。
- `describe_tables`：描述表的结构模式。

- `load_data`：接收 SQL 查询并返回查询结果。

> **技术说明**
> SQLAlchemy 是一个强大而多功能的 Python 工具包，它简化了开发者与多个数据库（如 Microsoft SQL Server、OracleDB、MySQL 等）的工作流程，抽象了与数据库交互和查询构建的复杂性。

由于它不是 LlamaIndex 的核心组件，而是作为集成包提供的，因此需要先安装。

```
pip install llama-index-tools-database
```

接下来要初始化这个 `ToolSpec`，只需要导入它即可。

```
from llama_index.tools.database import DatabaseToolSpec
```

然后需要配置数据库连接，如下所示。

```
db_tools = DatabaseToolSpec(<db_specific_configuration>)
```

`ToolSpec` 类建立后，如果要用它来初始化智能体，就必须使用 `to_tool_list()` 方法将其转换为工具列表。这是因为智能体期望接收到一组工具作为参数。

以下是将 `ToolSpec` 类转换为工具对象列表的方法。

```
tool_list = db_tools.to_tool_list()
```

现在，我们可以在初始化任何类型的智能体时传递 `tool_list` 参数。这样智能体就能理解数据库的结构，并从相应的表格中获取所需的任何信息。有关如何使用 `ToolSpec` 类的完整示例，请参阅本章稍后的 `OpenAI` 智能体部分。接下来将探讨推理循环的工作原理。

8.3.2 智能体的推理循环

拥有丰富的专用工具集对智能体来说至关重要。然而，仅拥有这些高质量的工具还是

不够的，智能体还需要懂得如何适时运用这些工具。

特别是我们开发的检索增强生成应用，需要尽可能独立地根据具体的用户查询和数据集选择合适的工具。如果采用固定不变的解决方案，那么只有在少数场景下才能取得理想的效果。此时，推理循环的重要性就凸显出来了。

推理循环是智能体的核心要素之一，它让智能体能够在不同场景下智能地选择所需的工具。这一点非常重要，因为面对复杂多变的应用场景时，需求可能会有很大差异，而静态方法会制约智能体的有效性。图8.8 直观地展示了智能体推理循环的概念。

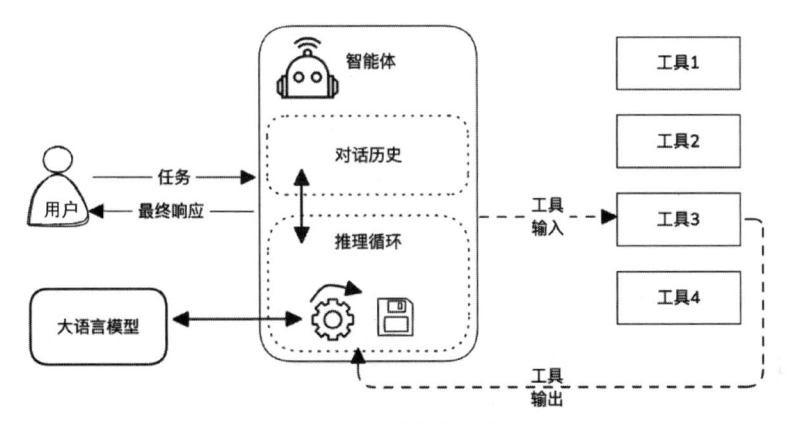

图 8.8　智能体的推理循环

推理循环负责决策过程：分析背景信息，理解当前任务的需求，然后从它的工具箱中挑选最适合的工具执行任务。这样的动态处理方式让智能体可以灵活、高效地应对各种场景。

在 LlamaIndex 中，推理循环的实现会依据智能体类型的不同而有所调整。比如，`OpenAIAgent` 通过调用函数接口做决策，而 `ReActAgent` 则利用对话或文本完成接口进行推理。

推理循环的工作不仅是关于选择正确的工具，它还决定了工具使用的顺序以及具体的应用参数。推理循环就像是智能体的大脑，指挥着各个工具协同工作，如同技艺精湛的工匠巧妙结合多种工具创造出比各部分总和更伟大的作品。

智能体之所以能与多种工具和数据源智能互动并动态地读写数据，正是得益于推理循环这一特性，这使得它们在商业环境中比简单的聊天引擎更具价值，尤其是在需要灵活性和智能的场景。

接下来将介绍的其他聊天模式，核心已经从简单的聊天引擎过渡到以推理驱动的智能体架构。它们都依赖一组工具来运行，但在推理循环的实现上各有特色。

8.3.3　OpenAI 智能体

`OpenAIAgent` 充分利用了 OpenAI 模型的能力，尤其是那些支持函数调用接口的模型。它可以与支持函数调用接口的 OpenAI 模型协同工作。作为功能的一部分，这些模型能够解释并执行函数调用。

> **提示**
>
> 这些模型能够根据提示和上下文，判断何时适合发起函数调用。它们根据在训练期间学到的模式，以函数定义的结构输出响应。有关这个主题的更多信息和支持模型的列表，读者可以参考官方 OpenAI 文档：https://platform.openai.com/docs/guides/function-calling。

这类智能体的主要优势在于，它的工具选择逻辑直接内置于模型之中。当用户向 `OpenAIAgent` 提供任务及之前的聊天历史时，函数调用接口会分析上下文并决定是否需要调用其他工具或直接返回最终响应。如果需要调用其他工具，函数调用接口会输出要使用的工具名称。随后，`OpenAIAgent` 执行该工具，并将工具的响应传递回聊天历史中。这个循环会一直持续到 API 返回最终消息，表明推理循环完成。图 8.9 生动展示了此过程。

借助模型处理工具的选择和链接的复杂逻辑，`OpenAIAgent` 成为工具编排的绝佳解决方案。虽然它相比其他架构灵活性稍低，因为工具选择逻辑是硬编码在大语言模型中的，但对于许多应用场景来说，函数调用接口模型的预训练能力已经足够实现有效的工具编排和任务完成。

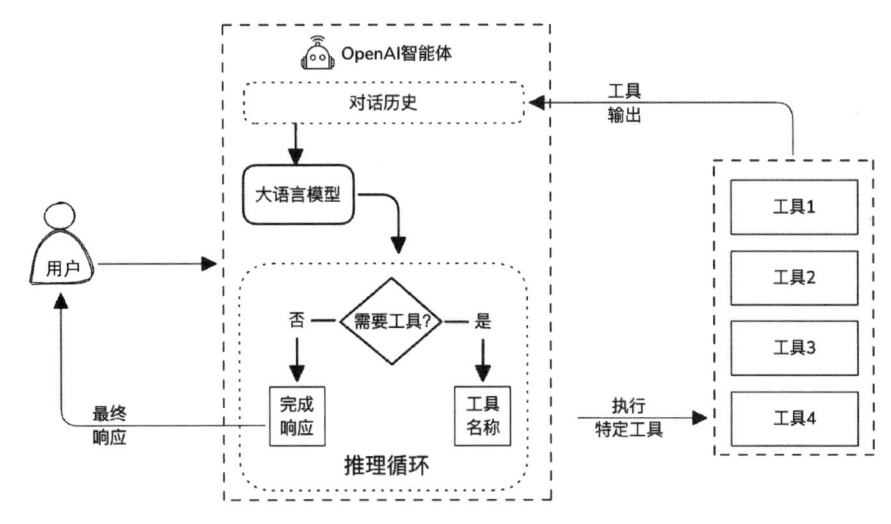

图 8.9 OpenAI 智能体工作流程简化图

在继续下一个例子之前，确保安装所需的集成包。

```
pip install llama-index-agent-openai
```

为了实现 `OpenAIAgent`，需要定义可用的工具并使用这些组件初始化智能体，同时添加期望的任何其他自定义参数。解释它们如何工作的最好方法是考察实际示例。

在下面的示例中，我们使用一个包含单个表的 SQLite 数据库，这个表称为 Employees，它包含了一些随机挑选的员工薪资数据，共有 10 名来自不同部门的员工。表 8.1 显示了 Employees 表的内容。

表 8.1 来自 **Employees.db** 文件的 **Employees** 表样例

ID	Name	Department	Salary	Email
1	Alice	IT	36420.77	Alice_IT@org.com
2	Karen	Finance	57705.06	Alice_Finance@org.com
3	Helen	IT	52612.51	Helen_IT@org.com
4	Jackie	Finance	61374.58	Jack_Finance@org.com
5	David	Finance	32242.72	David_Finance@org.com

续表

ID	Name	Department	Salary	Email
6	Cora	HR	62040.53	Alice_HR@org.com
7	Ingrid	IT	70821.96	Alice_IT@org.com
8	Jack	IT	57268.89	Jack_IT@org.com
9	Bob	Finance	76868.23	Bob_Finance@org.com
10	Bill	HR	74161.45	Bob_HR@org.com

数据库文件可在本书 GitHub 仓库的 ch8/files/database 子文件夹中找到。让我们看看相关代码片段。

```
from llama_index.tools.database import DatabaseToolSpec
from llama_index.core.tools import FunctionTool
from llama_index.agent.openai import OpenAIAgent
from llama_index.llms.openai import OpenAI
```

代码的第一部分负责导入必要的库。然后定义了一个简单的函数，它将成为智能体的自定义工具。这个工具允许在本地文件夹中保存文件。注意，我们为智能体提供了详细的文档字符串 `docstring`。

```
def write_text_to_file(text, filename):
    """
    Writes the text to a file with the specified filename.
    Args:
        text (str): The text to be written to the file.
        filename (str): File name to write the text into.
    Returns: None
    """
    with open(filename, 'w') as file:
        file.write(text)
```

定义好函数后，我们需要将其封装到一个名为 `save_tool` 的新工具中。

我们还从导入的 `DatabaseToolSpec` 初始化了一个完整的 `ToolSpec` 类。我们需要这些工具，因为智能体需要从 SQLite 数据库中读取数据以完成任务。

```
save_tool = FunctionTool.from_defaults(fn=write_text_to_file)
db_tools = DatabaseToolSpec(uri="sqlite:///files//database//employees.db")
tools = [save_tool]+db_tools.to_tool_list()
```

创建好 `db_tools` 后，需要将其与 `save_tool` 结合，并放入名为 `tools` 的列表中。我们将使用这个列表作为初始化智能体的参数。

现在，让我们来构建自己的智能体。注意，这里没有使用默认的大语言模型，而是配置智能体使用 **GPT-4** 以提高准确性。

```
llm = OpenAI(model="gpt-4")
agent = OpenAIAgent.from_tools(
    tools=tools,
    llm=llm,
    verbose=True,
    max_function_calls=20
)
```

在上述代码中，我们使用了准备好的工具列表初始化智能体。`verbose` 参数可以让智能体显示每个执行步骤以便更好地观察推理过程。此外，还设置了 `max_function_calls` 参数为一个较大的值，因为在复杂任务下默认值可能不足以让智能体完成整个任务。

> **提示**
>
> 虽然可以将参数 `max_function_calls` 设为较大值以避免耗尽函数调用次数并增加智能体解决问题的机会，但要注意每次调用都会产生成本，而且智能体有可能进入无限循环。如果智能体需要大量的大语言模型调用才能解决很简单的任务，那么可能是在定义或描述底层工具时出现了问题。

接下来将把任务交由智能体执行。

```
response = agent.chat(
```

```
    "For each IT department employee with a salary lower "
    "than the average organization salary, write an email,"
    "announcing a 10% raise and then save all emails into "
    "a file called 'emails.txt'")
print(response)
```

可以看到，我们提供的任务相对复杂，需要多个步骤才能解决。由于查询中没有提供太多细节，智能体必须先了解数据库结构，然后构造 SQL 查询以获取公司平均薪资以及 IT 部门薪资低于平均值的员工名单。

由于 `verbose` 参数设置为 `True`，因此此示例将展示智能体的全部推理逻辑和执行过程。

每一步中智能体都把工具的输出纳入其推理过程中。一旦有了员工列表，智能体会为每位员工编写邮件。任务的最后一步是使用自定义的工具将结果保存到本地文件中。

这只是一个简单的例子。在更复杂的实现中，还可以从 LlamaHub 导入 `GmailToolSpec` 创建可以手动审核并由用户发送的邮件草稿。但 `GmailToolSpec` 需要 Google API 的凭证，这样做会让例子变得更为复杂，所以建议读者自行探索这个 `ToolSpec` 类（https://llamahub.ai/l/tools-gmail?from=tools）以及其他 LlamaHub 上的工具。

`OpenAIAgent` 包含如下可定制参数。

- `tools`：智能体在聊天会话中可以利用的一系列 `BaseTool` 实例。这些工具涵盖范围包括从专门的查询引擎到自定义处理模块或从 `ToolSpec` 类提取的工具集合。
- `llm`：支持函数调用 API 的任意 OpenAI 模型。使用的默认模型是 `gpt-3.5-turbo-0613`。
- `memory`：用于存储和管理聊天历史的 `ChatMemoryBuffer` 实例。
- `prefix_messages`：作为聊天会话开始时的预配置消息或提示的 `ChatMessage` 实例列表。
- `max_function_calls`：单个聊天互动中可以对 OpenAI 模型进行的最大函数调用次数。默认值为 5。

- `default_tool_choice`：当有多种工具可供选择时，指定默认使用的工具名称。这有助于引导智能体优先使用特定工具。
- `callback_manager`：可选的 `CallbackManager` 实例，用于管理聊天过程中的回调，辅助追踪和调试。
- `system_prompt`：可选的初始系统提示，为智能体提供背景信息或指令。
- `verbose`：用于在操作期间启用详细日志记录的布尔标志。

总体而言，`OpenAIAgent` 不仅能够执行复杂的函数调用，还能进行上下文丰富的对话。这使得它非常适合需要高级功能的场景，比如整合外部工具或更精细地处理用户查询。`OpenAIAgent` 提供了一个多功能和强大的平台，用于创建引人入胜且智能化的聊天体验。

接下来还将探索其他类型的智能体。

8.3.4 ReAct 智能体

不同于 `OpenAIAgent`，`ReActAgent` 采用的是更为通用的文本补全接口，可以由任意大语言模型驱动。它的工作原理是在一系列工具之上构建的聊天模式中运行 ReAct 循环。

在这个循环里，智能体会判断是否要使用某个可用工具，如果使用的话则观察其输出结果，再决定是重复这个过程还是直接给出最终回应。这种灵活性使得它可以在使用工具或仅依赖大语言模型之间灵活切换。不过，这也意味着它的表现很大程度上取决于所使用的大语言模型的质量，通常需要更加精细的提示保证知识库查询的准确性，而非单纯依赖模型生成的可能不准确的回答。

`ReActAgent` 的输入提示经过精心设计旨在引导模型进行工具选择，其格式灵感来源于姚顺雨等人的论文 *ReAct：Synergizing Reasoning and Acting in Language Models*（https://arxiv.org/abs/2210.03629）。

提示列出所有可用工具，并指示模型以 JSON 格式返回所选工具及其必要参数。这种明确的指示对智能体的决策过程非常关键。在选定工具后，智能体会执行该工具，并将工具的响应集成进聊天历史。提示、执行和响应集成的循环将持续进行，直到获得满意的响应为止。有关工作流的完整展示，读者可参考图8.9。

与使用能够选择和链接多个工具的函数调用API的`OpenAIAgent`不同，`ReActAgent`类的逻辑必须完全通过提示来编码。

`ReActAgent`通过预定义循环和最大迭代次数加上策略性提示模拟推理循环。尽管如此，通过策略性提示工程，`ReActAgent`能够实现高效的工具协调和链式执行，效果类似于OpenAI函数API的输出。

两者的主要区别在于，OpenAI函数API的逻辑是内置于模型中的，而`ReActAgent`则依赖于提示的结构引导所需的工具选择行为。这种方式提供了极大的灵活性，因为它可以适应不同语言模型的后端，从而允许不同的实现和应用场景。

在这种情况下，我们有一些可定制参数，这些参数曾在`OpenAIAgent`中讨论过，包括`tools`、`llm`、`memory`、`callback_manager`和`verbose`。

此外，`ReActAgent`还有一些特定参数。

- `max_iterations`：类似于`max_function_calls`，这个参数限定了ReAct循环可以执行的最大迭代次数。这个限制确保智能体不会进入无限处理循环。
- `react_chat_formatter`：它将聊天记录整理成结构化的`ChatMessages`列表，根据提供的工具、聊天历史和推理步骤，交替显示用户和助手的角色，确保推理过程的清晰和一致。
- `output_parser`：可选的`ReActOutputParser`实例，用于处理智能体生成的输出，帮助正确解释和格式化这些信息。
- `tool_retriever`：可选的`BaseTool`的`ObjectRetriever`实例。它可以根据某些标准动态获取工具。类似于索引节点的方式，我们也可以创建一个`ObjectIndex`索引来组织一组工具，这对于处理大量工具时尤其有用。读者可以在官方文档中找到有关此功能的更多信息：https://docs.llamaindex.ai/en/stable/module_guides/deploying/agents/usage_pattern.html#function-retrieval-agents。
- `context`：作为可选字符串，提供给智能体的初始指令，帮助其了解任务背景。

`ReActAgent`的初始化和使用方式与OpenAI智能体相同，只是不需要安装任何集成

包，因为这种类型的智能体已经是 LlamaIndex 核心组件的一部分。

```
from llama_index.agent.react import ReActAgent
agent = ReActAgent.from_tools(tools)
```

总而言之，ReActAgent 凭借其灵活性而独树一帜，它可以利用任意的大语言模型驱动独特的 ReAct 循环，让智能体能够聪明地选择和运用多种工具。它就好像是一个虚拟助手，不仅能回答问题还能智慧地决定何时查阅外部资料，从而使对话更具上下文关联性，提升用户的交互体验。

8.3.5 如何与智能体互动

与 AI 智能体互动主要有两种方法：chat() 和 query() 方法。chat() 方法利用存储的对话历史提供基于上下文的回复，非常适合用于连续对话。

相反，query() 方法以无状态模式运作，独立处理每个请求，不依赖之前的交互记录。这种方式更适合一次性请求。

8.3.6 借助实用工具提升智能体

为了提升智能体的能力，LlamaIndex 提供了两种非常实用的工具：OnDemand LoaderTool 和 LoadAndSearchToolSpec。这两种工具适用于任何类型的智能体，可以在特定场景下增强标准工具的功能。

与 API 交互时的一个常见问题是，接收到一个非常长的响应。在这种情况下，智能体可能难以处理这么大的输出，因为这些数据可能会超出大语言模型的上下文窗口限制，或者导致关键信息被淹没在大量数据中，从而降低智能体推理逻辑的准确性。

回顾之前的 OpenAIAgent 示例可以帮助理解这个问题。当时，我们使用了一系列称为数据库工具规范 DatabaseToolSpec 的工具从示例员工表中检索数据。如果读者曾运行过该智能体，并将 verbose 参数设置为 True，那么 load_data 工具输出的将是

LlamaIndex 文档对象，如图 8.10 所示。

```
========================
=== Calling Function ===
Calling function: load_data with args: {
  "query": "SELECT AVG(Salary) as average_salary FROM Employees"
}
Got output: [Document(id_='39577a59-47fd-4129-b03e-0a8cd3853f44', embedding=None, metadata={}, excluded_embed_metada
ta_keys=[], excluded_llm_metadata_keys=[], relationships={}, hash='1a75830c8999ee5f7f10ccd140fee952f10f2b2ecb7f1dbb7
151890ffc9e3419', text='58151.67', start_char_idx=None, end_char_idx=None, text_template='{metadata_str}\n\n{content
}', metadata_template='{key}: {value}', metadata_seperator='\n')]
========================
```

图 8.10　OpenAIAgent 代码示例的输出

这意味着当智能体调用 `load_data` 工具执行 SQL 查询时，它不会只得到查询结果，而是会获得包含额外信息（如文档 ID、元数据字段、哈希值等）的整个文档。智能体需要用大语言模型从这些数据中提取实际的查询结果，因此存在上述提到的潜在问题。

如果只提取查询结果而不包括所有附加信息，这时就需要用到加载与搜索工具规范 `LoadAndSearchToolSpec` 了。

1. 理解 LoadAndSearchToolSpec

这个实用工具旨在帮助智能体处理来自 API 端点的大数据量，如图 8.11 所示。

图 8.11　直接 API 调用与通过 LoadAndSearchToolSpec 交互的可视化效果

它会将现有的工具拆分为两个独立的工具：一个工具用于加载和索引数据，默认使用向量索引，另一个工具用于在这个索引数据上进行搜索。智能体会先使用加载工具导入数据并将数据存储在索引中（类似于缓存机制）；随后再使用搜索工具，通过内置查询引擎提取所需信息。

以下是该过程对应的代码实现。我们将调整之前的 `OpenAIAgent` 示例，以便使用

LoadAndSearchToolSpec。

```
from llama_index.core.tools.tool_spec.load_and_search.base import Load
AndSearchToolSpec
from llama_index.tools.database import DatabaseToolSpec
from llama_index.agent.openai import OpenAIAgent
from llama_index.llms.openai import OpenAI
db_tools = DatabaseToolSpec(uri="sqlite:///files//database//employees.db")
tool_list = db_tools.to_tool_list()
tools=LoadAndSearchToolSpec.from_defaults(
    tool_list[0]
).to_tool_list()
```

完成了导入后，我们初始化了 DatabaseToolSpec 实用工具，它指向与之前示例相同的示例 SQLite 数据库。但这次没有添加额外的工具，因为只需运行一个简单的查询。因此，我们只将 ToolSpec 中的第一个工具，即 tool_list[0]，作为 LoadAndSearchToolSpec 的参数传递。此例中第一个参数是 load_data() 函数。这次不需要数据库的 ToolSpec 中的其他两个函数。

代码从这里开始变得相当直观。

```
llm = OpenAI(model="gpt-4")
agent = OpenAIAgent.from_tools(
    tools=tools,
    llm=llm,
    verbose=True
)
response = agent.chat(
    "Who has the highest salary in the Employees table?")
print(response)
```

查看输出（参见图 8.12），读者会发现智能体这次处理的数据量明显减少了。

```
Added user message to memory: Who has the highest salary in the Employees table?'
=== Calling Function ===
Calling function: load_data with args: {
  "query": "SELECT * FROM Employees ORDER BY Salary DESC LIMIT 1"
}
Got output: Content loaded! You can now search the information using read_load_data
========================

=== Calling Function ===
Calling function: read_load_data with args: {
  "query": "Who has the highest salary?"
}
Got output: The person with the highest salary is Bob.
========================
The employee with the highest salary in the Employees table is Bob.
```

图 8.12　使用 LoadAndSearchToolSpec 的智能体样本输出

如上所示，这一次不再是接收整篇文档作为回应，第一次调用返回的仅是确认消息（表示数据已被加载和索引），而第二次调用则使用查询提取最终响应。接下来将介绍另一个实用工具。

2. 理解 OnDemandLoaderTool

另一个重要的实用工具是按需加载工具 OnDemandLoaderTool，它在智能体的工作流程中无缝且高效地加载、索引和查询来自不同来源的大量数据。该工具简化了智能体使用数据读取器的过程，允许通过单次工具调用触发数据加载、索引和查询。

在 RAG 工作流中，通常的做法是在应用程序开始时导入所有数据，然后对其进行分块、索引并构建查询引擎，但这可能不是最有效的方法。

假设有大量的数据源，在启动时全部导入数据并构建索引将耗费很长时间，这将会影响用户体验。如果用户询问的问题无法仅凭已导入的数据解答，那该怎么办？

按需加载工具 OnDemandLoaderTool 在数据需求是动态且不可预测的情况下特别有用。它允许智能体按需获取、索引和查询数据，而非在启动时预先加载所有可能不相关的大量数据。这种方法极大地提高了效率，智能体只需要关注即时相关的信息，而不需要处理不必要的大型数据集。其工作原理是，将现有的数据读取器封装成一个智能体按需使用的工具。

在运行代码之前，确保已安装 Wikipedia 集成包。

```
pip install llama-index-readers-wikipedia
```

以下是一个示例代码片段。我们从导入开始。

```
from llama_index.agent.openai import OpenAIAgent
from llama_index.core.tools.ondemand_loader_tool import OnDemandLoaderTool
from llama_index.readers.wikipedia import WikipediaReader
```

接下来为智能体定义一个基于 `WikipediaReader` 的按需工具。

```
tool = OnDemandLoaderTool.from_defaults(
    WikipediaReader(),
    name="WikipediaReader",
    description="args: {'pages': [<list of pages>],
        'query_str': <query>}"
)
```

注意，`description` 参数中提供了使用说明。这有助于智能体正确理解和使用工具，尽管它可能还需要几次尝试才能正确掌握。现在，我们可以初始化智能体了，如下所示。

```
agent = OpenAIAgent.from_tools(
    tools=[tool],
    verbose=True
)
response = agent.chat(
    "What were some famous buildings in ancient Rome?")
print(response)
```

> **提示**
>
> 使用这种方法的一大优势是，一旦数据被加载到索引中，它也会被缓存起来。因此，后续对于相同主题的查询将运行得更快。

此外，`OnDemandLoaderTool` 也可以与其他常规工具组合使用，使得智能体能够应对更复杂的场景。

至此我们介绍了基础知识。接下来将探讨更高级的智能体类型。

8.3.7 使用 LLMCompiler 智能体处理更高级的场景

最后，我们将探讨一种更为先进的智能体方案。

尽管 OpenAI 智能体和 ReAct 智能体在很多情况下表现良好，但它们也存在一些缺点。由于当前的大语言模型不擅长长期规划，它们有时会陷入无限循环而找不到期望的解决方案。此外，在执行过程中接收到的某些输出可能会分散它们的注意力，导致在任务完成前就停止了操作。

但这些智能体的最大缺陷就是它们的工作方式是串行的。换句话说，步骤的执行是按顺序逐一完成的。这些智能体等待一个步骤完成后才触发下一个步骤。然而这在许多实际场景中是一种非常低效的方法。实际上，如果一系列步骤可以并行执行，那么应用性能和用户体验将得到显著提升。鉴于以上情况，我们将介绍一种更加先进的智能体。

受 Kim, S. 等人论文 *An LLM Compiler for Parallel Function Calling*（https://arxiv.org/abs/2312.04511）的启发，LLMCompiler 智能体的概念被提出。这种智能体不仅提供了出色的性能和可扩展性，还借鉴了经典编译器的思想，通过高效的调度协调多函数的执行。

LLMCompiler 智能体使用三个核心系统组件进行**规划**、**分派**和**执行**任务。与顺序方法相比，它实现了更快、更准确的多函数调用。就像编译器转换和优化代码以实现高效的运行一样，LLMCompiler 将自然语言查询转化为优化后的函数调用序列，并在条件允许时并行执行。这使得大语言模型更快、更便宜并且更准确地调用多个工具。一个额外的优势是它适用于任何类型的大语言模型，包括开源模型和闭源模型。

LLMCompiler 智能体的核心组成部分包括：

- 大语言模型规划器：根据用户的输入和示例制订执行策略和依赖关系。
- 任务调度单元：根据任务间的依赖关系发起并更新函数调用任务。
- 执行器：利用相关工具并行执行任务。

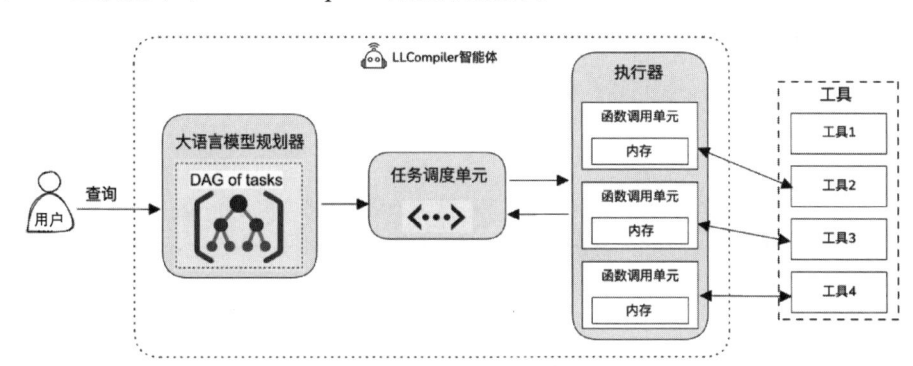

图 8.13 直观展示了 LLMCompiler 智能体的架构。

图 8.13　LLMCompiler 智能体架构概述

大语言模型规划器根据用户输入确定函数调用的顺序及其相互依赖关系。接下来，任务调度单元启动这些函数的并行执行，并使用先前任务的输出替换变量。最终，执行器使用相关工具执行这些函数调用。这三部分协同工作，共同提升了大语言模型中并行函数调用的效率。

由大语言模型规划器根据用户输入和示例创建的任务有向无环图（directed acyclic graph，DAG）是一个关键的数据结构。DAG 抓取任务之间的依赖关系，使得非依赖任务能够同时执行（https://en.wikipedia.org/wiki/Directed_acyclic_graph）。如果某项任务依赖于其他任务的结果，那么只有在前置任务完成后，这项任务才会开始执行；反之，独立任务则可以在没有任何依赖限制的情况下并发执行。

DAG 促进了不依赖彼此任务的并行执行。如果一个任务依赖于另一个任务的完成，则必须在依赖任务开始之前完成先决任务。另一方面，独立任务能够在没有任何依赖约束的情况下并行执行。

> 提示
> 尽管 OpenAI 已经在其 API 中实现了并行函数调用，但 LLMCompiler 的方法仍具有优势。例如，当大语言模型决策失误时，LLMCompiler 具备容错能力并可以根据产生的输出重新规划。

为了展示如何使用 LLMCompiler 实现智能体，下面是一个简单的实例。不过，在运行这个例子之前，读者需要安装必要的集成包。

```
pip install llama-index-packs-agents-llm-compiler
```

下面是对应的代码。

```
from llama_index.tools.database import DatabaseToolSpec
from llama_index.packs.agents_llm_compiler import LLMCompilerAgentPack
db_tools = DatabaseToolSpec(
    uri="sqlite:///files//database//employees.db")
agent = LLMCompilerAgentPack(db_tools.to_tool_list())
```

在导入 `LLMCompilerAgentPack` 和 `DatabaseToolSpec` 后，我们初始化了数据库工具，并使用工具列表初始化了智能体。现在，我们将与智能体进行互动，这一次将使用 `run()` 方法。

```
response = agent.run(
    "Using only the available tools, "
    "List the HR department employee "
    "with the highest salary "
)
```

图 8.14 展示了上述代码的输出结果。

```
> Running step a9d76c4a-1db4-473a-bec1-b7cc22a00b4d for task 046b629b-6e5a-4cfd-9a03-6ffed7d2466e.
> Step count: 0
> Plan: 1. list_tables()
2. load_data("SELECT * FROM employees WHERE department = 'HR'")
3. join()
4. load_data("SELECT MAX(salary) FROM employees WHERE department = 'HR'")
5. join()<END_OF_PLAN>
Ran task: list_tables. Observation: ['Employees', 'sqlite_sequence']
Ran task: load_data. Observation: [Document(id_='a91e5066-c2bf-4e72-aff9-00df87df1859', embedding=None, metadata={}, exc
luded_embed_metadata_keys=[], excluded_llm_metadata_keys=[], relationships={}, text='6, Cora, HR, 62040.53, Alice_HR@org
.com', start_char_idx=None, end_char_idx=None, text_template='{metadata_str}\n\n{content}', metadata_template='{key}: {v
alue}', metadata_seperator='\n'), Document(id_='b3d22846-89e7-42dc-9323-adafa9f7a6f6', embedding=None, metadata={}, excl
uded_embed_metadata_keys=[], excluded_llm_metadata_keys=[], relationships={}, text='10, Bill, HR, 74161.45, Bob_HR@org.c
om', start_char_idx=None, end_char_idx=None, text_template='{metadata_str}\n\n{content}', metadata_template='{key}: {val
ue}', metadata_seperator='\n')]
Ran task: join. Observation: None
> Thought: The HR department has two employees with their salaries listed.
> Answer: Bill
```

图 8.14　LLMCompiler 智能体的样本输出

从输出中可以看出，智能体生成了执行计划和实际执行的步骤。这样的设计非常简洁。

综上所述，基于 LLMCompiler 的智能体标志着传统智能体串行执行模式的一个重要进步，推动了聊天机器人实现和用户交互的可能性。

8.3.8 使用底层智能体协议 API

受智能体协议（https://agentprotocol.ai/）和多篇学术论文的启发，LlamaIndex 社区开发了一种更为精细化的方式控制 AI 智能体。这种方式提供了更强的控制力和灵活性，用于执行用户的查询。它让用户能够更细致地管理智能体的行为，从而推动更复杂智能体系统的开发。

整个方案依赖于两个核心组件：AgentRunner 和 AgentWorker，其工作机制如图 8.15 所示。

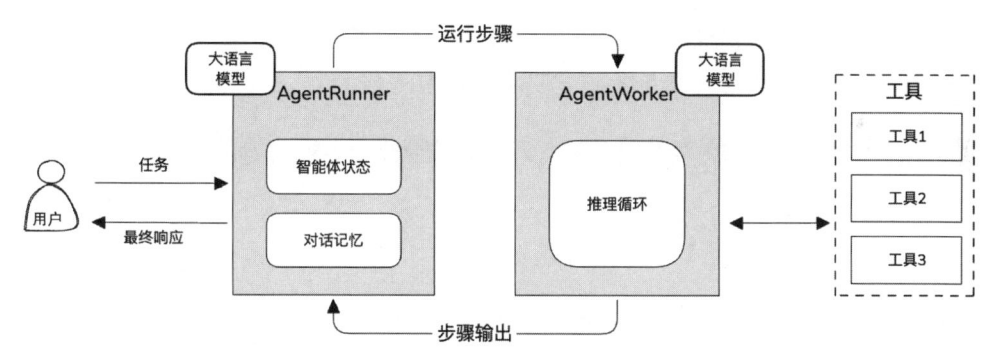

图 8.15 AgentRunner 和 AgentWorker 的协同模型

AgentRunner 负责任务的编排和对话记忆的保存。AgentWorker 则按步骤执行任务，但自身并不存储状态信息。AgentRunner 管理整个过程并将各个结果整合起来。

采用这种方式控制智能体具有多项优点。首先，它实现了清晰的任务分工。AgentRunner 负责整体的任务管理和记忆，AgentWorker 专注于任务的具体执行。这样的设计提高了系统的可维护性和扩展性。

此外，该架构还增强了对智能体决策过程的透明度和控制力。我们可以逐个观察智能体的操作步骤，并在必要时进行干预，这种划分对调试和改进智能体行为尤为重要。

另一个关键优点是它提供的灵活性。我们可以根据应用的具体需求定制智能体的行为，例如修改或扩展智能体工作者的功能，或者在智能体运行器中集成自定义逻辑，从而使系统更加灵活地适应变化。这种模块化的开发模式允许我们在不影响整体的情况下单独构建或更新组件，从而支持大规模智能体系统的高效迭代和演进。

下面是一个具体的实现案例，它基于之前的一个例子并采用上述更精细的控制方法。我们将通过 AgentRunner 和 OpenAIAgentWorker 以更底层的方式实现 OpenAIAgent。

```python
from llama_index.core.agent import AgentRunner
from llama_index.agent.openai import OpenAIAgentWorker
from llama_index.tools.database import DatabaseToolSpec
db_tools = DatabaseToolSpec(uri="sqlite:///files//database//employees.db")
tools = db_tools.to_tool_list()
```

这里，我们导入了所需的组件，并为智能体准备了工具列表。我们继续使用前面提到的 employees.db 数据库。接下来将定义 AgentWorker。

```python
step_engine = OpenAIAgentWorker.from_tools(
    tools,
    verbose=True
)
```

现在是初始化 AgentRunner 并准备任务输入的时候了。

```python
agent = AgentRunner(step_engine)
input = (
    "Find the highest paid HR employee and write "
    "them an email announcing a bonus"
)
```

目前，有两种不同的方式可以与智能体互动。具体如下。

1. 选项 A——使用 chat()方法的端到端交互

chat()方法提供了一种无缝的端到端交互体验,在不需要干预每个推理步骤的情况下执行任务。

```
response = agent.chat(input)
print(response)
```

这个过程很简单:只需两行代码,随后将等待智能体完成任务并提供最终响应。

2. 选项 B——使用 create_task()方法的逐步交互

为了获得更精细的控制,可以利用 AgentRunner 采用逐步的方法创建任务,分别执行各步骤,最后完成响应。

```
task = agent.create_task(input)
step_output = agent.run_step(task.task_id)
```

在第一步中,我们为 AgentRunner 创建了一个新任务并执行了第一个步骤。由于这种方法提供了对每个步骤的手动控制,因此需要在代码中手动实现一个循环,不断调用 run_step()方法直到所有步骤都完成。

```
while not step_output.is_last:
    step_output = agent.run_step(task.task_id)
```

上述循环会持续运行直到最后一个步骤完成。之后就是合成并展示最终答案了。

```
response = agent.finalize_response(task.task_id)
print(response)
```

这种方法使我们能够逐一执行和观察每个推理步骤。create_task()方法启动一个新任务,run_step()方法执行每个步骤并返回输出,而 finalize_response()方法则是在所有步骤完成后生成最终响应。

总体而言,当读者需要密切监控智能体的决策过程,或者希望在特定时刻介入以引导流程或处理异常情况时,选项 B 尤为适用。

现在,我们将运用这些新学到的知识,为 PITS 项目添加聊天功能。

8.4 动手实践——在 PITS 项目中实施对话追踪

在这一实践环节中，我们将运用所学知识提升个人辅导项目的质量。如同专业的家教一样，PITS 需要具备一个强大的对话引擎以便有效地教授学生并解答他们的问题。该引擎的核心应能理解讨论的主题，保持对当前情境的认知，并且做到全程跟踪与学生的交流。鉴于学习过程可能跨越多个会话，PITS 必须能够在会话间保存全部对话记录，并在新的会话开始时恢复交互。我们将把这些功能集成到 `conversation_engine.py` 文件中。此模块不会直接用于应用程序架构中，而是提供三个可调用的函数以便在 `training_UI.py` 模块中引入和使用。

- `load_chat_store()` 函数：此函数负责从之前的会话中提取聊天记录。这里使用了一个通用的 `chat_store_key="0"` 键值。在涉及多名用户的情况下，该键可用于在同一聊天库中分别为不同的用户保存聊天记录。
- `initialize_chatbot()` 函数：此函数负责加载训练材料的向量索引，定义基于索引的查询引擎工具，并利用此工具初始化 `OpenAIAgent`。同时，它会给智能体提供一个系统提示，其中包括智能体的目的、用户名、学习主题以及当前幻灯片的内容。函数最终返回已初始化的智能体，然后由 `chat_interface` 实现真实的对话。
- `chat_interface()` 函数：此函数通过接收用户输入并从智能体生成回答实现持续对话。此外，它会在每次交互后保存对话记录。如果用户结束了当前会话，那么当会话重新开始时，对话将从中断的地方继续。

一旦在主培训界面上实现了这个聊天功能，它应当类似于图 8.16 所示的样子。

现在，我们来看看代码。首先是一些必要的库导入。

```
import os
import json
import streamlit as st
```

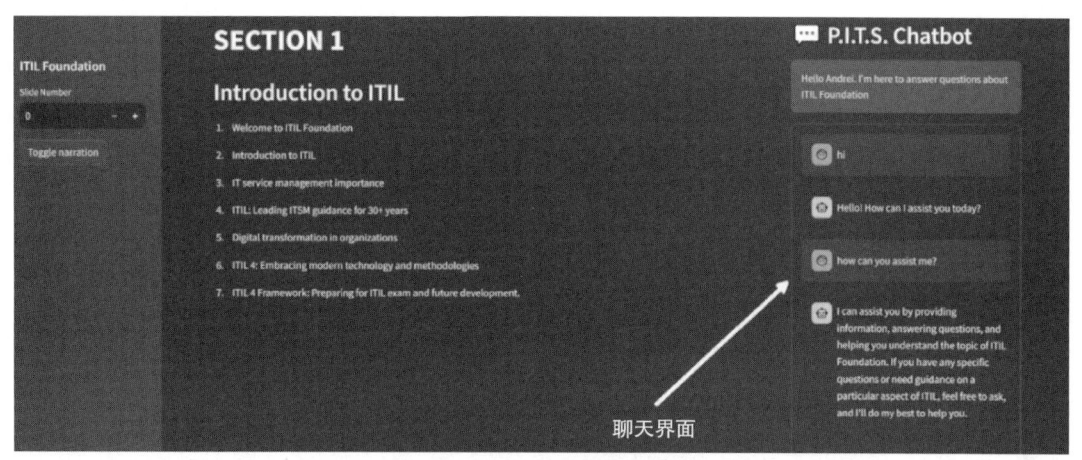

图 8.16　PITS 培训用户界面的屏幕截图

```
from openai import OpenAI
from llama_index.core import load_index_from_storage
from llama_index.core import StorageContext
from llama_index.core.memory import ChatMemoryBuffer
from llama_index.core.tools import QueryEngineTool, ToolMetadata
from llama_index.agent.openai import OpenAIAgent
from llama_index.core.storage.chat_store import SimpleChatStore
from global_settings import INDEX_STORAGE, CONVERSATION_FILE
```

注意，在代码的第一部分中，我们导入了许多组件。os 和 json 模块将用于确保聊天记录的持久性。特定的 LlamaIndex 组件则用于构建智能体及其所需的所有部件。

我们还导入了 INDEX_STORAGE 和 CONVERSATION_FILE 的位置信息（定义在 global_settings.py 模块中）。由于聊天功能将通过 Streamlit 实现，因此也需要导入 Streamlit 库。

接下来看一下 load_chat_store() 函数，它负责通过 CONVERSATION_FILE 指定的本地存储文件加载聊天历史以恢复之前的对话。

```
def load_chat_store():
    try:
        chat_store = SimpleChatStore.from_persist_path(
```

```
            CONVERSATION_FILE
        )
    except FileNotFoundError:
        chat_store = SimpleChatStore()
    return chat_store
```

可以看到，`load_chat_store()`函数试图从本地存储文件中获取对话历史。如果指定的存储文件不存在，则会创建一个新的空`chat_store`，函数将返回`chat_store`。

下一个函数负责在 Streamlit 界面中展示完整的对话历史。

```
def display_messages(chat_store, container):
    with container:
        for message in chat_store.get_messages(key="0"):
            with st.chat_message(message.role):
                st.markdown(message.content)
```

`display_messages()`函数接收聊天记录和 Streamlit 容器作为参数。它通过`get_messages()`方法从聊天记录中提取所有消息。该函数遍历聊天记录中的每条消息，根据消息来源将其标记为用户或助手，并在 Streamlit 容器中展示。

Streamlit 的`chat_message()`方法会根据消息角色自动添加对应的图标，从而更好地表示对话双方。

接下来是初始化 AI 智能体的函数。该函数需要 5 个参数。

- `user_name`：用户的名字，用来增强个性化的体验。
- `study_subject`：学习资料涉及的主题。
- `chat_store`：用来初始化对话历史。
- `container`：指的是显示聊天对话的 Streamlit 容器。虽然这个容器不直接被该函数使用，但会传递给`display_messages()`函数。
- `context`：当前正在培训界面上显示的幻灯片内容。这部分上下文信息会被加入智能体的系统提示中，确保智能体的回答始终贴合用户的当前上下文。

现在，让我们看看函数的第一部分。

第 8 章 构建聊天机器人和智能体

```python
def initialize_chatbot(user_name, study_subject, chat_store, container,
context):
    memory = ChatMemoryBuffer.from_defaults(
        token_limit=3000,
        chat_store=chat_store,
        chat_store_key="0"
    )
```

这里为智能体定义了一个 ChatMemoryBuffer 对象,并设定了包含对话历史的 chat_store 属性。我们继续使用前面提到的 chat_store_key,这有助于智能体准确地检索对话历史。

接下来需要为智能体准备好所需的工具。

```python
    storage_context = StorageContext.from_defaults(
        persist_dir=INDEX_STORAGE
    )
    index = load_index_from_storage(
        storage_context, index_id="vector"
    )
    study_materials_engine = index.as_query_engine(
        similarity_top_k=3
    )
    study_materials_tool = QueryEngineTool(
        query_engine=study_materials_engine,
        metadata=ToolMetadata(
            name="study_materials",
            description=(
                f"Provides official information about "
                f"{study_subject}. Use a detailed plain "
                f"text question as input to the tool."
            ),
        )
    )
```

我们首先使用 `StorageContext` 实例和 `load_index_from_storage()` 方法获取了向量索引。由于存储中包含多个索引，因此必须指定索引的 ID 为 `vector`。

索引加载完毕后，我们建立了一个简单的查询引擎，并设置 `similarity_top_k=3`。随后创建了一个 `QueryEngineTool` 工具并在其元数据中提供了说明，以便智能体了解其功能和用途。相似性参数 `top_k` 设为 3，目的是从索引中选取 3 个最相关的条目。

最后一步是初始化 `OpenAIAgent`。

```
agent = OpenAIAgent.from_tools(
    tools=[study_materials_tool],
    memory=memory,
    system_prompt=(
        f"Your name is PITS, a personal tutor. Your "
        f"purpose is to help {user_name} study and "
        f"better understand the topic of: "
        f"{study_subject}. We are now discussing the "
        f"slide with the following content: {context}"
    )
)
display_messages(chat_store, container)
return agent
```

上述代码展示了如何初始化 `OpenAIAgent`，同时提供 `QueryEngineTool`、`memory` 和 `system_prompt` 作为其参数。这个系统提示为大语言模型提供了背景信息，使其回答既符合当前讨论的话题又满足用户的学习需求。

可以看出，我努力让代码尽可能简单。当然，这一实现还有许多可以优化的地方。初始化完智能体后，我们会调用 `display_messages()` 函数显示已有的对话记录。

最后一个函数负责管理实际的对话流程，它有 3 个参数。

- `agent`：运行聊天的智能体引擎。
- `chat_store`：保存对话记录。
- `container`：显示消息的 Streamlit 容器。

下面来看这段代码。

```
def chat_interface(agent, chat_store, container):
    prompt = st.chat_input("Type your question here:")
    if prompt:
        with container:
            with st.chat_message("user"):
                st.markdown(prompt)
            response = str(agent.chat(prompt))
            with st.chat_message("assistant"):
                st.markdown(response)
        chat_store.persist(CONVERSATION_FILE)
```

chat_interface() 函数使用 Streamlit 的 chat_input() 方法显示了一个聊天输入框。一旦接收到用户输入，它就会依次执行以下步骤。

- 将用户的问题添加到指定容器内的聊天界面。
- 调用 OpenAIAgent 的聊天方法处理问题并生成回复。
- 将聊天机器人的回复也添加到指定容器内的聊天界面中。
- 使用聊天存储的持久化功能将新的对话记录保存至 CONVERSATION_FILE 文件中，确保不同会话间的连贯性。

在接下来的章节中，我们将深入探讨更多 PITS 的特色功能。

8.5 本章小结

本章深入探讨了如何使用 LlamaIndex 构建聊天机器人和自主智能体的实现方法，介绍了用于对话追踪的 ChatEngine 以及几种内置的聊天模式，如简单模式、上下文模式、问题压缩模式以及上下文增强的问题压缩模型模式。

随后，我们探讨了多种智能体架构和策略，如 OpenAIAgent、ReActAgent 以及更

为复杂的 LLMCompiler 智能体。同时，还讲解了智能体系统中的若干核心概念，如工具调用、工具编排、推理循环以及并行执行策略。

最后，我们实现了 PITS 应用中的对话追踪功能，加深了对对话管理、智能体推理、工具调用与对话持久化这些关键技术模块的理解。

至此，读者应已掌握如何利用 LlamaIndex 构建具备上下文感知能力与良好交互体验的对话系统。

第 9 章将介绍如何定制 RAG 流水线，并提供一份简单易懂的部署指南，讲解如何将系统集成至 Streamlit 应用中。此外，还将介绍一系列高级调试与追踪技巧，并探讨评估应用性能的实用策略。

第四篇
定制化、提示工程与总结

在本书的最后一部分，我们将探讨如何定制稳定且面向生产环境的 RAG 组件，内容涵盖性能追踪、评估方法以及如何在 Streamlit 等平台上进行部署。此外，我们还将深入了解有效的提示工程技术，讲解如何通过提示工程提升 RAG 工作流的效率。最后，我们将反思 RAG 和 AI 技术带来的变革潜力，强调持续学习、社区参与及伦理考量的重要性，同时展望技术角色和负责任的技术开发在未来发展中所扮演的关键角色。

本篇内容包含以下 3 章。

- 第 9 章　LlamaIndex 项目定制与部署。
- 第 10 章　提示工程指南和最佳实践。
- 第 11 章　结论与附加资源。

第9章
LlamaIndex 项目定制与部署

定制检索增强生成组件并优化其性能，是构建稳健、可投入生产使用的 LlamaIndex 应用的关键。本章将探讨如何利用开源模型、跨大语言模型的智能路由，以及使用社区构建的模块提升解决方案的灵活性和经济效益。我们还将深入探讨高级追踪机制、评估方法以及最佳部署策略，从而更全面地理解系统行为，确保其可靠运行，同时简化开发流程。

本章将涵盖以下主要内容。
- 定制 RAG 组件。
- 高级追踪和评估技术。
- 利用 Streamlit 进行部署。
- 动手实践——部署指南。

9.1 技术需求

为了完成本章内容，读者需要在环境中安装如下软件包。
- Arize AI Phoenix：https://pypi.org/project/arize-phoenix。

此外，运行示例代码还需要安装以下 3 个集成包。

- Hugging Face embedding：https://pypi.org/project/llama-index-embeddings-huggingface。
- Zephyr query engine：https://pypi.org/project/llama-index-packs-zephyr-query-engine。
- Neutrino LLM：https://pypi.org/project/llama-index-llms-neutrino。

本章的所有代码示例都可以在本书配套的 GitHub 仓库的 ch9 子文件夹中找到：https://github.com/PacktPublishing/Building-Data-Driven-Applications-with-LlamaIndex。

9.2 定制 RAG 组件

首先，我们将讨论在 LlamaIndex 中对 RAG 工作流可以定制哪些组件。实际上，几乎 LlamaIndex 的所有组件均支持定制，正如前几章所示。LlamaIndex 框架本身的灵活性允许定制所有核心组件，这也是其一大优势。不过，RAG 工作流的核心在于大语言模型及其所使用的嵌入模型。到目前为止，我们一直使用 LlamaIndex 的默认配置，即基于 OpenAI 提供的模型。然而，正如我们在第 3 章中提到的，选择其他模型不仅有充分的理由，也有很多替代选项：既包括市场上的商业模型，也存在可以本地部署的开源模型。后者不仅提供了私有的替代方案，还能大幅度降低成本。

接下来简要回顾一些背景信息，帮助读者更好地理解为什么以及如何选择适合的模型优化 RAG 应用。

9.2.1　LLaMA 和 LLaMA 2 推动开源领域变革

2023 年初，Meta AI 推出了大语言模型 LLaMA（large language model meta AI），通过向社区开放模型权重，极大地提升了大语言模型的可用性。随后，LLaMA 2 于 2023 年 7 月发布，其改进包括增加训练数据和扩大模型规模，以及在更宽松的商业条款下微调了对话模型，使其更适合对话任务。Meta 公司共发布了三种不同参数规模的 LLaMA 2 模型，分别是 70 亿、130 亿和 700 亿参数。尽管这些模型的基本结构与初代 LLaMA 类似，但它们的训练数据相比之前多出 40%，旨在提高模型的基础性能和泛化能力。

尽管围绕其开源状态有一些争议，但这项举措无疑是对开源生态的重要贡献，催生了新一轮基于社区的研究和应用开发。LLaMA 模型在与其他领先大语言模型的测试比较中展现了强大的竞争力，证明了其卓越的技术实力。

之后，Georgi Gerganov 开发的 `llama.cpp`（https://github.com/ggerganov/llama.cpp）工具使得这些复杂的模型能够在普通硬件上进行推理运算，让更多人接触到了前沿的 AI 技术。

> **提示**
>
> `llama.cpp` 是 Meta 公司 LLaMA 架构的一种高效 C/C++实现，用于大语言模型推理。该工具在开源社区中备受欢迎，GitHub 上已获得超过 43000 颗星和超过 930 次发布。作为这一领域的基石，`llama.cpp` 催生了许多类似工具和服务的发展，例如 Ollama、Local.AI 等。这些进展表明，AI 的研究方向正在发生变化，更关注于开放信息和技术共享，确保 AI 模型能够在更简单的计算机和其他边缘设备上运行。这为生成式 AI 的应用开辟了更多可能性，也在各个领域激发了创新和改进。

关于本地运行大语言模型的工具，市面上已经有许多选择，本章不做详尽介绍。此外，不仅是本地大语言模型，还有越来越多的服务提供商提供自家专有的 AI 模型或开源模型的云托管访问。LlamaIndex 作为一个强大的框架，已经集成了对众多这类服务的支持。读者可以查阅 LlamaIndex 的官方文档，了解框架支持的模型及其使用示例：https://docs.llamaindex.ai/en/stable/module_guides/models/llms/modules.html。

本节将介绍一种特别便捷的替代方案，具备实现简单、代码复用性强等优势。对于希望快速测试想法或构建简单原型的初学者和爱好者来说，这可能是最理想的解决方案之一。

9.2.2　使用 LM Studio 运行本地大语言模型

LM Studio（`https://lmstudio.ai/`）是基于 `llama.cpp` 库构建的本地大语言模型运行平台，提供了用户友好的图形界面，即使非技术背景用户也能轻松下载、配置并本地运行 Hugging Face 上的大多数开源模型。

LM Studio 提供了两种与本地大语言模型交互的方式。
- 聊天界面：类似于 OpenAI 的 ChatGPT 的聊天界面。
- 兼容 OpenAI 的本地服务器：该选项的一大优势在于，它允许用户对原基于 OpenAI 大语言模型构建的 LlamaIndex 应用进行少量修改，即可在本地环境运行。

接下来将详细介绍如何快速启动并运行 LM Studio。读者需要根据自己的操作系统（Mac、Windows 或 Linux）下载并安装相应的版本。官方网站提供了详尽的指南，确保安装过程每个步骤都易于理解和操作。

安装完成后，LM Studio 的图形界面将从"模型发现"屏幕启动，这里，读者可以输入任意模型或模型系列的名称，获取可下载的匹配模型列表。我们将以广受欢迎的 Zephyr-7B 模型为例（`https://huggingface.co/HuggingFaceH4/zephyr-7b-beta`），这款模型尽管体积较小，但它却展示了将大语言模型精简至更易管理大小的有效性。它源自 Mistral-7B，为具有 70 亿参数的聊天模型设定了新的基准，在 Hugging Face LMSYS 聊天机器人竞技排行榜上超越了 LLAMA2-CHAT-70B 的性能（`https://huggingface.co/spaces/lmsys/chatbot-arena-leaderboard`）。图 9.1 显示了搜索 `zephyr-7b` 关键词时的输出结果。

在搜索结果界面中，读者可以看到两个面板。
- 左侧列出了所有符合搜索条件的模型。这里，我们将看到不同版本的 Zephyr-7B 模型。

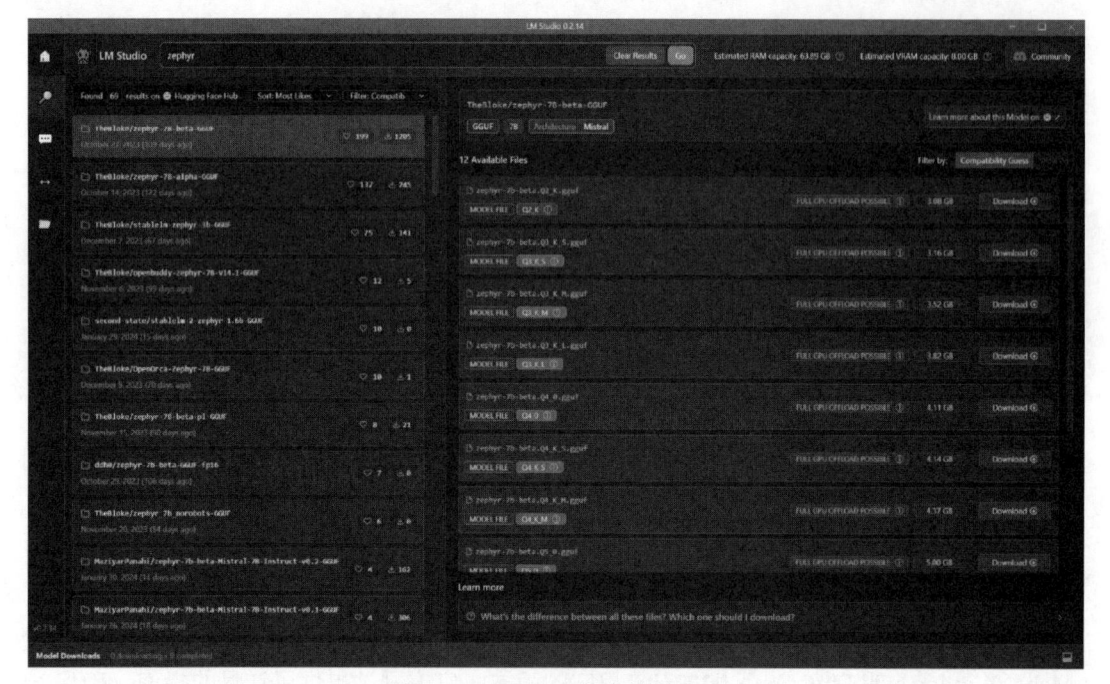

图 9.1　LM Studio 搜索结果界面

- 右侧则列出了所有可下载的 GGUF 文件版本。

> **关于 GGUF 文件格式**
>
> GGUF（generative pre-trained transformer-generated unified format）是一种专门用于存储推理模型的文件格式。这种格式极大地提高了模型分享和使用的效率，因此在开源社区中被广泛应用，成为存储和分发模型的一种常见方式。

对于大多数模型来说，读者会得到一个完整的 GGUF 文件列表，每个文件都有其独有特性，但其中最重要的一个特性是量化级别。接下来将深入了解什么是大语言模型的量化以及它为何如此重要。

1. 理解大语言模型的量化

在普通消费者硬件上运行开源大语言模型可能会遇到挑战，主要原因在于这些大语言

第 9 章　LlamaIndex 项目定制与部署

模型庞大的内存占用和计算需求。虽然一些消费级 GPU 可以在这方面提供帮助，但它们无法像企业级硬件那样有效地应对大语言模型的需求。这就是为什么需要量化的缘故。

量化是一种训练后优化技术，其目的是在不显著牺牲模型准确度和输出质量的前提下，优化模型以实现更好的性能和效率，尤其是在速度和内存使用方面。

通过量化过程，模型的参数，通常存储为 32 位浮点数，被转换为更低位的表示形式，例如 16 位浮点（FP16）、8 位整数（INT8）或更低。这个过程可以看作一种近似处理，通过减少用于表示模型参数的数值精度并结合复杂的技术，尽可能保持准确性。现代量化技术在设计时考虑到了尽量减少准确度损失，因此通常能够生成几乎与全精度模型一样准确的模型。

> **理解量化的含义**
>
> 想象有一份需要精确测量的食谱，比如需要 1.4732 杯面粉。实际上，你可能会将其四舍五入到 1.5 杯，因为在大多数情况下这种差异可以忽略不计，并且不会影响最终结果。这就好比量化的过程，我们在其中降低了模型参数的精度，使得模型运行得更加高效，同时确保其准确度仍然维持在一个可接受的水平。不过这里我们调整的不是面粉量，而是模型参数的数值精度。例如，原本需要用 16 位存储参数值 23.7，经过量化后可以用 8 位表示为 23。这样做可以减少内存占用并加快处理速度。然而，模型的大小、速度和准确度之间，需要根据具体应用场景进行权衡。

在可接受的精度损失范围内，量化过程可以显著减少模型的大小和训练及推理阶段所需的计算资源，这使得在普通消费者硬件上部署模型变得可行。一般来说，位宽越低（例如 INT4，甚至二进制），模型变得越小且运行速度越快，但同时准确度损失的风险也越高。

基于 llama.cpp 构建的 LM Studio 能够充分利用任何与之兼容的 GPU 加速推理过程。这个特性通常称为 GPU 卸载，意味着计算操作可以部分甚至完全从 CPU 转移到 GPU 上执行。由于现代 GPU 在处理高度并行计算任务方面比 CPU 更高效，因此 GPU 可以显著加快推理速度。此外，GPU 还减少了 CPU 的负载，从而提升了整体系统性能。当尝试 GPU 卸载时，主要限制因素是 GPU 上可用的显存量。为了高效运行，GPU 必须首先将大语言模型加载到显存中。

因此，除了量化级别，右边面板中的 GGUF 文件还会有一个标志显示 3 种可能的兼容性状态，每种状态由不同的颜色表示。

- 绿色：表示 GPU 拥有足够的显存加载模型并执行推理。通常情况下，这是最理想的状态。
- 蓝色：虽然不是最理想的选择，但仍然能提供显著的性能提升。
- 灰色：取决于模型架构，这种情况下可能会工作也可能不会工作。
- 红色：很遗憾，这意味着你将无法在此机器上运行该版本，最可能的原因是其大小超过了系统总内存。

> **提示**
>
> Hugging Face 提供了一个工具页面，用于估算特定模型与量化设置所需的显存资源：https://huggingface.co/spaces/hf-accelerate/model-memory-usage。

2. 如何选择合适的模型

在选择模型时，通常遵循这样一个原则：量化位数越少（例如从 16 位到 8 位），所需的内存越少，推理过程也会更快。然而，这一种优化是以牺牲一定的准确度为代价的。例如，3 位量化的模型总是会比 6 位量化的模型精度低一些。

一旦确定了具体的模型版本，下一步就是将模型下载到机器上。不过在开始下载之前，要确保硬盘有足够的空间存储模型文件。LM Studio 用户界面底部有一个实用的状态栏，可用监控下载进度。

下载完成后，切换到聊天模式，读者将会看到类似于图 9.2 的界面。

该界面即之前所述的交互方式之一，形式上类似 ChatGPT 的聊天窗口。在此界面上读者可以执行以下操作。

（1）模型选择：使用屏幕顶部的模型选择器从已下载的模型列表中进行选择，并等待几秒钟直到模型加载到内存中。

（2）模型参数配置：使用右侧的配置面板调整模型的可调参数。本节稍后将详解这些可调参数的功能与作用。

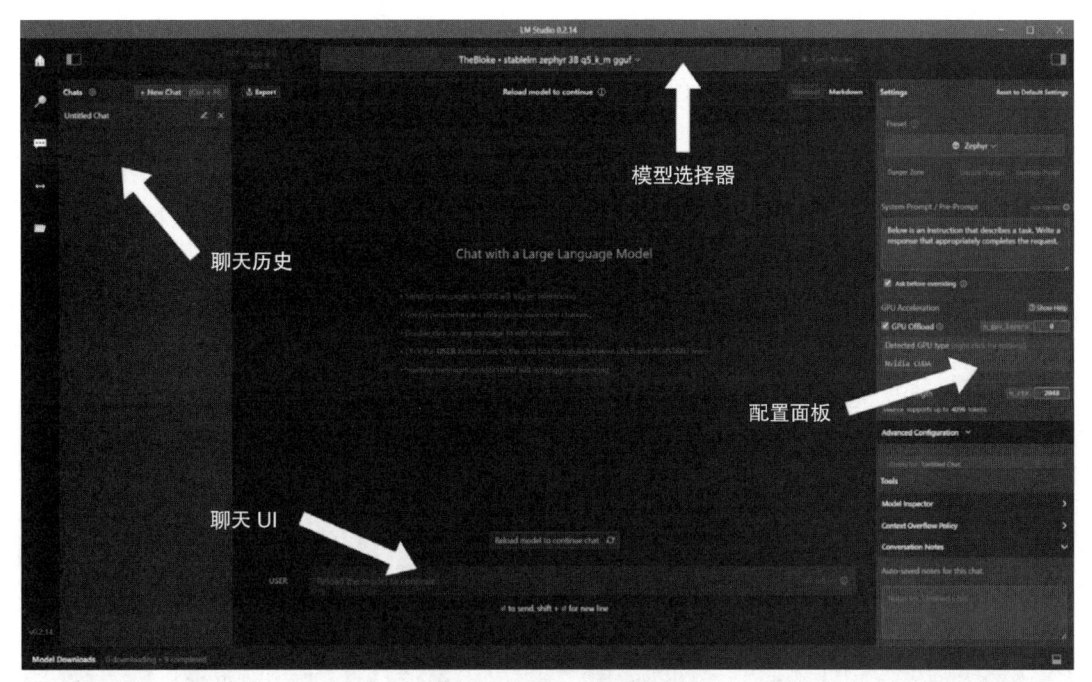

第 9 章　LlamaIndex 项目定制与部署

图 9.2　LM Studio 界面

（3）查看聊天记录：查看左侧列出的历史聊天记录。

（4）对话交互：使用类似 ChatGPT 的界面与模型对话。

配置面板中有一些参数可以调整，最重要的参数如下。

- 模型预设：部分模型自带预定义的配置，可以从预设列表中直接加载。为了简单起见，建议从列表中选择模型的对应预设。例如，所有基于 Zephyr 的模型都可以使用 Zephyr 预设。
- 系统提示：此提示用于设置对话的初始上下文。
- GPU 卸载：设置应转移到 GPU 处理的模型层数量。根据使用的模型和可用的 GPU 资源，读者可以逐步增加这个数值并留意模型的稳定性。若设置值过高，部分模型可能因显存不足而无法正常运行。如果确信无误，可以使用 –1 将模型所有层卸载至 GPU。
- 上下文长度：定义上下文窗口的最大值。

每次更改关键参数后，模型通常需要重新加载，请耐心等待加载过程完成。一旦完成了所有设置，就可以开始尽情体验与本地大语言模型的互动了。

3. 本地推理服务器

在讨论了如何选择和配置模型之后，接下来要介绍的是如何将 RAG 组件集成到这个流程中。为此，我们需要访问本地推理服务器，读者可以通过按下左侧菜单上的双箭头图标来实现，并将看到类似于图 9.3 的界面。

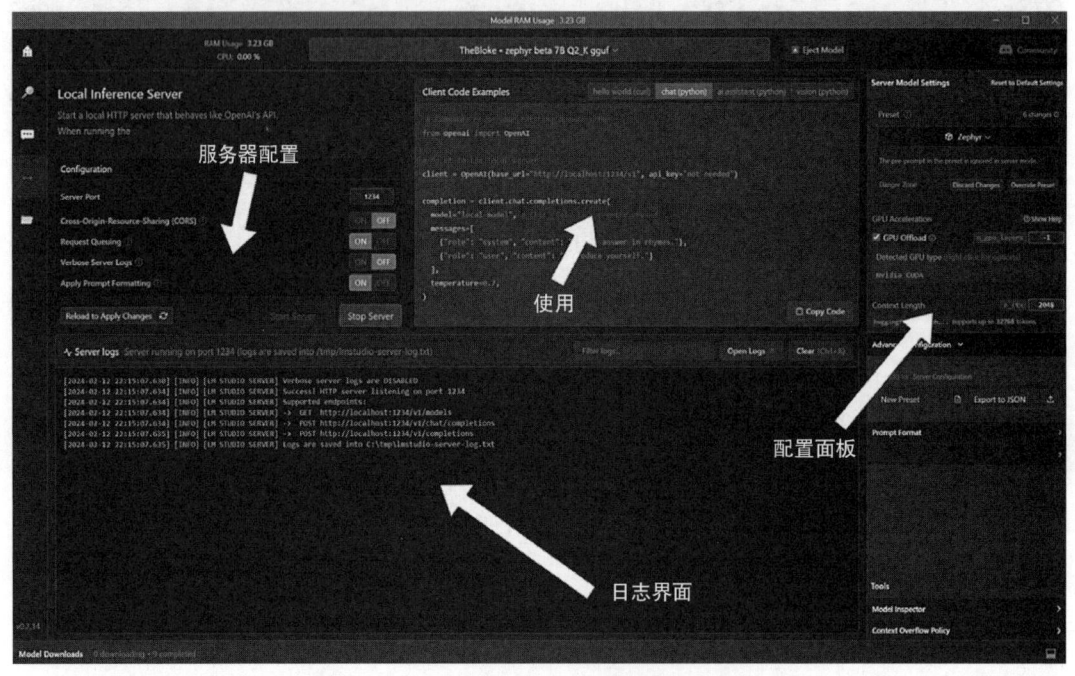

图 9.3　LM Studio 中的本地推理服务器界面

右侧面板中的配置选项与聊天界面中的配置选项几乎相同。初次使用时，建议保留服务器默认配置，使用指南部分将告诉读者如何与 API 交互。LM Studio 模拟了 OpenAI 的 API，这意味着，现有的代码只需要少量改动就可以与 LM Studio 托管的本地大语言模型交互了。

此时，读者只需要单击启动服务器按钮即可开始使用。

> **提示**
>
> 当 API 服务器运行时，聊天界面将被禁用，因此不能同时使用这两项功能。

下面我们将具体探讨，若要将代码迁移到本地大语言模型，需要对代码做出怎样的调整。根据使用说明部分的提示，我们只需要对代码做出一处变动。

```
client = OpenAI(base_url="http://localhost:1234/v1")
```

由于 LlamaIndex 自身已实现了 OpenAI API 客户端，因此只需要在初始化时指定 api_base 参数，如下所示。

```
from llama_index.llms.openai import OpenAI
llm = OpenAI(
    api_base='http://localhost:1234/v1',
    temperature=0.7
    )
print(llm.complete('Who is Lionel Messi?'))
```

可以看到，我们唯一需要做的调整就是将 llm 实例指向本地服务器，而不是 OpenAI 服务器，其余代码保持不变。运行该示例后，读者可以在 LM Studio 的日志界面看到由代码发出的真实请求以及来自 API 的响应。如果读者想永久更改整个代码中所使用的大语言模型，则需要定义一个 Settings 对象并用它配置全局参数（参考第 3 章）。

现在我们确保了数据的完全隐私，并且无须为 RAG 工作流中使用 AI 模型付费。当然，电费仍然是需要考虑的成本因素，但它不再是基于 token 的收费模式。能够在普通硬件上运行本地模型这一能力，提供了远超文本生成的更多可能。例如，利用支持多模态的模型（如 LLaVa，https://huggingface.co/docs/transformers/main/en/model_doc/llava）能拓宽应用场景的范围。LM Studio 是一个非常适合快速原型开发和创意探索的理想工具。值得注意的是，LM Studio 的使用受到许可协议的约束，它仅限于个人和非商业用途。若要将其应用于商业场景，需要获得开发者的授权。

9.2.3　使用 Neutrino 或 OpenRouter 等服务智能路由大语言模型

有时单一大语言模型并不能满足所有任务需求，特别是在复杂的 RAG 场景中，如果只能选择一种大语言模型，那么要在成本、延迟和精度之间找到最优解是件异常困难的任务。但如果能在同一个应用中灵活切换不同的大语言模型，并能针对每次互动动态选择最适合的模型，岂不是更好？这正是 Neutrino（`https://www.neutrinoapp.com/`）和 OpenRouter（`https://openrouter.ai/`）等第三方服务的目标所在。这些服务通过为不同大语言模型间的查询提供智能路由功能，极大地提升了 RAG 工作流的效率。

例如，Neutrino 的智能模型路由功能可以根据输入的提示自动选择最适合的大语言模型，既保证了回复的质量又节省了成本。这对于处理各种查询尤其有用，因为不同的查询可能需要不同大语言模型的优势或专长。例如，某个模型可能更擅长理解用户的初始查询，而另一个模型则在根据检索到的信息生成回答方面表现更佳。通过这种方式，RAG 系统可以灵活地为每个任务选择最合适的模型而无须预先设定固定的模型，这极大地提高了系统的灵活性和整体性能。图 9.4 展示了 Neutrino 路由器的工作原理。

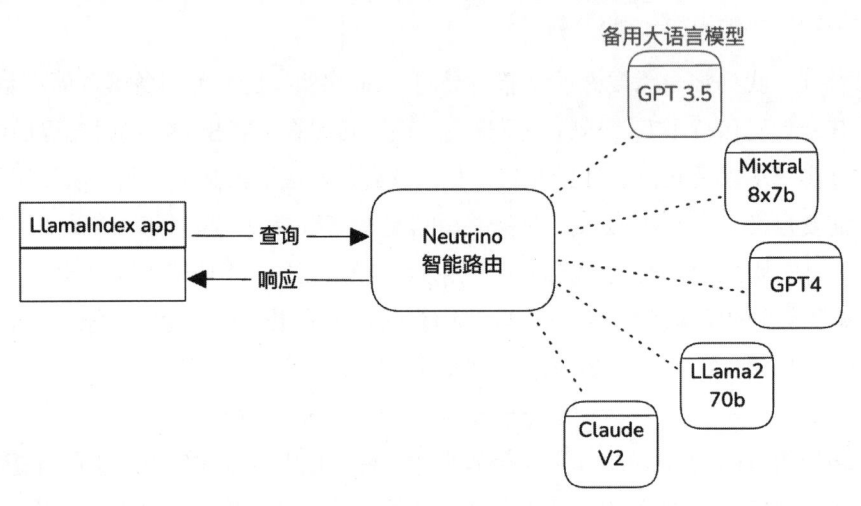

图 9.4　Neutrino 智能路由特性

值得注意的是，Neutrino 和 OpenRouter 均作为集成包在 LlamaIndex 中得到支持。下面

是一个简单的例子，展示了如何使用自定义 Neutrino 路由器根据用户查询动态选择大语言模型。要运行这个例子，首先需要执行如下命令安装 Neutrino 集成包。

```
pip install llama-index-llms-neutrino
```

安装完成后，读者需要在 Neutrino 官方网站上注册账户并获取 API 密钥。然后创建一个大语言模型路由，选择所需的大语言模型以及一个默认的备用大语言模型。这样，当发生错误或路由器无法决定使用哪个大语言模型时，系统将自动切换到备用模型。此外，在路由器配置过程中，读者还可以选择使用 Neutrino 提供的 AI 模型，或者为每个大语言模型配置自己的 API 密钥。最后一步需要提供一个路由器 ID，用于在代码中指定使用的路由器。

以下是如何在 LlamaIndex 中使用 Neutrino 路由器的代码示例。

```
from llama_index.core.llms import ChatMessage
from llama_index.llms.neutrino import Neutrino
llm = Neutrino(
    api_key="<your-Neutrino_API_key>",
    router="<Neutrino-router_ID>"
)
```

以上代码首先以 LlamaIndex llm 对象的形式初始化 Neutrino 路由器，为此读者需要提供 Neutrino API 密钥和定义的路由器 ID。接下来，它进入循环并持续接收用户的提问，直到收到"exit"关键词。

```
while True:
    user_message = input("Ask a question: ")
    if user_message.lower() == 'exit':
        print("Exiting chat...")
        break
    response = llm.complete(user_message)
    print(f"LLM answer: {response}")
    print(f"Answered by: {response.raw['model']}")
```

问题被提交到 Neutrino 路由器，脚本不仅会打印答案，还将打印路由器选中生成答案的大语言模型名称。读者可以尝试提出不同类型的问题。根据读者在定义路由器时选择的模型，将看到路由器会根据各模型的能力将问题分配给不同的大语言模型。另一种使用此类路由器的更通用的方法是将 `llm` 对象配置为全局默认设置，这可通过 `Settings` 类实现。

```
from llama_index.core import Settings
Settings.llm = llm
```

该配置确保后续 LlamaIndex 组件均统一使用 Neutrino 路由器作为默认 LLM 接口。

> **提示**
>
> 如果读者对路由器的选择不满意，Neutrino 还提供了一个微调自定义路由器的方法，即上传一组示例让路由器进行训练：https://platform.neutrinoapp.com/training-studio。

Neutrino 只是一个例子。OpenRouter 也采用类似机制运行，但它主要的关注点是优化大语言模型调用的成本，而不一定是质量。

此外，还有其他提供类似服务的提供商，随着每周数百个新的 AI 模型的出现，这一概念注定会越来越受欢迎。大语言模型路由服务的能力抽象了模型选择和管理的复杂性，增强了 RAG 工作流。因此，我们可以专注于应用程序的构建和优化，而不是管理底层 AI 模型。

9.2.4　自定义嵌入模型

在 RAG 场景中，另一个可以考虑定制的重要组件是底层嵌入模型。嵌入模型广泛应用于向量存储索引场景，但它同时也可能引发关于成本和隐私方面的担忧。因此，我们有时候会更倾向在 RAG 工作流中采用本地嵌入模型。幸运的是，LlamaIndex 支持超过 30 种嵌入模型且开箱即用。这些嵌入模型可通过安装嵌入集成包获取，详情可见 LlamaHub 网站：https://llamahub.ai/?tab=embeddings。

如果读者想了解如何配置 LlamaIndex 并使用 Hugging Face 提供的本地嵌入模型，请参考第 5 章中的"理解向量嵌入"部分。

9.2.5　利用 Llama Packs 实现即插即用

LlamaIndex 是一个丰富而灵活的框架，它提供了适用于 RAG 应用的多种基础元素和方法。这既体现出框架的灵活性，也对开发者提出了更高的使用门槛。一方面，几乎任何实际问题都能找到对应的工具。另一方面，成功实施这些工具需要花费大量时间去了解每个工具，之后还需要对每个组件进行微调和优化。在开发和优化过程中，这无疑是一项不小的挑战。有时，为了迅速验证某个创意，最好能有一些现成的高级模块。这就像是已经组装好的乐高玩具组件，如屋顶、窗户或是公交车站。现在，我们有了这样的资源，即 Llama Packs。

由活跃的 LlamaIndex 社区创建并不断改进的 Llama Packs 可用于快速构建大语言模型应用程序的预打包模块。就像一些预建的乐高玩具结构一样，它提供了可重用的组件，如大语言模型、嵌入模型和向量索引，这些组件经过预配置，适用于构建 RAG 流水线的各种用例，并且这些模块易于下载，可根据特定目标进行初始化。

> **提示**
> 一个包可以包含一个完整的 RAG 工作流，用于启用文本的语义搜索，或者是一个可以直接在应用中调用的完整智能体。

Llama Packs 作为模板，可以根据需要进行检查、定制和扩展。每个包的代码都是可用的，因此开发人员可以修改代码或从中获得灵感构建自己的应用程序。这种设计的好处在于，它提供了即插即用（plug and play，PnP）的解决方案，同时避免了框架主代码库的臃肿。读者依然可以结合使用各类集成包和 LlamaIndex 核心组件，并根据个人需求定制任意一个包。

在 LlamaHub（https://llamahub.ai/?tab=llama_packs）上，读者可以找到

所有已发布的 Llama Packs 以及其他的集成包。每个包都有一个介绍其使用方法的 README 文件，其中大多数还附带了详细的示例供学习和实验之用。

使用这些 Packs 非常简便。鉴于本节主要讨论定制化，特别是探讨将 RAG 工作流迁移到本地开源模型的可能性，这里将给出一个具体的例子。我们将探讨一个能让查询引擎完全依赖本地托管 AI 模型运行的 Llama Pack。该包采用了 `HuggingFaceH4/zephyr-7b-beta` 作为推理使用的大语言模型，`BAAI/bge-base-en-v1.5` 作为嵌入模型。这个包名为 Zephyr Query Engine Pack 并可以从这里获取：https://llamahub.ai/l/llama_packs-zephyr_query_engine。

类似 LM Studio 的运作模式，该包也能利用现有的 GPU 加速推理过程。接下来将具体介绍其操作步骤。

使用任何 Llama Pack 的第一步是在本地环境中下载对应的模块，可以通过 3 种不同的方式实现。

- 通过安装相应的集成包。例如在我们的示例中，可以通过以下命令完成。

```
pip install llama-index-packs-zephyr-query-engine
```

这种方法简单快捷，并且永久地将所需的包安装到本地环境中。唯一的缺点是无法检查和修改包代码。因此，建议使用其他两种方法。

- 使用命令行界面（CLI），如下所示。

```
llamaindex-cli download-llamapack ZephyrQueryEnginePack --download-dir ./zephyr_pack
```

稍后将更详细地讨论 CLI 工具。

- 直接在代码中使用 `download_llama_pack()` 方法并指定下载位置，例如：

```
from llama_index.llama_pack import download_llama_pack
download_llama_pack(
    "ZephyrQueryEnginePack", "./zephyr_pack"
)
```

下载完成后，相关文件将保存在 zephyr_pack 子文件夹中。读者可以检查和修改代码中

的任何内容，以及根据需要进行调整。在运行示例之前，读者还需要安装 Hugging Face 嵌入集成包。

```
pip install llama-index-embeddings-huggingface
```

以下是下载后如何使用此包的简单示例。

```
from zephyr_pack.base import ZephyrQueryEnginePack
from llama_index.readers import SimpleDirectoryReader
reader = SimpleDirectoryReader('files')
documents = reader.load_data()
zephyr_qe = ZephyrQueryEnginePack(documents)
response=zephyr_qe.run(
    "Enumerate famous buildings in ancient Rome"
    )
print(response)
```

值得注意的是，这里使用的 `run()` 方法是对常规 `query()` 方法的封装。

这只是目前 LlamaHub 上超过 50 个包中的一个，而且包的数量还在持续增长中。更重要的是，每个包都有详细的文档支持，并遵循几乎相同的实现模式。因此，下次当读者面临需要将多个基础组件组合成更复杂的功能模块时，不必从零开始，建议花一些时间浏览 LlamaHub，查看是否有现成的解决方案。Llama Packs 能够显著加快基于大语言模型的应用开发进程，它允许开发者使用专为常见场景定制的预构建组件。无论读者是在寻找可以直接使用的现成解决方案，还是需要根据特定需求调整的可定制模板，Llama Packs 都能满足需求，助力项目快速起步。

9.2.6 使用 Llama CLI

LlamaIndex 工具库中提供了一个非常有用的命令行工具 `llamaindex-cli`。这个工具随着 LlamaIndex 库一同安装，可以非常容易地从命令行访问，支持多种用途，包括：

- 下载 Llama Packs：下载 Llama Pack 的命令行语法如下所示。

```
llamaindex-cli download-llamapack <pack_name> --download-dir <target_location>
```

- 升级旧版代码：如果读者正在使用的 LlamaIndex 版本低于 v.0.10，那么升级时可能会遇到一些结构上的变化。LlamaIndex 团队为此提供了一个自动化升级工具，帮助用户将旧版本的代码更新至 v0.10 及以后版本的新结构，以简化迁移过程。升级全部文件的命令格式如下所示。

```
llamaindex-cli upgrade <target_directory>
```

- 如果读者想单独升级某个文件，可以执行以下命令。

```
llamaindex-cli upgrade-file <target_file>
```

- 通过 RAG 参数构建工作流：最具吸引力的功能之一是使用 rag 参数创建一个检索增强生成工作流，而无须编写任何代码。默认情况下，这种模式依赖于 Chroma 数据库进行本地嵌入存储，并采用 OpenAI 的 GPT-3.5 Turbo 模型作为大语言模型。值得注意的是，出于隐私考虑，在默认设置下，所有上传的数据都会发送给 OpenAI 处理。

1. 命令行中 RAG 的运行方式

在使用命令行中的 RAG 模式之前，读者需要先在本地环境中安装 ChromaDB 库。

```
pip install chromadb
```

llamaindex-cli 提供了多个命令行参数，使得用户能够高效地与大语言模型互动并管理本地文件。以下是一些关键命令行参数的说明。

- --help：显示帮助消息，列出所有可用命令及其使用方法。
- --files <FILES>：指定包含需要处理的数据的文件或目录。这些数据将被转换成向量并存入本地向量数据库中，便于后续的检索和分析。
- --question <QUESTION>：输入想问的问题，让系统根据已有的数据给出答案。
- --chat：打开一个交互式的问答会话，类似于聊天机器人，让用户可以直接提问。
- --verbose：增加输出的详细程度，有助于调试和理解工具内部的工作流程。
- --clear：清除本地向量数据库中的所有数据，相当于重置状态。

第 9 章　LlamaIndex 项目定制与部署

- --create-llama：基于选择的文件开始创建一个 LlamaIndex 应用程序。这不仅限于简单的问答，还支持开发具有前后端的完整应用。读者可以在这里找到一个完整的示例：https://www.npmjs.com/package/create-llama#example。

接下来将使用 GitHub 仓库中 ch9/files 文件夹内的内容，展示如何使用 CLI RAG 特性与文件进行对话。读者可在包含这些示例文件的文件夹中运行如下命令。

```
llamaindex-cli rag --files files -q "What can you tell me about ancient Rome?" --verbose
```

如果想直接进入互动聊天模式，可以使用以下命令。

```
llamaindex-cli rag --chat
```

如果需要进一步定制 CLI RAG 的行为，可参考官方文档的完整示例：https://docs.llamaindex.ai/en/stable/use_cases/q_and_a/rag_cli.html。

现在，让我们深入探索 LlamaIndex 应用的核心逻辑吧。

9.3　高级追踪和评估技术

借助 LlamaIndex 等工具，开发者可以轻松构建基于大语言模型的应用程序，因为框架抽象了许多复杂的技术细节。这也意味着，一旦出现问题，定位和解决将变得更加棘手。开发者需要有效的手段查明问题所在，需要一层层剖析应用的各个组成部分，找出问题的根源。换句话说，我们需要一种能洞察代码内部的运作机制，理解各组件之间如何交互，并能识别出潜在问题。这时，追踪技术就显得尤为重要了。另一方面，由于存在众多工具和方法可供选择，我们需要一种方法对比不同的组合方案，从而挑选出最适合需求的工具搭配。这正体现了评估的重要性。评估有助于比较各种工具组合，直至找到最佳配置方案。总体而言，追踪和评估共同构成了成功开发 RAG 应用的关键，它们确保了透明度和最佳性能。

在第 3 章中，我们已经探讨了一些可以帮助我们理解 LlamaIndex 应用程序内部运作的日志记录方法。现在，我们要介绍一种更高级的方法理解和评估 RAG 应用。在这一部分，我会讲解如何使用由 Arize AI 开发的 Phoenix 框架（https://phoenix.arize.com/）进行高级追踪和评估。通过将 LlamaIndex 与专门的追踪和评估工具结合，可以更深入地理解并优化 RAG 应用。Phoenix 不仅提供了强大的监控功能，还配备了直观的可视化界面，使得 RAG 执行流程清晰可见。

要充分利用 Phoenix 框架的高级功能，我们要在环境里安装一些必要的库。

9.3.1 使用 Phoenix 追踪 RAG 工作流

在 Phoenix 中，追踪依赖于 span 和 trace 这两个基本概念，用于捕捉应用的详细执行流程。span 表示应用内的一个具体操作或工作单元，记录了操作的开始和结束时间及其相关的元数据。多个 span 组成一个 trace，用来展示请求在整个应用中的全程路径。这种层级结构让开发者可以深入到具体的操作中，理解每个组件是如何参与到整个流程中的。Phoenix 的追踪功能与 LlamaIndex 无缝对接，让开发者只需要付出少量努力就能为其 RAG 应用添加监控。

得益于客户端-服务器架构，Phoenix 能在本地和远程收集追踪信息。我们可以自动收集关于每一次操作的数据，包括数据导入、索引、检索、处理以及任何后续的大语言模型调用。这些数据会在后台被 Phoenix 服务器收集，并进行可视化展示和实时分析。

一旦完成了必要的设置，使用 Phoenix 就变得相当简单。虽然 Phoenix 框架提供了很多高级功能供探索，但我将展示其中最基本的一种用法，用于追踪 LlamaIndex 应用的执行。我们将使用一种名为 `set_global_handler()` 的方法，方便地配置 LlamaIndex 并使用某个追踪工具处理每一次操作，在这个例子中就是 Phoenix 框架。

在运行示例之前，确保安装所需的包。

```
pip install "arize-phoenix[llama-index]" llama-hub html2text
```

代码如下所示。

第 9 章　LlamaIndex 项目定制与部署

```
from llama_index.core import (
    SimpleDirectoryReader,
    VectorStoreIndex,
    set_global_handler
)
import phoenix as px
```

除了常见导入，我们还导入了 set_global_handler() 和 Phoenix 库。下一部分将负责启动 Phoenix 服务器，配置 LlamaIndex 并使用它作为全局回调处理程序。

```
px.launch_app()
set_global_handler("arize_phoenix")
```

从现在开始，应用执行的每一项操作都会产生追踪数据，并由 Phoenix 服务器收集。让我们基于 VectorStoreIndex 索引构建一个简单的查询引擎，并运行一个随机查询。

```
documents = SimpleDirectoryReader('files').load_data()
index = VectorStoreIndex.from_documents(documents)
qe = index.as_query_engine()
response = qe.query("Tell me about ancient Rome")
print(response)
```

为了让服务器能够可视化追踪数据，我们使用以下行保持脚本运行。

```
input("Press <ENTER> to exit...")
```

现在，脚本依然在后台运行，我们可以通过以下网址访问 Phoenix UI：http://localhost:6006/。图 9.5 显示了 Phoenix 服务器 UI 中将会看到的内容。

从这张截图可以看出，Phoenix 服务器 UI 帮助我们以多个 span 的形式可视化了代码的完整追踪。如果前面的示例代码成功执行，我们的追踪将包含 3 个不同的 span，每个 span 都在单独一行显示。

- 第一列 kind 显示了每个 span 的类型，它可以是链条、检索器、重排序器、大语言模型、嵌入、工具或智能体。除链条以外，我们已经了解了这些概念在 LlamaIndex 中的含义。在 Phoenix 中，链条可以作为大语言模型应用中一系列操作的起始点，或者作为一个连接器链接应用工作流程中的不同步骤。在这个例子中，截图展示了 3 个 span：两个链条和一个嵌入。这些 span 按照它们被调用的逆序排列，并从最后一个开始。

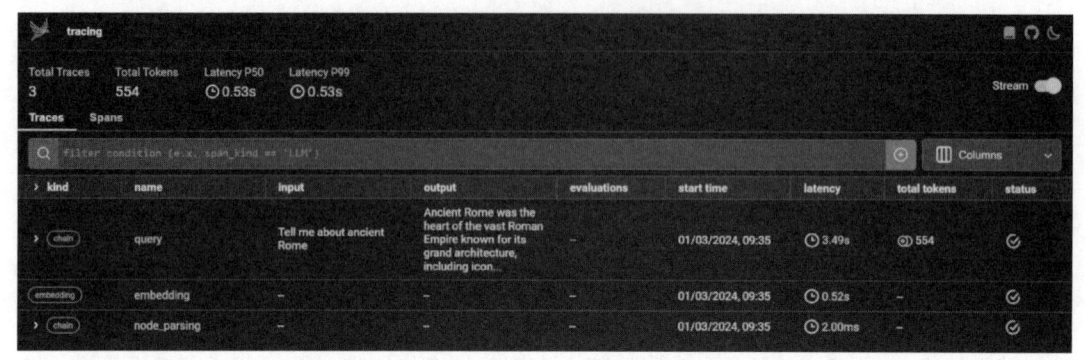

图 9.5　Phoenix 服务器 UI 展示的追踪输出截图

- 第二列 name 提供了每个 span 的详细描述。可以看到，本例中的第一个 span 表示一次查询，第二个 span 是嵌入过程，而第三个 span 则是节点解析操作。这样一来，我们就能清晰地了解到代码的执行逻辑：首先将导入的文档解析为节点，接下来通过嵌入这些节点建立向量索引，最后一步是在这个索引上执行查询。
- 接下来两列 input 和 output 分别显示了进入 span 的数据以及它所产生的最终输出。在我们的示例中，只有查询 span 在这两栏中有值，这是因为其他 span 不需要记录输入和输出。
- 第五列 evaluation 展示每个 span 的评估结果，但当前这部分内容为空，因为我们还未进行任何评估。关于评估的内容将在稍后详细介绍。
- 第六列 start time 精确地标记了每个 span 启动的时间。
- 第七列 latency 用于衡量每个 span 的执行耗时，这对于优化程序性能非常重要。
- 第八列 total tokens 计算每个操作所使用的 token 总数。
- 最后一列 status 展示操作是否顺利完成。

最令人兴奋的是，如果单击查询 span（也就是列表中的第一个）的类型列，我们将能看到类似图 9.6 的可视化展示。

第 9 章　LlamaIndex 项目定制与部署

图 9.6　Phoenix 服务器 UI 上展示的跟踪详细信息

这样就可以深入理解在此次 span 中执行的每一个步骤。例如，可以看到查询引擎操作被分解为两个部分：首先是检索部分，然后利用大语言模型生成最终响应合成。通过单击每一个步骤，可以查看其属性及背后的工作原理。由于 Phoenix 是在本地运行的，所有的数据都会保持私有。

> **提示**
>
> 这是一个可以立即尝试的有趣练习：试着调整前述章节中提到的一些示例，使其与 Phoenix 框架兼容。这不仅能帮助读者更深刻地理解 LlamaIndex 内部各个组件是如何工作的，读者还能有机会亲身体验这款强大工具的魅力。

如果读者希望进一步探索 Phoenix 框架更为复杂的追踪特性，可以访问官方文档获取更多信息：https://docs.arize.com/phoenix/。

接下来将探讨如何利用 Phoenix 进行评估并优化 RAG 应用程序。

9.3.2　评估 RAG 系统

在开发基于大语言模型的系统时，正确的评估对于检验 RAG 工作流的效果至关重要。

由于大语言模型应用往往要面对多种多样的输入，并且通常没有唯一正确的答案，因此评估这些系统变得相当有挑战性。

评估 RAG 工作流，通常需要关注以下几个关键方面。

- 检索质量：评估检索到的节点的相关性和有效性，以判断它们是否能提供解答查询所需的全部信息。
- 生成质量：考察最终输出的质量，包括准确性、连贯性以及与所提供上下文的一致性。
- 忠实度：确保生成的内容忠于检索到的信息，避免出现虚构或不一致之处。
- 效率：衡量整个 RAG 工作流的计算效率和扩展能力，特别是在处理大规模数据集的情况下。
- 健壮性：测试 RAG 系统能否妥善处理各种类型的查询、极端情况以及可能的恶意输入。

为解决上述评估难题，若干工具和框架已被开发以辅助评估过程。这些工具旨在提供自动化指标、基于参考标准的对比分析，以及人工参与的评估方法。借助这些评估框架，我们能够识别 RAG 流程中的优势与短板，找到改进的方向，从而优化整体表现。

我们已经了解到 Phoenix 框架的追踪功能如何助力开发者，接下来将继续基于先前的例子，探索该框架提供的评估功能。

1. Phoenix

考虑到手动标注和测试评估数据既耗时又费力，Phoenix 采用 GPT-4 作为参考评判 RAG 系统的回答是否准确。该框架支持批量处理、自定义数据集，并提供预定义的评估模板，相较于传统的评估库，这些库更加注重生产环境下的严格要求，同时保证了高吞吐量和跨环境的灵活性，极大地提升了模型及其应用场景的评估速度和适应性。Phoenix 可以用于评估 RAG 工作流的两大核心环节：检索与大语言模型推理。

在检索方面，Phoenix 会评估检索上下文的相关性，确认这些节点是否包含了回答查询所需的信息；而在评估大语言模型推理时，则主要关注以下三点。

- 正确性：验证系统是否准确地回答了问题。

- **幻觉**：识别大语言模型在回应中是否存在与上下文不符的虚构或误导性内容。
- **毒性**：检测回复中是否含有任何形式的负面信息，如种族歧视、偏见或其他有害内容。

在复杂的 RAG 场景下，有时会涉及多个单独的 span，能够单独评估每个 span 成为一项基本功能。这样，我们可以隔离错误源并阻止它们在工作流程中进一步传播。由于使用大语言模型进行评估，Phoenix 不仅返回测试结果，还返回模型提供的解释。这对于理解失败评估的根本原因并确定 RAG 应用程序中行为不当的组件非常有用。

下面通过一个简单的例子说明如何使用 Phoenix 进行评估。为了简化流程并控制成本，我们将复用之前追踪示例中的方法。具体来说，我们会读取 ch9/files 目录下的文件内容，建立一个向量索引并对该索引执行一次简单的查询。在实际操作中，建议使用更大规模的数据集进行全面测试，以涵盖尽可能多的边缘案例，提升发现潜在问题的概率。以下是一个代码示例。

```
from llama_index.core import (
    SimpleDirectoryReader,
    VectorStoreIndex,
    set_global_handler
)
import phoenix as px
px.launch_app()
set_global_handler("arize_phoenix")
documents = SimpleDirectoryReader('files').load_data()
index = VectorStoreIndex.from_documents(documents)
qe = index.as_query_engine()
response = qe.query("Tell me about ancient Rome")
print(response)
```

接下来将重点放在如何添加与评估相关的内容上。首先需要导入 Phoenix 模块。我们将使用 `get_retrieved_documents()` 和 `get_qa_with_reference()` 这两个函数获取由查询检索到的文档以及带有参考答案的查询，以便进行后续评估。此外，还需引入 3 种评估器：HallucinationEvaluator、QAEvaluator 和 RelevanceEvaluator，分别用于评估响应中的幻觉现象、问答的准确性以及检索到的文档的相关性。另外，run_evals()函数用于执行具体的评估任务，并返回包含评估结果的数据帧。最后，通过 DocumentEvaluations 和 SpanEvaluations 类对评估结果进行封装，并在 Phoenix 服务器的 UI 界面上展示。

```
from phoenix.session.evaluation import (
    get_qa_with_reference,
    get_retrieved_documents
)
from phoenix.experimental.evals import (
    HallucinationEvaluator,
    RelevanceEvaluator,
    QAEvaluator,
    OpenAIModel,
    run_evals
)
from phoenix.trace import import DocumentEvaluations, SpanEvaluations
```

完成导入后，下一步就是准备评估所需的数据。首先定义用于评估的大语言模型，并选择当前最优质的模型版本。

```
model = OpenAIModel(model="gpt-4-turbo-preview")
```

定义好评估模型后，接下来将准备数据。我们将分别提取检索到的文档和查询，并将其组织成数据帧的形式，作为后续评估函数的输入。

```
retrieved_documents_df = get_retrieved_documents(px.Client())
queries_df = get_qa_with_reference(px.Client())
```

有了数据之后，接下来定义评估函数并执行实际的评估操作。

```
hallucination_evaluator = HallucinationEvaluator(model)
qa_correctness_evaluator = QAEvaluator(model)
relevance_evaluator = RelevanceEvaluator(model)
```

```
hallucination_eval_df, qa_correctness_eval_df = run_evals(
    dataframe=queries_df,
    evaluators=[hallucination_evaluator, qa_correctness_evaluator],
    provide_explanation=True,
)
relevance_eval_df = run_evals(
    dataframe=retrieved_documents_df,
    evaluators=[relevance_evaluator],
    provide_explanation=True,
)[0]
```

在执行评估器时,记得将 `provide_explanation` 参数设置为 `True`,这样可以从大语言模型获得详细的评分解释。最后一步将评估结果封装进相应的 `SpanEvaluations` 和 `DocumentEvaluations` 类,并上传至 Phoenix 服务器,以便在 UI 界面中查看。

```
px.Client().log_evaluations(
    SpanEvaluations(
        eval_name="Hallucination",
        dataframe=hallucination_eval_df
    ),
    SpanEvaluations(
        eval_name="QA Correctness",
        dataframe=qa_correctness_eval_df
    ),
    DocumentEvaluations(
        eval_name="Relevance",
        dataframe=relevance_eval_df),
    )
input("Press <ENTER> to exit...")
```

如同之前的示例,脚本末尾的输入命令可以让程序持续运行,直至用户按下 Enter 键为止,以方便查看 Phoenix 应用的结果。如果一切顺利,访问 http://localhost:6006/ 应能看到类似图 9.7 的界面。

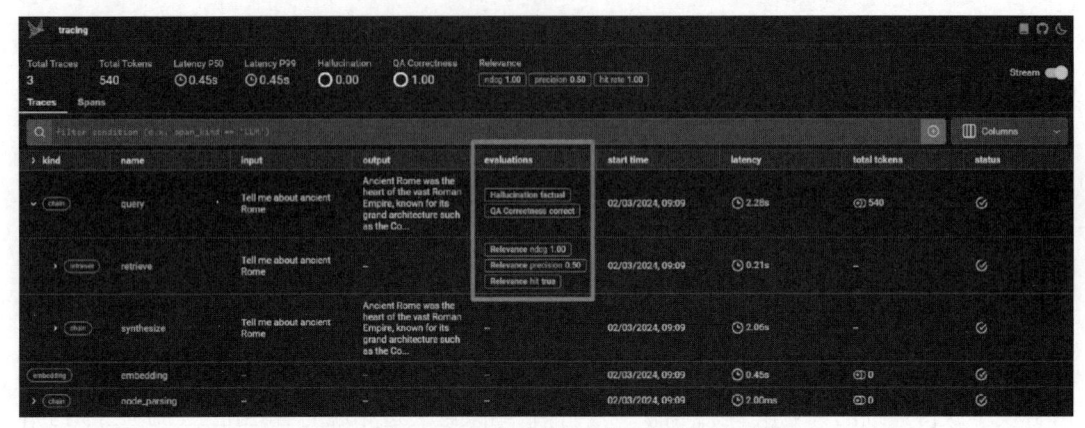

图 9.7　在 Phoenix 服务器 UI 中可视化评估结果

如图 9.7 所示，评估列已根据刚执行的评估器反馈进行了更新。现在，我们可以查看结果以及每个评分背后的依据。

评估 RAG 系统是一个庞大而复杂的领域，足以独立成书。评估过程中有许多微妙之处和不同的策略可供选择。这里仅介绍了 Phoenix 这一工具，但实际上还有很多其他选项可供选用，包括 LlamaIndex 的评估工具。若希望深入研究这一领域，可查阅 LlamaIndex 的官方文档：`https://docs.llamaindex.ai/en/stable/module_guides/evaluating/root.html`。同时，若希望了解更多关于 Phoenix 框架的功能，可参阅其官方文档：`https://docs.arize.com/phoenix/`。

2. RAGAS

虽然 Phoenix 为 RAG 流程提供了一个全面的评估框架，但也有其他可用的替代方案。另一个值得注意的框架是 RAGAS（retrieval-augmented generation assessment），它是基于 Es 等人在 2023 年的论文 *RAGAS: Automated Evaluation of Retrieval Augmented Generation*（`https://doi.org/10.48550/arXiv.2309.15217`）中介绍的技术实现的。RAGAS 框架不仅提供了这些评估方法的实际应用，还包括了额外的功能和集成。

RAGAS 专门设计用于评估和分析 RAG 系统，它提供了一种标准化的方法评估 RAG

流水线的各个方面，包括检索质量、生成质量和检索与生成组件之间的交互。

RAGAS 的关键特性包括：

- 检索评估：通过使用诸如 Recall@k 等指标衡量检索节点与给定查询的相关性评估检索组件的质量，其中 k 是一个用户定义的参数，表示前 k 个结果中相关节点的比例。另一个衡量检索质量的指标是平均倒数排名（mean reciprocal rank，MRR），它衡量系统找到的第一个相关节点的速度。

- 生成评估：RAGAS 还利用自动指标和人工评估相结合的方式评估生成文本的质量。自动指标包括双语评估替补（bilingual evaluation understudy，BLEU），通过比较重叠词汇序列衡量生成文本与参考文本的相似度；以及面向召回率的摘要评估替补（recall-oriented understudy for gisting evaluation，ROUGE），计算生成文本与参考文本之间词语和词序的重叠程度。为了补充这些自动指标，RAGAS 也纳入了人工评估，以评估生成输出的流畅性、连贯性和相关性等，从而提供对生成质量的全面评估。

- 检索-生成交互：该框架还通过测量生成文本依赖于检索节点的程度分析检索与生成组件之间的交互。它引入了如检索依赖性（retrieval dependency，RD）这样的指标，量化生成文本对检索节点的依赖程度；以及检索相关性（retrieval relevance，RR），衡量检索节点对生成文本的相关性，以此来量化这种关系。

- 模拟：RAGAS 包含一个模拟组件，允许模拟不同的检索场景并分析其对生成质量的影响。这有助于理解在各种检索条件下 RAG 模型的稳健性和泛化能力。通过操控检索结果，用户可以测试 RAG 模型在检索不相关、部分相关或噪声数据情况下的表现。模拟功能提供了对检索与生成组件间交互的洞察，使我们能够识别其中的优点和缺点，并指导 RAG 模型的改进。

- 细粒度分析：RAGAS 通过提供工具可视化和解释检索-生成过程（如注意力权重和单个节点贡献），进行 RAG 管道的细粒度分析。

RAGAS 框架的一个关键优势在于支持无参考评估 RAG 流水线，这意味着它不依赖于真实注释。这允许更高效和可扩展的评估周期，从而提升整体评估效率。

相比于 Phoenix，RAGAS 提供了一个更专注于 RAG 系统的评估框架。尽管 Phoenix 提供了一个包括追踪、幻觉检测和相关性评估在内的通用评估平台，但 RAGAS 更深入洞察检索-生成交互的复杂性，并且提供了模拟能力。该框架与 LlamaIndex 无缝集成，简化了基于 LlamaIndex 的 RAG 系统的评估。读者可以在官方项目页面找到详细的示例和文档：https://docs.ragas.io/en/stable/howtos/integrations/llamaindex.html。

值得注意的是，RAGAS 是一个比 Phoenix 更新的框架，尽管它显示出巨大的潜力，但可能需要一些时间才能在研究社区中获得同样的认可水平。

> **重要提示**
>
> 关于评估，始终要记住模型漂移的概念，我们在第 7 章中已经讨论过。当大语言模型的行为逐渐偏离其预期目的，或者生成的输出质量下降时，模型漂移可能会影响 RAG 流程的质量。定期甚至持续的评估可以帮助检测和缓解这种现象，确保 RAG 系统在生产环境中保持可靠和有效。

通过掌握追踪和评估技术，读者将能够创建一个完整的系统以发现和修复大语言模型应用程序中的问题。结合评估和追踪机制，我们能够定位问题、分析成因，并明确应用程序需要改进的部分。

现在是时候将我们的注意力集中在动手实践项目 PITS 上了。本章我们将最终部署它的组件并作为一个独立的应用程序运行，但首先让我们简短地介绍一下 Streamlit 提供的不同部署选项。

9.4 利用 Streamlit 进行部署

正如在第 2 章中所解释的那样，我选择了 Streamlit 作为实践项目的核心框架，因为它简单且提供了多种部署选项。Streamlit 提供了一种轻松部署应用程序的方法，能够以最小

第 9 章　LlamaIndex 项目定制与部署

的努力将工作分享给更广泛的受众。如果读者成功跟随第 2 章中的安装步骤操作，本地环境应该已经为接下来的步骤做好了准备。为了确保一切就绪，在继续之前请确认已完成第 2 章部分提到的必要安装。

现在一切准备就绪，我们来看看 Streamlit 应用程序可支持的几种部署方式。除了在本地机器上运行应用程序的最简单方法，Streamlit 还提供了一系列网络部署解决方案满足不同的需求和偏好。

- **Streamlit 社区云**：这个用户友好的平台是部署 Streamlit 应用最直接的选择，用户只需几次单击操作即可从他们的 GitHub 仓库直接部署。它需要最少的配置，一旦部署完成，应用程序将通过 Streamlit 社区云上的唯一 URL 访问，非常容易与他人分享。
- **自定义云服务**：对于寻求对其部署环境有更大控制权的人来说，Streamlit 应用可以部署在多个云服务平台上，包括亚马逊网络服务 AWS、谷歌云平台 GCP 和微软云 Azure。在这些平台上部署可能涉及额外的步骤，如使用 Docker 容器化应用以及配置特定于云的服务，例如 AWS Elastic Beanstalk、Google App Engine 或 Azure App Service。
- **自我托管**：如果你有自己的服务器，选择自我托管 Streamlit 应用程序将给予你对部署环境和资源的最大控制。这种方法涉及设置一个能够运行 Python 应用程序的服务器环境，安装 Streamlit，并配置网络以便访问 Streamlit 应用。自我托管选项适用于对安全性、性能或定制化有特定要求的情况，而这些是云平台无法满足的。
- **Heroku**：Heroku（https://www.heroku.com/）是另一个知名的部署 Streamlit 应用的平台，因其简单性和适合小型项目和原型设计的免费层级而受到青睐。
- **Snowflake 中的 Streamlit**：对于优先考虑安全性和基于角色的访问控制（RBAC）的用例，Streamlit 与 Snowflake 的集成提供了一个安全的编码和部署环境。你可以轻松注册一个 Snowflake 试用账户，为你的应用创建仓库和数据库，并直接在 Snowflake 内部署 Streamlit 应用。

每种部署选项都有其独特的优势，在控制级别、可扩展性、安全要求和预算限制方面各具特色。然而，我选择了部署到 Streamlit 社区云：它展示了最为简单，也可能是对 PITS

应用最适合的选择。对于商业就绪的解决方案，其他选项可能会是更好的选择。

9.5 动手实践——部署指南

接下来将发布 PITS 辅导应用程序。但需要注意，目前版本尚不适用于多用户的真实生产环境。为了保持代码简洁，并简化部署步骤，我将 PITS 设计为一个基于 LlamaIndex 的实验项目。毕竟本书的主要目的并不是深入讲解如何构建一个完整的 Streamlit 应用，而是介绍 LlamaIndex 提供的各种工具和特性。因此，书中并未对一些 PITS 的源文件进行详细解析。不过别担心，读者会在这些模块中找到很多注释，如果 GitHub 上的代码注释还不够充分，可以参考 Streamlit 官方文档：https://docs.streamlit.io/。

在此之前，需要简要了解 Streamlit 应用是如何构建的。我们将以 PITS 项目中的一个 UI 文件为例，展示其核心代码，以帮助读者理解 Streamlit 应用的基础构成方式。下面是主程序 app.py 的代码，它负责调度组成 PITS 的各个组件。它就像一个中央控制台，负责用户引导、会话管理，并根据交互和会话数据动态展示测验和培训界面。

```
from user_onboarding import user_onboarding
from session_functions import load_session, delete_session, save_session
from logging_functions import reset_log
from quiz_UI import show_quiz
from training_UI import show_training_UI
import streamlit as st
```

首先需要导入必要的模块和组件，包括 Streamlit。我们还会从其他模块导入一些自定义函数，例如 user_onboarding()、load_session()、delete_session()、save_session()、reset_log()、show_quiz() 和 show_training_UI()，它们各自在应用流程中发挥特定作用。接下来，main() 函数包含了应用的主要逻辑。

```
def main():
```

第 9 章 LlamaIndex 项目定制与部署

```
st.set_page_config(layout="wide")
st.sidebar.title('P.I.T.S.')
st.sidebar.markdown('### Your Personalized Intelligent Tutoring System')
```

使用 `st.set_page_config` 设置网页应用的基本布局。Streamlit 提供了侧边栏功能，我们将利用它优化用户体验。接下来，应用的流程主要通过检查 Streamlit 的会话状态（`st.session_state`）中的一些关键值来控制。这些会话状态在同一个浏览器会话内，即使应用重新运行也能保持数据的连续性，让应用能够记住用户的选项、输入的信息以及其他状态数据。

```
if 'show_quiz' in st.session_state and st.session_state['show_quiz']:
    show_quiz(st.session_state['study_subject'])
elif 'resume_session' in st.session_state and st.session_state['resume_session']:
    st.session_state['show_quiz'] = False
    show_training_UI(st.session_state['user_name'],
    st.session_state['study_subject'])
elif not load_session(st.session_state):
    user_onboarding()
```

> **提示**
>
> Web 应用本质上是状态无关的，这意味着客户端和服务器之间的每个请求和响应都是独立的。Streamlit 的会话状态允许我们克服这一点，通过提供一种在同一浏览器会话中跨应用程序重新运行的保持状态的方式。这对于创建交互式和用户友好的体验至关重要，因为它允许应用程序在每次交互后无须用户重新输入数据就能记住用户的选择、输入和操作。

接下将简要解释前面代码段的功能。

- 测验展示逻辑：如果用户选择了参与测验（`'show_quiz' in st.session_state`），就会通过调用 `show_quiz()` 显示测验界面。

- **恢复会话**：若用户已经选择了恢复已有会话（`st.session_state['resume_session'] = True`），应用将直接进入培训界面。
- **用户引导和会话管理**：`load_session(st.session_state)`检查是否存在会话数据。如果不存在，用户将通过`user_onboarding()`进行初次使用的指导。

接下来看看当检测到存在旧会话，但`show_quiz`为`False`并且用户还未单击恢复会话按钮时会发生什么。

```
else:
    st.write(f"Welcome back {st.session_state['user_name']}!")
    col1, col2 = st.columns(2)
    if col1.button(f"Resume your study of {st.session_state['study_subject']}"):
        st.session_state['resume_session'] = True
        st.session_state['show_quiz'] = False
    if col2.button('Start a new session'):
        delete_session(st.session_state)
        reset_log()
        for key in list(st.session_state.keys()):
            del st.session_state[key]
        st.rerun()
```

在这个`else`分支的第一步是显示一条"欢迎回来"的消息。然后，应用程序会展示两个按钮，让用户选择是恢复之前的培训会话还是开始新的会话。选择开始新会话将会重置所有内容并重新运行整个应用，从头开始启动应用。如果选择恢复会话，则会让应用执行`show_training_UI()`函数并继续之前的培训会话。

接下来在 Streamlit 社区云上部署 PITS 项目。

鉴于 Streamlit 社区云环境的内部文件夹结构的实现方式，我们需要调整 PITS 项目的文件夹结构。我们的目标是从 GitHub 仓库直接部署应用程序。不过，有一个要求是，从 GitHub 部署到社区云环境时，主程序（`.py`文件）需要放置在仓库的根目录下。当前的 PITS 项目并不满足这一点，因为它的文件夹结构略有不同。主文件`app.py`位于 Building-Data-

Driven-Applications-with-LlamaIndex\PITS_APP 文件夹中。为解决这个问题,我们将首先复制 PITS_APP 子文件夹,然后基于这个新文件夹创建一个新的 GitHub 仓库。为了尽量简化流程并减少改动,这里引导你创建一个仅包含 PITS 应用的新仓库,并从你的 GitHub 账号部署它。

(1)创建一个本地 PITS_APP 子文件夹的副本。打开命令提示符并导航至已克隆仓库中的 Building-Data-Driven-Applications-with-LlamaIndex 文件夹。在这个文件夹中,输入以下命令。

```
xcopy PITS_APP C:\PITS_APP /E /I
```

(2)这将在 C 盘上创建一个只包含 PITS 应用程序源文件的文件夹。当导航到新创建的文件夹并使用 dir 命令查看其内容时,输出结果应如图 9.8 所示。

图 9.8 C:\PITS_APP 文件夹的内容

(3)登录你的 GitHub 账户并创建一个新的仓库。我们可以把它命名为 PITS_ONLINE,

如图 9.9 所示。

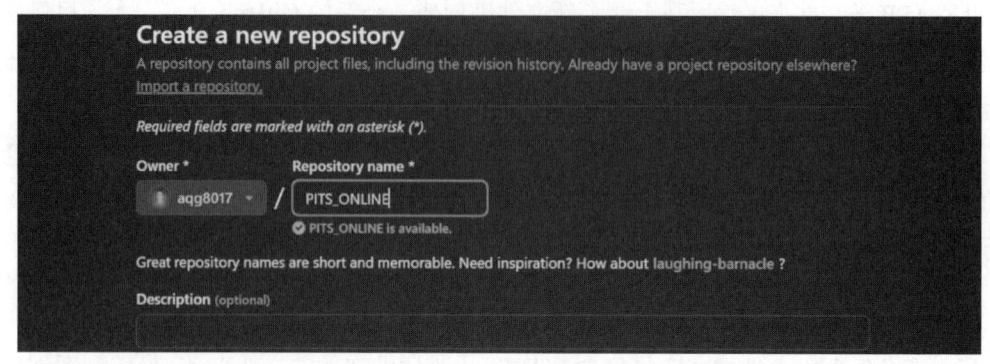

图 9.9　创建一个名为 PITS_ONLINE 的新 GitHub 代码库

（4）创建完成后，记住仓库的 URL 以便后续操作。接下来，在你希望转化为独立仓库的目标文件夹中初始化一个新的本地 Git 仓库。打开命令行界面（CLI），导航到 C:\PITS_APP 文件夹，然后执行相应的初始化命令。

```
git init
```

（5）运行以下命令添加并提交已有文件。

```
git add
git commit -m "Initial commit for PITS_ONLINE repository
```

（6）现在需要将本地仓库链接到刚刚创建的 GitHub 仓库。将 URL 替换为你的 GitHub 仓库 URL，并在命令末尾添加".git"。

```
git remote add origin <your_repository_URL>.git
```

（7）使用命令将所有内容推送到新的在线仓库中。

```
git branch -M main
git push -u origin main
```

如果一切顺利，你应已拥有一个包含 PITS 源代码的新 GitHub 仓库。接下来将它部署至 Streamlit 社区云。

第 9 章　LlamaIndex 项目定制与部署

将 Streamlit 应用部署到社区云其实非常直观简单。第一步是在 `https://share.streamlit.io/signup` 注册一个免费的 Streamlit 账户。建议使用 GitHub 账号进行注册和登录，这样更加便捷。登录后，只需单击 New app 按钮就可以开始部署流程。这时会看到一个类似于图 9.10 的界面。

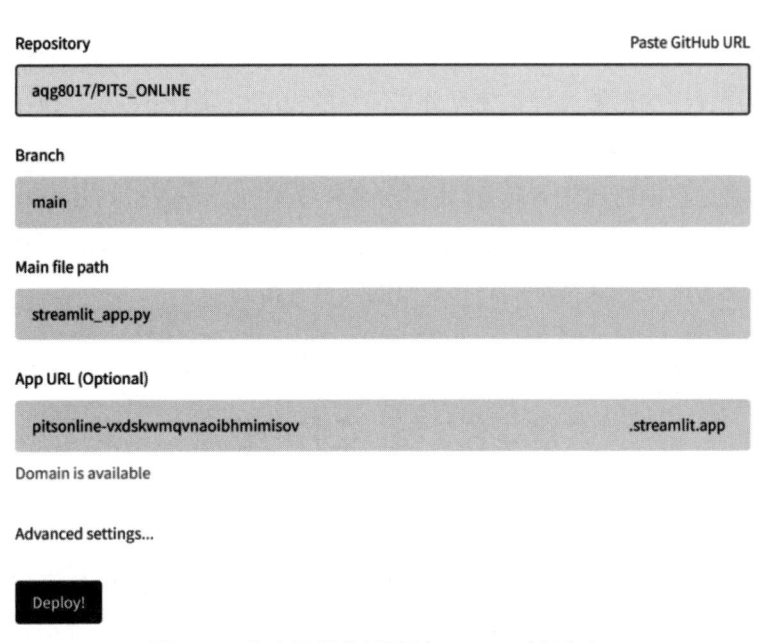

图 9.10　将应用程序部署到 Streamlit 社区云

如果使用 GitHub 账号登录，应该能在列表中找到之前创建的 PITS_ONLINE 仓库。选择它，在 Main file path 字段中把默认值改为 `app.py`，然后单击 Deploy 按钮。随后，Streamlit 的部署服务将接手，为应用搭建必要的运行环境。这个过程可能需要几分钟，可以通过界面右下角的 Mange app 部分监控进度。一旦准备工作完成，应用就会自动启动。

现在，你可以将现有的培训资料导入，让 PITS 生成关于特定学习主题的幻灯片和解说，并利用聊天机器人解答有关这些内容的问题。

> **重要提示**
>
> 记得你在使用自己的 API 密钥。为了控制成本，建议从小规模开始尝试，如上传少量培训资源，并时刻关注 OpenAI API 的使用情况。需要注意的是，主要费用通常产生于生成幻灯片和讲解内容的过程。一旦这部分工作完成，生成的材料会被保存起来，并可在后续的会话中重复使用。

是不是觉得整个过程相当简单呢？尽管 Streamlit 社区云提供的资源有限，但它确实极大地简化了应用程序的部署流程，使得分享简易的应用变得十分容易。现在，你的应用已经上线，可以方便地与他人共享了。

如果在部署过程中遇到任何问题，不妨参考官方文档：https://docs.streamlit.io/streamlit-community-cloud/deploy-your-app，那里提供了详细的解决方案和其他有用的部署选项，这些可能对你未来的项目有帮助。

9.6　本章小结

在本章中，我们系统讲解了如何使用 LlamaIndex 定制并增强 RAG 工作流。我们介绍了如何利用 LM Studio 等工具，结合 Zephyr 等开源大语言模型，为企业提供具有成本效益且注重隐私的商业模型替代方案。同时，我们还探讨了如何通过 Neutrino 和 OpenRouter 等服务，在多个大语言模型之间进行智能路由，从而提升系统整体性能。此外，本章还特别提到了由社区构建的 Llama Packs——一种快速构建原型和高级组件的有效方式，并介绍了 Llama CLI，它能有效简化 RAG 项目的开发与部署流程。

我们还深入讲解了使用 Phoenix 进行高级追踪的技术，它能够深入洞察应用程序执行流程并通过可视化发现问题。通过使用 Phoenix 的相关性、幻觉和问答正确性评估器评估

第 9 章 LlamaIndex 项目定制与部署

RAG 系统，可以确保 LlamaIndex 应用程序的稳定性和可靠性。借助 Streamlit 提供的多种部署选项，尤其是便于分享应用的社区云服务，整个部署过程得以简化。此外，本章还给出了一个详细的步骤指南，展示了如何将 PITS 辅导应用部署到云端。

通过掌握本章介绍的定制、评估和部署技术，开发人员已具备构建高质量、可落地、满足实际业务需求的生产级 RAG 应用的能力。

下一阶段将探讨提示工程如何在 LlamaIndex 框架内有效提升生成式 AI 的表现。

第 10 章
提示工程指南和最佳实践

在本章中,我们将探索现代技术的进步如何重塑我们与数字工具及应用程序的交互方式。随着数字化世界的不断发展,那些我们已经使用了几十年的传统用户界面正经历革新,这使得人机之间的交互变得更加直观高效。而这一变革的关键在于由自然语言支持的对话式界面的发展。正因为如此,掌握如何编写有效的提示来定制 LlamaIndex 组件的行为,成为构建和优化 RAG 应用程序的关键技能。

本章将涵盖以下主要内容。

- 为什么提示词是秘密武器。
- 理解 LlamaIndex 如何使用提示词。
- 自定义默认提示词。
- 提示工程的黄金法则。

10.1 技术需求

本章的所有代码示例都可以在本书配套的 GitHub 仓库的 ch10 子文件夹中找到:

https://github.com/PacktPublishing/Building-Data-Driven-Applications-with-LlamaIndex。

10.2 为什么提示词是秘密武器

在我 6 岁时，我用一台 ZX Spectrum 计算机编写了第一行代码。那是在 20 世纪 80 年代中期，计算机在当时还是一种新奇的事物，很少有人能预见它们会给社会带来怎样深远的影响。今天，我们生活的世界深受技术的影响，在很多方面也被技术所推动。在过去 40 年间，我们与技术的交互方式经历了根本性的变革。几乎所有的人类活动都或多或少地受到科技进步的影响。

然而，有一点却鲜有变化，那就是我们与技术互动的方式。虽然有了像触摸屏和语音界面这样的重大创新，但总体而言，我们操作计算机的方式变化甚微。我们依然依赖那些最基本的输入方法指挥计算机完成任务，比如键盘、鼠标等，就像 40 年前那样。

> **重要提示**
> 这里所说的基础，并不是指界面本身的复杂性——事实上，即便拿今天的键盘和鼠标与过去相比，进步也并非天翻地覆。我真正想说的是另一个问题：现有界面的数据传输效率。换句话说，就是信息传递的带宽。

当前，我们与技术交互的方式亟需更新，主要基于以下几点理由。

- 计算机系统的处理能力正以惊人的速度提升。摩尔定律（参见图 10.1）可能不再是衡量这一发展的标准，但技术的进步仍在加速（https://en.wikipedia.org/wiki/Moore%27s_law）。
- 我们生活在几乎完全由各种应用程序主导的世界里。无论是桌面应用、手机应用还是云端服务，这些应用构成了我们与计算机交互的基础层，每一种应用都提供了独特的功能集。

- 不少应用仅能在特定平台上运行，难以迁移到其他平台，这就意味着针对不同平台需要开发不同的版本。
- 很多应用之间存在功能上的重叠。对于一项具体任务，往往有数十种不同的应用可供选择，这造成了大量的冗余。
- 40年过去了，我们与技术交互的基本方式并未发生太大变化。我们依然主要依靠键盘、鼠标、触摸屏以及基于手势或语音的指令操作软件。
- 几乎每个应用程序都有自己的用户界面。用户必须经历一个学习曲线掌握如何操作每一个应用。如果我们把这个时间乘以一个典型用户日常使用的应用程序数量，则会发现我们实际上花费了大量的时间学习如何有效地使用工具，而这部分时间本可以用于完成实际工作。
- 软件应用的数量已非常庞大，包括公开可用的应用和组织内部使用的应用。全球已有超过10亿个应用，并且这个数字还未考虑到一个应用往往存在多个不同版本的情况。而且这个数字还在增长。
- 从进化的角度来看，在这数十年内人类大脑的容量没有改变。神经可塑性赋予人类学习和适应新技术的非凡能力，遗憾的是，生物进化速度远远赶不上技术进步。

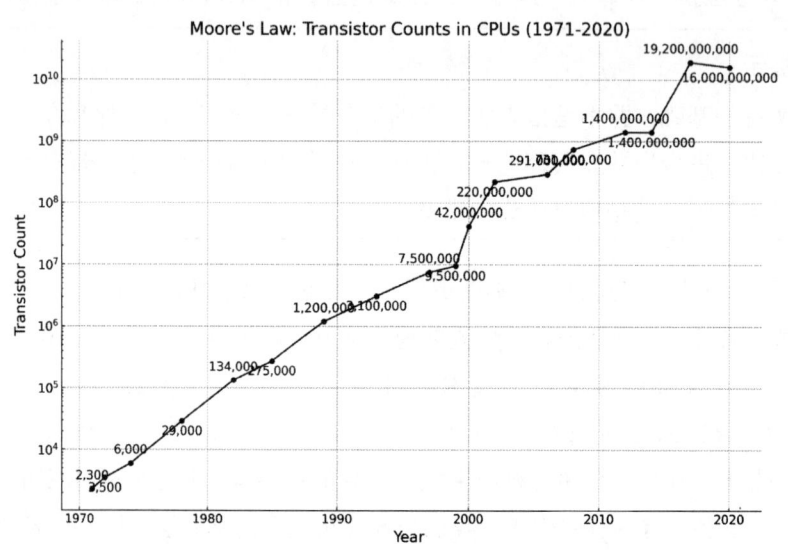

图 10.1　根据摩尔定律，晶体管的数量大约每 2 年翻一番

这种与技术互动的特定方式，加上技术的快速演变，正逐渐使我们成为成功的受害者。一方面，我们成功地构建了大量的专业工具，能够解决大量的问题。但现在，我们面临一个更大的问题：工具太多，以至于组织和高效使用它们变得极其复杂。对此，我们需要一个新的范式。

基于自然语言处理的对话界面作为当前与技术交互方式的一个有希望的替代方案出现了。它代表了我们与设备沟通方式的一种自然进化。对话界面允许我们使用自然语言，它是最基本和直观的人类交流形式，而不依赖需要努力和时间去学习的复杂视觉界面和输入方法。

在新范式的背景下，出现了一个关键技能：提示工程。

> **提示工程**
>
> 随着人机交互越来越多地依赖自然语言，编写有效提示的能力变得至关重要。有效的提示不仅能引导 AI 算法生成所需的回应或执行特定任务，还需要考虑不同的表达方式可能会如何影响 AI 的理解和执行效率。

对话式界面将技术互动转化为对话，其中语言的准确性和对算法细微差别的理解成为达成目标的关键因素。使用自然语言与计算机系统直接、有效地交互，极大地降低了人与技术间的障碍，同时也让更多非技术人员能够轻松接触并使用技术。

研究表明，频繁地与大语言模型互动，可以提升人际交往能力，比如一项研究指出，通过模拟观众的语言模型可以改善人际沟通（Liu 等人的 *Improving Interpersonal Communication by Simulating Audiences with Language Models*，https://doi.org/10.48550/arXiv.2311.00687)。

想象一下，未来的计算机系统能替代数十乃至上百种应用的功能，却无需传统界面的复杂度。语言交互将成为主流，RAG 加持的大语言模型将取代现有的应用和操作系统，提供一种更为普遍且简便的方式利用计算资源。尽管这只是对未来的一个展望，但可以预见这正是技术发展的方向。短期内，传统的计算系统仍将占据主导地位，但基于对话代理的界面会逐渐简化用户的交互体验，隐藏后台应用层的复杂性。随着时间的推移，当专用 AI 硬件变得普及，许多现有应用将被 AI 模型取代，它们提供的功能也将被 AI 模型接管。

这一切说明了为什么提示工程如此重要。接下来将共同探索 LlamaIndex 如何运用提示促进与大语言模型的交互。

10.3 理解 LlamaIndex 如何使用提示词

在机制上，基于 RAG 的应用遵循的规则及原则，和用户与大语言模型进行对话时的规则及原则基本一致。一个显著的不同之处在于，RAG 实质上是一个增强版的提示工程师。在后台，RAG 框架以编程方式自动生成几乎所有涉及索引、检索、元数据提取或最终响应合成的提示。这些提示会被添加上下文信息，然后再发送给大语言模型。

在 LlamaIndex 中，每种需要使用大语言模型的操作类型都有一个默认提示模板。比如我们在第 4 章中提到的元数据提取工具 TitleExtractor，它用两个预设的提示模板从文档内的文本节点中提取标题，并分两步进行。

- 利用 node_template 参数从各个文本节点中提取可能的标题，这个参数帮助生成合适的标题提示。
- 使用 combine_template 提示将各个节点的标题组合成一个完整的文档标题。

TitleExtractor 使用的默认提示设置保存在两个常量中。

```
DEFAULT_TITLE_NODE_TEMPLATE = """\
Context: {context_str}. Give a title that summarizes all of \ the
unique entities, titles or themes found in the context. Title: """
DEFAULT_TITLE_COMBINE_TEMPLATE = """\
{context_str}. Based on the above candidate titles and content, \ what
is the comprehensive title for this document? Title: """
```

观察 TitleExtractor 使用的这两个默认模板，我们可以很容易地理解其运作方式。每个模板包含固定文本部分和变动部分，变动部分由{context_str}或其他变量指定。这正是 LlamaIndex 在执行期间将节点文本内容注入提示模板的位置，如图 10.2 所示。

第 10 章 提示工程指南和最佳实践

```
                    ┌─────────────────────────┐
                    │        提示模版          │
 ┌──────┐           │ Context:                │
 │ 节点1 │           │ {context_str}.          │
 └──────┘           │                         │              ┌──────┐           ┌──────────┐
 ┌──────┐           │ Give a title that       │   ──提示──▶  │ 提示  │  ──────▶  │ 大语言模型 │
 │ 节点2 │           │ summarizes all of the   │              └──────┘           └──────────┘
 └──────┘           │ unique entities, titles │
 ┌──────┐           │ or themes found in the  │
 │ 节点3 │           │ context.                │
 └──────┘           │ Title:                  │
                    └─────────────────────────┘
```

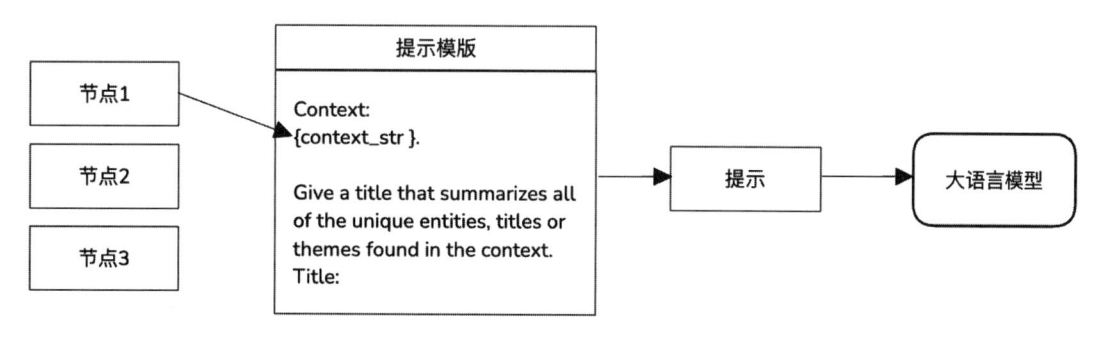

图 10.2 向提示模板注入变量以构建提示

`TitleExtractor` 等元数据提取器使用的提示模板在 `metadata_extractors.py` 模块中定义。在 LlamaIndex 的 GitHub 仓库中，该模块的位置是 `llama-index-core/llama_index/core/extractors/metadata_extractors.py`。但是这种情况是个例外，因为大多数默认模板是在其他两个核心模块中定义的：`llama-index-core/llama_index/core/prompts/default_prompts.py` 和 `llama-index-core/llama_index/core/prompts/chat_prompts.py`。

考虑到使用 LlamaIndex 构建的 RAG 流程会有很多依赖于大语言模型交互的不同组件，而且不是所有的提示模板都能轻易在代码库中找到，框架提供了一个简便的方法识别某个组件使用的模板。这种方法称作 `get_prompts()`，可以与智能体、检索器、查询引擎、响应合成器等多种 RAG 组件一起使用。下面是一个简单示例，演示了如何使用它获取基于 `SummaryIndex` 构建的查询引擎所使用的提示模板列表。

```
from llama_index.core import SummaryIndex, SimpleDirectoryReader
documents = SimpleDirectoryReader("files").load_data()
summary_index = SummaryIndex.from_documents(documents)
qe = summary_index.as_query_engine()
```

在这段代码中，首先导入 `SummaryIndex` 和 `SimpleDirectoryReader`，然后从我们的 GitHub 仓库中导入两个示例文件。当文件作为文档被导入后，则基于这些文档创建索引和查询引擎。在这个示例中，不会运行任何查询，因为我们只是为了查看提示。因此，接下来的步骤是从查询引擎中获取一个包含了默认提示的字典。

335

```
prompts = qe.get_prompts()
```

`get_prompts()`方法返回的字典将查询引擎使用的不同类型的提示与其对应的模板关联起来。最后一段代码负责遍历并展示这些键和对应的模板。

```
for k, p in prompts.items():
    print(f"Prompt Key: {k}")
    print("Text:")
    print(p.get_template())
    print("\n")
```

图 10.3 显示了此示例的运行结果。

```
Prompt Key: response_synthesizer:text_qa_template
Text:
Context information is below.
---------------------
{context_str}
---------------------
Given the context information and not prior knowledge, answer the query.
Query: {query_str}
Answer:

Prompt Key: response_synthesizer:refine_template
Text:
The original query is as follows: {query_str}
We have provided an existing answer: {existing_answer}
We have the opportunity to refine the existing answer (only if needed) with some more context below.
------------
{context_msg}
------------
Given the new context, refine the original answer to better answer the query. If the context isn't useful, return the original answer.
Refined Answer:
```

图 10.3 SummaryIndex 查询引擎使用的两个提示模板

查看输出结果，会发现查询引擎使用了两个模板：`text_qa_template` 和 `refine_template`，它们的名称都以 `response_synthesizer:` 开头。这意味着它们是由查询引擎中的响应合成器组件使用的。同样地，我们可以对许多其他的 RAG 组件使用 `get_prompts()` 方法以更好地理解背后使用的提示。

> **专业提示**
>
> 另一种检查基础提示的方法是采用高级追踪技术，例如使用第 9 章中提到的 Arize AI Phoenix 框架。Phoenix 提供了执行过程的可视化展示，有助于更清楚地了解不同提示

第 10 章 提示工程指南和最佳实践

何时及如何被使用，并展示带有插入上下文的最终提示。值得注意的是，该方法显示的是最终提示内容，包括插入的所有上下文信息，而非原始提示模板。

掌握了检查提示的方法之后，下一步将探索如何自定义这些提示。基于标题提取器和查询引擎的例子，在下一部分中，我们将学习如何调整各种 RAG 组件使用的提示。

10.4 自定义默认提示词

尽管 LlamaIndex 提供的默认提示适合多数情况，但有时可能需要或希望进行定制。例如，读者可能希望调整提示并执行以下操作。

- 添加特定领域的知识或术语。
- 调整提示以匹配特定的写作风格或语调。
- 修改提示，强调某些信息或输出类型。
- 尝试不同结构的提示，以提升性能或质量。

通过定制提示，调整 RAG 组件与大语言模型之间的交互，从而提升应用的准确度、相关性和整体效能。

好消息是，可以通过提供自定义的提示模板修改 LlamaIndex 各组件的行为。不过，编写优质提示模板并不简单，需要综合考虑准确性、相关性、查询构建、提示长度及输出格式等多个因素。鉴于此复杂性，建议从默认提示出发，逐步进行必要的修改，并在多样化的测试案例中验证这些修改的效果。关于提示编写的通用原则和最佳实践，我们将在 10.5 节深入探讨。目前，我们先关注提示定制的具体方法。

在 LlamaIndex 中，任何带有 `get_prompts()` 方法的 RAG 组件都有对应的 `update_prompts()` 方法修改提示模板，这是更改提示模板最直接的方式。基于前面的例子，我们将尝试自定义一种新的提示模板。这次将修改 `text_qa_template`，使其在回答查询时也能利用大语言模型自身的知识。默认 `text_qa_template` 通常如下所示。

```
Context information is below.

{context_str}
---------------------
Given the context information and **not prior knowledge**, answer the query.
Query: {query_str}
Answer:
```

在接下来的例子中，我们将对这个模板做出细微改动，并观察这对查询引擎行为的影响。对应代码如下所示。

```
from llama_index.core import SummaryIndex, SimpleDirectoryReader
from llama_index.core import PromptTemplate
documents = SimpleDirectoryReader("files").load_data()
summary_index = SummaryIndex.from_documents(documents)
qe = summary_index.as_query_engine()
```

截至目前，这段代码与之前的例子几乎相同，仅多了一项导入（稍后解释）。我们将首先使用默认模板执行查询，并将结果保留下来作为对比基准。

```
print(qe.query("Who burned Rome?"))
print("------------------------")
```

现在是时候更改 prompt_template 模板了。我们首先定义一个包含新版本的字符串。

```
new_qa_template = (
"Context information is below."
"                    "
--------------------
"{context_str}"
"                    "
--------------------
"Given the context information "
"and any of your prior knowledge, "
"answer the query."
```

```
"Query: {query_str}"
"Answer:")
```

如果仔细对比新版和原版模板，读者会发现一处微妙但非常重要的变化：新版模板指示模型不仅依据检索到的上下文知识，也要结合自身的知识库回答问题。现在是时候利用之前新增加的导入了。由于 `update_prompts()` 方法要求提示模板遵循 `BasePromptTemplate` 格式，我们需要确保新提示符合这一格式。

```
template = PromptTemplate(new_qa_template)
```

准备就绪后，再次运行查询。

```
qe.update_prompts(
    {"response_synthesizer: text_qa_template": template}
)
print(qe.query("Who burned Rome?"))
```

查看图 10.4 所示的运行结果。

```
The query does not provide any information about who burned Rome.
------------------------
The city of Rome was famously burned during the reign of the Emperor Nero in 64 AD. While
Nero himself was not directly responsible for the fire, he was rumored to have played the
lyre and sung while the city burned, leading to the belief that he had orchestrated the fi
re for personal gain.
```

图 10.4　更新提示模板前后的输出对比

从输出结果中可以看到，查询引擎的 `text_qa_template` 模板的微小改动彻底改变了其行为。同样，也可以让大语言模型以特定的语言风格、押韵或其他方式进行回答。该功能对 RAG 应用的重要性不言而喻。

然而，并非所有 LlamaIndex 组件都支持 `update_prompts()` 方法。例如前面提到的 `TitleExtractor` 元数据提取器就不支持这种方法。不过仍可通过参数调整它们的提示模板。具体来说，`TitleExtractor` 使用的两个模板可通过 `node_template` 和 `combine_template` 参数进行定制。以下是一个例子。

```
from llama_index.core import SimpleDirectoryReader
```

```
from llama_index.core.node_parser import SentenceSplitter
from llama_index.core.extractors import TitleExtractor
reader = SimpleDirectoryReader('files')
documents = reader.load_data()
parser = SentenceSplitter()
nodes = parser.get_nodes_from_documents(documents)
```

示例的第一部分负责将示例样本文件作为文档导入,并将其分割为独立的节点。让我们先使用之前的默认提示模板提取标题。

```
title_extractor = TitleExtractor(summaries=["self"])
meta = title_extractor.extract(nodes)
print("\nFirst title: " +meta[0]['document_title'])
print("Second title: " +meta[1]['document_title'])
```

输出结果应大致如下所示。

```
First title: "The Enduring Influence of Ancient Rome: Architecture, Engineering, Conquest, and Legacy"
Second title: "The Enduring Bond: Dogs as Loyal Companions - Exploring the Unbreakable Connection Between Humans and Man's Best Friend"
```

接下来定义一个自定义提示模板,并将其作为参数传递给 TitleExtractor 进行第二次运行。

```
combine_template = (
    "{context_str}. Based on the above candidate titles "
    "and content, what is the comprehensive title for "
    "this document? Keep it under 6 words. Title: "
)
title_extractor = TitleExtractor(
    summaries=["self"],
    combine_template=combine_template
)
meta = title_extractor.extract(nodes)
```

第 10 章　提示工程指南和最佳实践

```
print("\nFirst title: "+meta[0]['document_title'])
print("Second title: "+meta[1]['document_title'])
```

由于我们在自定义提示中增加了一条额外指令，提取器因此生成了更简短的标题。第二次运行的输出应大致如下。

```
First title: "Roman Legacy: Architecture, Engineering, Conquest"
Second title: "Man's Best Friend: The Enduring Bond"
```

掌握了提示定制的基本机制之后，接下来我们将探讨一些更为高级的技术——使用 LlamaIndex 的高级提示技术。

LlamaIndex 提供了多种高级提示技术，帮助用户创建更加定制化和灵活的提示，重用已有的提示并简化特定操作的表达。这些技术包括部分格式化、提示模板变量映射和提示函数映射。表 10.1 总结了每种方法的目的及其应用场景。

表 10.1　LlamaIndex 高级提示技术概览

方法	描述
部分格式化	预先填充提示中的部分变量，其余变量待后续填充。这种方法非常实用，尤其是在多步骤 RAG 流程中，可以通过逐步收集用户的输入构建提示。
提示模板变量映射	指定预期的提示键与模板中实际使用的键之间的对应关系，从而无须修改模板变量即可重复使用现有的字符串模板。这种方式类似于给模板键设置别名。
提示函数映射	支持根据其他值或条件，在查询时动态地将某些值注入到提示中，可通过将函数作为模板变量而非固定值传递实现这一过程。

所有这三种方法都有详细的代码示例，读者可以在 LlamaIndex 的官方文档中找到：https://docs.llamaindex.ai/en/stable/examples/prompts/advanced_prompts.html。

掌握了这些新工具之后，我们可以进一步优化应用与大语言模型之间的交互，几乎可以自定义 LlamaIndex 中任意 RAG 组件的行为。

在本章的最后一部分，我们将探讨如何最大化 RAG 架构潜能的关键领域——提示工程的艺术与科学。

10.5　提示工程的黄金法则

本节并非提示工程的最终指南。事实上，这个领域正在持续发展。由于许多大语言模型正展现了未曾遇见的新功能，我们与这些模型的交互方式也将持续演变。换句话说，随着大语言模型变得更加擅长模拟和理解人类的行为偏好，我们也相应地学会了与它们互动的新方式。本节会分享一些提示工程里最常用的技术，以及指导该领域的基本原则。如前所述，编写有效的提示需要在多个因素间找到微妙的平衡。以下是构建 RAG 应用提示时需要考虑的关键点。

10.5.1　表达的准确性和清晰度

提示应该明确具体，避免歧义。你表达的需求越清晰，就越有可能得到有用的回复。重要的是，要以清晰明确的方式描述问题或需求，切勿假设模型能自动理解你的意图。这些假设通常是有偏见的，并且往往会反过来产生幻觉。

10.5.2　提示的指导性

提示的指示程度会极大地影响回复的内容。提示可以包含开放式（鼓励有创意的广泛回答）和高度具体的（请求特定类型的回答）内容。指示的强度应与预期结果相匹配。考虑到我们实际上是在构建包含固定部分和动态获取内容的提示模板，因此应当考虑模型可能误解提示内容的异常场景和边缘情况。对此，可使用清晰的指令或命令（例如，总结、分析、解释）指导模型执行指定任务。提示既要足够灵活以适应多样化的输入，也要足够详细以便有效地指引模型。

10.5.3　上下文质量

这是构建高效 RAG 系统的一个关键挑战。专有知识库的质量和组织方式，以及从其中检索相关上下文信息的能力，都是非常重要的方面。"垃圾进，垃圾出"这一规则同样适用于此领域。尽量清除数据中的不一致性、特殊符号（这些可能会影响大语言模型的表现）、重复的数据，甚至是文本中的语法错误。这些问题都会影响信息检索的有效性及最终响应合成。读者可以尝试不同检索策略（参考第 6 章），调整 similarity_top_k、chunk_size 和 chunk_overlap 等参数（参考第 4 章），此外，还可以通过使用重排算法和节点后处理器提升上下文质量（参考第 7 章）。

10.5.4　上下文数量

在编写提示时，找到既简洁又提供充足细节的平衡点非常重要。提示需要足够简短以保持专注，但也要足够详细以明确任务或问题要求。提供太少的上下文可能导致回答缺乏深度或相关性，而过多的上下文则可能使模型感到困惑或偏离主题。

在 RAG 应用中，随着提示内上下文量的增加，回答的一致性和准确性也受到显著影响。尽管提供更多上下文可以让大语言模型更好地理解任务，但过长的提示也可能带来负面影响。例如，过长的提示增加了引入无关或冲突信息的风险，这会导致模型的理解与实际任务需求出现偏差。因此，保持提示的清晰和简洁至关重要，这样可以帮助模型聚焦于主要任务上。

同时，上下文增多时将增加模型的认知负荷，这可能降低回答的准确性，并增加出现歧义或不一致性的可能性。

> **提示**
> 认知负荷是指大语言模型在处理、理解并基于上下文生成回复过程中所需的认知资源量。在 RAG 系统中，认知负荷与提示中的信息量及其复杂度直接相关。

相应地，可使用一些工具，如相似度后处理器 `SimilarityPostprocessor` 或句子嵌入优化器 `SentenceEmbeddingOptimizer`，通过筛选或简化部分内容来减轻这一负担，从而减少最终提交给大语言模型的提示长度。这类方法已在第 7 章中介绍，如果检索到的上下文本身就很长，则可以考虑将其分割成较小的部分以便更有效地进行处理。

10.5.5 上下文排列

RAG 工作流的成功不仅取决于上下文的数量和质量，还与其内部信息的排列方式密切相关。特别是在面对较长的上下文时，大语言模型在提取关键信息时的表现会因这些信息在上下文中的位置不同而有所变化。为了提高效率，建议将最重要的信息置于提示的开头或结尾，这样可以帮助模型更好地聚焦于核心任务。使用如节点重排工具或长上下文重排后处理器等技术，可以进一步优化这一过程。

> **提示**
>
> 近年来，"大海捞针"测试作为一种流行的 RAG 评估手段逐渐受到关注。这种测试考察的是模型能否从大量上下文中识别并记住某个特定细节。这个特定的信息被巧妙地嵌入整个上下文中，通常不容易被发现。实际上，这种方法与测试一个人阅读一段文字后能否记住其中的关键信息非常相似。

10.5.6 输出格式要求

在构建 RAG 工作流时，通常需要大语言模型生成结构化或半结构化的输出。理想情况下，输出应在格式、长度及语言风格上保持一致性和可预测性。有时在提示中加入一些示例可以改善输出质量，但这并非适用于所有情况。因此，使用输出解析器和 Pydantic 程序变得尤为关键，它们可以帮助精确控制和解析模型的输出。我们已在第 7 章中详细探讨过这些工具。

10.5.7　推理成本

在开发应用时，我们往往面临严格的成本预算。忽视 token 的使用量可能导致不必要的开支增加。因此，进行成本预估并持续监控 token 的使用情况至关重要。为了进一步优化成本效益，可以利用如长上下文语言压缩器等工具实现提示压缩。这种技术不仅能降低成本，还能通过去除冗余信息提升最终回复的质量。我们在第 7 章中曾讨论了此类节点后处理器的应用。

10.5.8　系统延迟

系统的整体延迟受多种因素影响，而冗长、不明确或者设计不佳的提示同样会导致处理时间延长。就像与真人对话时，如果提问过于复杂或不清晰，对方理解起来会更加困难，从而延长回应时间。这种情况同样适用于大语言模型，从而降低用户体验。

提示工程是一个持续探索和改进的过程。我们应定期检查提示的效果，并基于反馈不断调整优化。记住，这是一个长期的学习过程，随着技术的进步，相关规则也在不断更新，因此努力跟上提示工程技术的最新发展，以适应快速变化的行业趋势。

10.5.9　选择适合任务的大语言模型

在人工智能领域，并不是所有的大语言模型都同样适用。正如在第 9 章中探讨的，虽然很容易根据需求自定义 RAG 流程中的各个组件，包括底层的大语言模型，但在众多选项中做出最佳选择却并非易事。选择不当的大语言模型可能会导致精心设计的提示无法达到预期效果，就如同向不合适的人寻求答案一样，即使沟通再好，也可能得不到满意的答复。

因此，了解不同大语言模型的特点并根据具体任务需求选择最合适的模型至关重要。下面我们将探讨几个关键的选择标准。

1. 模型架构

不同的模型有着各自的基础架构，这也决定了它们的功能特点。例如，纯编码器模型擅长对输入文本进行编码和分类，适用于文本分类任务，例如来自 Transformer 的 BERT （bidirectional encoder representations，BERT）在预测下一句任务中的表现尤为突出（https://en.wikipedia.org/wiki/BERT_(language_model)）。

编码器-解码器模型既能理解又能生成文本，非常适合翻译和摘要等任务，代表性的模型有 BART（bidirectional and auto-regressive transformer，BART，https://huggingface.co/docs/transformers/en/model_doc/bart）。

纯解码器模型则主要用于生成文本，如 GPT、Mistral、Claude 和 LLaMa 等模型在此类任务中表现优异。

还有些较为特殊的架构，比如混合专家（mixture-of-experts，MoE），它通过稀疏的 MoE 框架实现高效的特定 Token 处理，更多细节请参考 Shazeer 等人的研究 *Outrageously Large Neural Networks: The Sparsely-Gated Mixture-of-Experts Layer*，https://doi.org/10.48550/arXiv.1701.06538）。如 Mixtral 8x7B 所示，这种方式特别适用于数学、代码生成、多语言任务等复杂任务。

2. 模型大小

模型大小也是选择大语言模型时需要考虑的关键因素之一，因为它直接影响了模型的计算成本和功能。模型的参数量，包括在训练过程中调整的权重和偏置，反映了其复杂程度和运行成本。较大的模型，如拥有约 1.76 万亿参数的 GPT-4，功能强大但成本高昂；相对地，较小的模型（通常不超过 100 亿参数）在成本和性能之间找到了良好的平衡，适合大多数应用场景，且不会导致过高的开支。

3. 推理速度

推理速度是一个关键指标，它影响着模型处理输入数据并生成结果的快慢。尽管较大的模型在输出质量和深度上有优势，但其处理速度相对较慢。此外，推理速度还受到模型架构效率和所用计算资源的影响。模型修剪、量化及专用硬件等技术可以有效地缩短推理

时间，从而提升大语言模型的实用性。

此外，大语言模型还可以针对不同的任务或领域进行优化，进一步提升特定场景下的表现。这样的优化源自对模型进行微调时所用的数据类型和训练目的。

接下来将探讨一些典型的优化案例。

1. 聊天模型

聊天模型经过特别设计并用于提升对话互动体验。它们的目标是通过模拟人类般的对话体验，让用户参与进来。这些模型在处理双向交流方面表现出色，并能够在多轮对话中保持话题的连贯性。

当涉及创建更为随意或对话式的聊天机器人及虚拟助手时，这类模型无疑是最佳选择。它们广泛应用于需要与用户进行自然而引人入胜对话的场景，比如客户服务机器人、娱乐应用以及能提供陪伴感的虚拟伙伴上。这些场景的一个显著特点是，它们倾向于给出更具开放性的回答，力求做到既吸引人又能贴合上下文，偶尔还会带来惊喜或乐趣。

2. 指令模型

指令模型经过特别优化，能够理解并执行具体的指令或查询。相较于对话，它们更侧重于依据用户的指示完成指定的任务。因此，当用户需要模型执行特定的工作时，比如概括文件内容、依照提示编写代码（这里指的是根据提供的具体要求自动生成代码片段），或者提供详细的解答，这类模型就显得尤为重要。在教育软件、办公效率工具以及需要对提问给出明确且直接回答的应用场景中，例如在 RAG 应用的复杂流程中，指令模型尤其受到欢迎。

与注重对话风格不同，指令模型专注于提高任务处理的精确度和相关性。它们的设计目的是尽可能高效且有效地回应用户的需求，确保每次交互都能精准地达到用户的期望。

3. Codex 模型

Codex 模型专为理解和生成代码而设计。它们基于广泛的编程语言资料进行训练，可以支持编写代码、调试程序、解释代码段，甚至是根据提供的要求自动生成完整的程序。

因此，它们非常适合集成到软件开发环境、编程教学工具中，或任何能从自动化的代码辅助中受益的应用场景里。

4. 摘要模型

摘要模型专注于将冗长的文本提炼成简洁的概要，同时确保重要信息和背景不丢失。它们擅长抓住文本的核心，并以精炼的形式展示出来。无论是新闻汇总服务、学术研究、内容创作，还是需要迅速从大量文档中提取要点的上下文，这类模型都能发挥巨大作用。

5. 翻译模型

正如其名，翻译模型致力于实现文本从一种语言到另一种语言的转换。通过使用庞大的多语言数据集进行训练，这些模型能够准确无误地处理跨语言交流，是跨国沟通平台、内容本地化工作以及帮助语言学习者的教育软件的理想之选。

6. 问答模型

问答模型经过特别优化，能够理解并回答以自然语言形式提出的问题。它们能通过查阅提供的文档或者利用自身的大量训练资料给出精准答案。这类模型对于开发智能搜索引擎、教育助手以及互动知识库至关重要。

此外还存在许多其他类型的专业模型，每一种都针对特定的应用场景或领域进行了优化。值得注意的是，由于不同专业方向会强化或弱化模型的某些功能，因此即使是精心编写的指令也可能导致不同模型间的表现差异巨大。即使是相同指令，某个模型能给出近乎完美的回应，而另一个模型则可能难以满足预期。

在挑选适用于 RAG 项目的大语言模型时，需要仔细考虑这些特性与项目具体需求之间的平衡。了解这些因素可以帮助你选出既符合预算又能满足性能和速度要求的模型。无论是需要即时反馈的实时应用，还是处理复杂任务所需的深度分析和内容创造能力，所选模型都将极大程度上决定了项目的成败。然而不必局限于单一模型，LlamaIndex 支持高度定制化，允许结合多种模型的优势。通过不断试验和评估，你可以找出最适合项目需求的模型组合。

10.5.10　创造有效提示词的常用方法

虽然简单的提示词已足够应对很多任务，但对于那些需要复杂推理或多步骤操作的任务来说，则往往需要采用更为高级的技术。以下是一些非常强大且有效的提示技巧，它们能极大提升语言模型在 RAG 应用中的表现。鉴于网络上已经存在大量的学习资源、免费课程以及丰富的案例，如果读者对此还不太熟悉，可以把下面的内容视为一个良好的开端。

1. 少样本提示

正如 Brown 等人的论文 *Language Models are Few-Shot Learners*（https://doi.org/10.48550/arXiv.2005.14165）中所述，对于涉及大语言模型的复杂任务，少样本提示通过提供示例可实现上下文学习，从而提高模型性能。这种方法依赖于提供少量任务示例及其预期输出，以调整模型的行为。读者可以尝试不同数量的示例（例如，单样本、三样本和五样本）找到最佳平衡，因此这种方法也被称为 k-shot。

> **零样本提示**
> 零样本提示是直接向模型提问，而不提供任何先前的问答上下文。与少样本提示相比，这种方法由于缺乏上下文支持，因此对模型来说更具挑战性。

当使用少样本提示时，请注意示例的格式和输入文本的分布情况，因为这些都是影响性能的重要因素。虽然少样本提示方法可以提高模型在简单任务中给出答案的准确性，但在更复杂的推理场景中，它的表现可能会有所下降。以下是使用该技术的实际提示示例。

```
Classify the following reviews as positive or negative sentiment:
<The food was delicious and the service was excellent!> // Positive
<I waited over an hour and my meal arrived cold.> // Negative
<The ambiance was nice but the dishes were overpriced.> //
Output:
```

以这种方式向模型提供少量示例，可以帮助它在没有微调的情况下，通过上下文学习提高任务完成的质量。

2. 思维链提示

根据 Wei 等人在论文 *Chain-of-Thought Prompting Elicits Reasoning in Large Language Models*（https://doi.org/10.48550/arXiv.2201.11903）中的首次介绍，思维链提示方法对需要复杂推理或多步骤过程的大语言模型任务特别有效。我们可以使用思维链提示引导模型分解问题并展示其思维过程。为了实现这一点，可以在提示中包含示例，向模型展示如何逐步进行推理。以下是一个实际提示示例。

```
There are 15 students in a class. 8 students have dogs as pets.
If 3 more students get a dog, how many of them would have a dog as a
pet then?
Step 1) Initially there are 15 students and 8 have dogs
Step 2) 3 more students will get dogs soon
Step 3) So the final number is the initial 8 students with dogs plus
the 3 new students = 8 + 3 = 11
Therefore, the number of students that would have a dog as a pet is
11.
A factory makes 100 items daily. On Tuesday, they boost production
by 40% for a special order. However, to adjust inventory, they cut
Thursday's output by 20% from Tuesday's high. Then, expecting a sales
increase, Friday's output rises by 10% over the day before. Calculate
the production numbers for Tuesday, Thursday, and Friday.
```

在这个例子中，提示的第一部分详细展示了如何解决问题的步骤，这有助于指导大语言模型更准确地完成后续的实际任务。

3. 自洽性

自洽性是一种旨在通过探索多种不同的推理路径，并从中挑选出最连贯的答案提升思维链提示效果的方法。根据 Wang 等人的研究，自洽性在论文 *Self-Consistency Improves Chain of Thought Reasoning in Language Models*（https://doi.org/10.48550/arXiv.2203.11171）中首次被提出，自洽性方法能够通过替代传统的思维链提示，帮助提高涉及算术和常识推理任务的性能。该方法包括提供少量思维链示例生成多样化的推理路径，

最后根据这些路径选出最一致的答案。

这种方法承认，大语言模型也可能像人类一样犯错或进行错误的推理步骤。然而，通过利用推理路径的多样性并选择最一致的答案，自洽性方法能够提供比传统思维链提示更为准确的结果。

4. 思维树提示

思维树是一种扩展了思维链提示的框架，旨在促进大语言模型在解决问题时探索作为中间步骤的思想。其核心在于维护一个思维树，其中每个思维都是连贯的语言序列，代表了解决问题过程中的中间步骤。通过结合大语言模型生成和评估这些思维的能力与专门设计的搜索算法，可以系统性地探索不同的解决路径。思维树提示方法要求语言模型对中间思想进行评估，判断它们是否确定/可能/不可能达到预期解决方案，并基于此使用搜索算法探索最有潜力的路径。该方法首次在以下论文中提出：Yao 等人的论文 *Tree of Thoughts: Deliberate Problem Solving with Large Language Models*（https://doi.org/10.48550/arXiv.2305.10601），和 Long 等人的论文 *Large Language Model Guided Tree-of-Thought*（https://doi.org/10.48550/arXiv.2305.08291）。思维树提示方法鼓励模型探索解决问题所需的中间步骤。它通过维护一个包含各种可能思路的树形结构，允许模型系统地探索不同的解决方案路径。

以下是一个提示示例。

```
Let's simulate a verbal conversation between three experts who tackle
a complex puzzle.
Each expert outlines one step in their thought process before
exchanging insights with the others, without adding any unnecessary
remarks. As they progress, any expert who identifies a flaw in their
reasoning exits the discussion. The process continues until a solution
is found or all available options have been exhausted. The problem
they need to solve is:
"Using only numbers 3, 3, 7, 7 and basic arithmetic operations, is it
possible to obtain the value 25?"
```

5. 提示链

这种方法涉及将复杂任务分解成若干个子任务，并使用一系列提示，将每个提示的输出作为下一个提示的输入。这种策略类似于 `training_material_builder.py` 模块中为 PITS 应用使用的方法，提示链能够增强应用的可靠性、透明度和控制力。通常，在 RAG 应用中，我们使用独立的提示检索相关信息，并基于检索内容生成最终输出。

通过上述原则和方法，读者可以利用 LlamaIndex 构建更高效、更可靠的 RAG 应用，充分发挥大语言模型的潜力。

10.6 本章小结

本章探讨了提示工程在使用 LlamaIndex 构建有效的 RAG 应用中的重要性。我们学习了如何检查和定制各种组件使用的默认提示。

本章提供了关于如何设计高质量提示的核心原则与最佳实践的概览，同时也介绍了几种高级提示技巧。此外，还特别强调了根据具体任务需求挑选合适的大语言模型的重要性，并且需要了解这些模型在架构、功能以及性能上的差异与平衡。

最后，我们详细讨论了几种既简洁又高效的提示方法，包括少样本提示、思维链提示、自洽性、思想树以及提示链。这些方法有助于强化大语言模型的推理与问题解决能力。熟练掌握提示工程技术，是解锁大语言模型在 RAG 应用中的无限潜能的关键。

我们即将完成这次探索之旅，诚邀读者继续跟随我的脚步进入本书的最后一章，我将分享一些额外的学习工具，并为后续学习与技能提升提供参考建议。

第 11 章
结论与附加资源

在最后一章中,我们将回顾 RAG 的研究探索及其对人工智能领域产生潜在影响的关键要点。我们将探讨紧跟最新技术进展的重要性,介绍诸如 Replit 奖励计划和 LlamaIndex 社区等资源,并重申负责任 AI 的重要性。展望未来,我们也将思考专用 AI 硬件的影响及指导我们前行的伦理考量。本章旨在激励大家持续学习、参与贡献,共同塑造 RAG 和 AI 的美好前景,同时确保所有努力都将人类福祉放在首位。

本章将涵盖以下主要内容。
- 其他项目和深入学习。
- 要点总结、展望和勉励。

11.1 其他项目和深入学习

随着本书接近尾声,我们可以看到掌握 LlamaIndex 框架的旅程才刚刚开始。理论知识固然重要,但实践出真知,动手操作才是深入了解和解决问题的关键。因此,我强烈鼓励读者积极练习，尝试书中的工具和技术，特别是通过构建真实的 RAG 应用加深理解。

11.1.1 LlamaIndex 示例集合

巩固知识的绝佳起点是 LlamaIndex 官方文档上提供的丰富示例和教程：https://docs.llamaindex.ai/en/stable/examples/。通过这些示例和教程，读者可以了解如何使用框架的各个组件，还能学习如何通过组合这些组件构建更复杂的 RAG 流程。这份资源不仅包含有价值的代码片段、最佳实践案例，还展示了真实场景中的应用，有助于深化读者对构建 RAG 应用程序的理解。

虽然本书也涉及了一些示例，但为了简洁起见，我对一些过程进行了简化。因此，即便是已熟悉相关内容，这里仍推荐仔细阅读官方文档中的一些精彩示例。其中有上百个示例供读者参考，我已经挑选出几个特别实用的例子作为入门指南。

1. Slack 数据连接器

这个示例展示了如何使用 LlamaIndex 的 Slack 数据连接器对 Slack 聊天数据进行问答（https://docs.llamaindex.ai/en/stable/examples/data_connectors/SlackDemo/）。通过集成 Slack API 检索聊天历史并加速信息检索，这对于那些高度依赖 Slack 作为沟通工具，并希望通过聊天数据挖掘价值、构建聊天机器人或者推行 ChatOps 模式的组织来说，是一个极好的起点。与其他许多提供的示例一起，数据连接器部分提供了非常有用的学习资源。读者可扩展功能，将不同来源的数据引入 RAG 流程。

2. Discord 话题管理

与 Slack 数据连接器类似，这个关于 Discord 话题管理的示例展示了 LlamaIndex 如何收集、管理和查询 Discord 聊天数据的方法：https://docs.llamaindex.ai/en/stable/examples/discover_llamaindex/document_management/Discord_Thread_Management/。它详细讲解了如何索引 Discord 话题并在新数据到来时更新索引。按照此示例展示的方法，读者可以构建能够高效搜索和检索 Discord 聊天历史的应用。这为

构建聊天机器人和虚拟助手或简单地提供一种快速访问 Discord 内重要讨论和决策的方式提供了可能性。对于将 Discord 作为主要通信平台的社区和组织，此示例可以提供一个简单的样板，用于构建更复杂的 RAG 解决方案。

3. 使用 GPT4-V 构建多模态检索

这个高级示例演示了如何利用 LlamaIndex 与 GPT4-V 创建一个集成文本和图像数据的多模态检索系统：https://docs.llamaindex.ai/en/stable/examples/multi_modal/gpt4v_multi_modal_retrieval/。

> **多模态 RAG**
>
> 多模态 RAG 将文本、图像等不同模态的信息检索与大语言模型的推理及生成能力相结合。其应用范围极其广泛，包括但不限于开发既能处理文字也能解答图片问题的知识库和问答系统；打造交互性强、体验丰富的多模态对话智能体；以及开创融合语言和视觉元素的新型创意和分析工具。

鉴于本书并未深入探讨多模态 RAG，我强烈推荐读者仔细研究这个示例。借助本书中的知识以及该示例的具体说明，读者会发现为现有应用增加多模态特性并不像想象中那么困难。

4. 多租户 RAG 系统

该示例详细介绍了搭建多用户 RAG 系统的全过程，包括配置向量数据库、针对不同租户的数据进行索引以及处理用户的查询请求：https://docs.llamaindex.ai/en/stable/examples/multi_tenancy/multi_tenancy_rag/。相比第 6 章中介绍的元数据过滤器方法，这里提供了更加详尽的操作指南。通过为每个租户、团队或个人用户提供独立的向量数据库，此示例展示了如何在保障数据的安全性和隐私性的前提下，同时支持基本的 RAG 功能，例如自动回答问题和生成内容。

这个案例是构建在单个应用内有效管理多个租户的生产级 RAG 系统的理想起点，适用于服务多客户群的应用场景。

> **提示**
>
> 设想一家公司为多个企业提供聊天机器人服务。每个企业客户都希望能够定制自己的聊天机器人，并能根据自身特有的知识库和 FAQ 进行训练。通过多租户 RAG 系统，这家公司就能为每一位客户创建独立索引，确保对某位客户的聊天机器人进行提问时，只会从该客户专属知识库中获取答案。这样不仅保证了数据的私密性，也为每个客户提供了个性化服务。

通过研究这个多租户 RAG 的具体实现，读者将学到如何设计既能满足多方需求，又不影响性能或用户体验的安全高效 RAG 系统。

5. RAG 的提示工程技巧

该示例深入探讨了如何在 RAG 流程中定制提示的应用——这是第 10 章中提到的主题：`https://docs.llamaindex.ai/en/stable/examples/prompts/prompts_rag`。

示例代码展示了如何使用提示工程技术增强不同 LlamaIndex RAG 组件的性能。它解释了诸如在提示中添加少样本示例以提高各种任务性能的策略。此外，它还介绍了变量映射和函数等技术，并给出了使用提示定制处理上下文转换（如过滤个人数据）的示例。综合来看，此示例以及提示部分提供的其他实例有助于我们更好地理解，在特定应用场景下，有效的提示设计如何显著提升 RAG 系统的质量和效率。

6. 引用查询引擎

这个示例与第 7 章中讨论的案例相似。其中，我们介绍了一种不仅能用用户的专有数据回答问题，还能指出用于生成答案的具体数据片段的方法。提供信息来源对一个注重透明度和可追溯性的 RAG 系统来说至关重要。这里有一个更复杂的示例：`https://docs.llamaindex.ai/en/stable/examples/query_engine/citation_query_engine/`。

此示例展示了一种更高级的查询技术，增强了检索信息的上下文和可追溯性。用户可以方便地追踪检索文本的来源，提供一种清晰透明的方式验证信息的准确性和可靠性。此外，该示例还展示了如何配置 `CitationQueryEngine`，使其可以根据特定需求进行调整。同时，它还提供了检查检索信息的实际来源的指导，在必要时可启用对原始上下文的详细

检查。

CitationQueryEngine 对研究人员、记者、审计员、合规文员或任何在其信息检索过程中需要高透明度和问责制的人特别有用。通过将这一强大工具集成到 RAG 工作流程中，可以确保我们依赖的信息是有充分记录的，并且可以轻松追溯到其来源。

LlamaIndex 官方文档网站上还有一个很有价值的部分——开源社区。访问 https://docs.llamaindex.ai/en/stable/community/full_stack_projects/ 可找到由 LlamaIndex 团队开发的多个全栈应用实例。所有实例应用均按照 MIT 许可证开源，这意味着你可以自由地直接使用它们快速启动自己的项目。

探索这些示例不仅能强化从本书中学到的理论知识，还能激发你构建健壮、高效和创新的 RAG 应用的能力。现在就开始实践吧，让创意引领你运用智能检索系统解决现实生活中的问题。

11.1.2　Replit 任务和挑战

将理论知识应用于实际问题是提升技能的有效途径之一。当读者对 RAG 和 LlamaIndex 技术有了足够的自信后，可以考虑参与编程挑战或者尝试一些小型但可能带来收益的项目。Replit 作为一个在线编码平台，能够成为这样的好帮手。它提供的基于浏览器的开发环境支持使用多种编程语言进行代码的编写、运行和分享。这个平台不仅促进了项目的合作与交流，还允许开发者通过完成 Replit 上的任务获得报酬：https://docs.replit.com/bounties/faq。

> **关于悬赏**
>
> Replit 的独特之处在于它的悬赏系统，鼓励用户参与编程挑战，为开源项目贡献力量，并根据付出得到相应的奖励。这些任务由需要解决特定问题或添加新特性的项目维护者或个人发布。开发者可以根据自己的技能和兴趣挑选任务，并着手解决这些问题。

通过参与 Replit 的任务，读者可以在开发 RAG 解决方案的同时，应用书中介绍的概念并获得宝贵的实践经验。这些任务通常基于现实世界的问题设定，为读者提供动手实践的机会。

此外，Replit 营造了一个支持和协作的社区环境。这里，读者可以与其他开发者互动，学习他们的解决策略，并获取关于代码的建设性反馈。这种互动有助于职业成长，拓宽知识面，并紧跟行业最新趋势和最佳实践。

若读者想在 Replit 上查找与 LlamaIndex 相关的内容，可以访问 https://replit.com/search?query=llamaindex，这将搜索到 LlamaIndex 相关的项目、代码片段及讨论，使读者能够在实践中运用 RAG 技能，并有可能发现有价值的机会。

11.1.3　LlamaIndex 社区的力量

对于任何使用 LlamaIndex 的开发者来说，最有价值的资源之一是围绕该框架成长起来的充满活力和支持的社区。随着数万名开发人员积极参与，LlamaIndex 社区提供了丰富的知识、经验和灵感。加入这个蓬勃发展的社区为所有技能水平的开发者提供了许多好处。无论是刚刚开始使用 LlamaIndex 的初学者，还是希望将项目提升到新高度的经验丰富的开发人员，加入社区都可以助力目标的实现。

LlamaIndex 社区汇聚了大量曾经开发过各种项目的开发者，从简单的概念验证到复杂的实际应用都有涉及。通过与社区互动，你可以学习他们的经验，发现最佳实践，并获得宝贵的见解，帮助你改进项目。你可以提问，分享自己的项目，并从他人的经验中学习。

社区也是一个展示个人 LlamaIndex 项目并接受来自同行反馈的理想之地。分享你的工作不仅可以帮助你磨炼技能，还能收集新的想法思路，甚至激发正在开发相似项目者们的灵感。此外，成为 LlamaIndex 社区的一部分，你还有机会为框架本身的持续发展和改进做出贡献。无论是提供反馈、报告错误，还是贡献代码，你都可以帮助塑造 LlamaIndex 的未来，使其成为全球开发人员的更强大工具。

想要加入我们，你可以订阅项目简报，加入官方 LlamaIndex Discord 服务器，参与 GitHub 仓库上的讨论，或者参加社区举办的各类活动和在线研讨会。访问 LlamaIndex 博客

(https://www.llamaindex.ai/blog），可以帮助你了解 LlamaIndex 生态的最新发展状况。这里提供了广泛的文章、教程和案例研究，展示了开发人员如何在各个领域使用 LlamaIndex 构建创新应用。

11.2　要点总结、展望和勉励

生成式 AI 的未来充满了无限可能，它有望重塑各行各业，提升人类能力，并促进经济发展。然而，这一进程同样伴随着技术、伦理及社会层面的重大挑战，需要我们审慎对待，以确保这些强大力量得以负责任地应用。历史告诉我们，创新既能带来进步，也可能引发未曾预见的问题和社会动荡，而生成式 AI 的发展也不例外。

尽管检索增强生成并非是直接推动生成式 AI 前进的动力，但它无疑加速了大语言模型的进步。RAG 放大了简单模型的能力，创造了新的可能性，但也带来了更大的挑战和风险。鉴于软件对社会的影响日益加深，随着日常生活越来越依赖软件，我们需要采取更加慎重的态度。

如今，一位熟练的开发者运用 RAG 与生成式 AI 所能达成的成就，几年前可能需要一整家公司全力以赴才能实现。然而，这对现状并不完全有利，因为相较于个体开发者或小型团队，大多数企业在追求利润和市场成功的道路上设有更为严格的伦理审查、法规、遵循机制及责任制度。随着计算成本的降低和 AI 知识的广泛传播，小型实体如初创企业、地方政府及社区组织等，也开始自行研发定制化的、融合 RAG 的大语言模型以满足特定需求。这样的趋势可能会打破大型科技企业的垄断格局，催生出一个更加多元化和活力四射的 AI 创新生态。不过，这也如同打开了潘多拉魔盒，可能带来误用和技术伦理上的困扰。

> **澄清**
> 我们并不认为前景悲观，而是想提醒大家注意潜在风险。随着技术不断进步，将伦理考量纳入开发流程的重要性不容忽视。AI 技术普及意味更多人需要共同承担其带来的影响。

我们不仅要关注能够创造什么，还需要思考应当创造什么。这意味着要考量工作的长远影响，避免不经意间制造出可能被用于不良目的的工具。因此，建议所有立志投身 AI 领域的新人首先阅读《斯坦福哲学百科全书》中关于人工智能与机器人伦理的条目 Guideline on the Ethics of Artificial Intelligence and Robotics（https://plato.stanford.edu/entries/ethics-ai）作为入门资料。

当然，不只是开发者需要对 AI 技术的伦理使用负责，多个组织也发布了相应的指导方针。例如，Holly J. Gregory 和 Sidley Austin LLP 在哈佛法律学校公司治理论坛上发布的 *AI and the Role of the Board of Directors* 一文，就为那些希望强化内部管控并对公司 AI 活动进行有效监管的董事会成员提供了详尽的治理指南（https://corpgov.law.harvard.edu/2023/10/07/ai-and-the-role-of-the-board-of-directors/）。

其他提供 AI 系统开发伦理指导的有用资源还包括电气和电子工程师协会（IEEE）编写的 *Ethically Aligned Design*（https://standards.ieee.org/industry-connections/ec/ead-v1/）和 OECD AI 原则，读者可在 https://oecd.ai/en/ai-principles 上找到。

11.2.1　生成式 AI 背景下 RAG 的未来展望

撰写本书的过程仿佛是在与时间赛跑。生成式 AI 领域的快速发展要求我们必须紧跟最新进展，确保书中内容始终紧贴时代脉搏。每当完成一部分内容，新的研究成果和见解又不断涌现，促使我们需要及时更新先前的内容。在追踪这些前沿动态的过程中，我深感不仅要准确传达现有知识，还需要预见未来的发展方向。我们的目标不仅是反映当前状况，更要提出那些在未来依然具有指导意义的观点。接下来将分享一些重要的行业更新，它们让我重新思考 RAG 的长期影响。

1. 大语言模型迈向长上下文处理时代

随着 Google Gemini 1.5 等大语言模型的问世，这些模型能够处理高达 100 万个 token，引发了关于 RAG 未来定位的辩论（参见 https://blog.google/technology/ai/

google-gemini-next-generation-model-february-2024/)。当模型能够处理如此庞大的上下文时，一个问题随之而来：我们是否还需要 RAG？

尽管这些模型展现出惊人的能力，但它们依旧面临诸如高成本、延迟以及长上下文窗口的内容准确度等问题。相较之下，RAG 以其在成本效益、信息流管理和故障排查等方面的优势，成为一个强有力的竞争方案。虽然模型容量的增加令人振奋，但它并不能保证对所有信息的理解都准确无误。RAG 的补充优势，如过滤无关信息、处理迅速变化的知识以及支持模块化架构等功能，使得它即使面对规模宏大的模型也依然占据重要地位。

因此，在我看来，即便大语言模型的上下文处理能力持续增强，RAG 仍将在提升其效能并弥补其局限方面扮演关键角色。

2. 专业高效的 AI 硬件崭露头角

Groq 推出的 GroqChip™等新型硬件专为低延迟运行 AI 模型而设计，可能会重塑 AI 领域的版图，并对 RAG 的角色产生深远影响。GroqChip™旨在加速 AI、机器学习和高性能计算工作负载，减少数据传输以实现稳定低的延迟表现且无阻塞。这使得基于云端的 AI 变得更加普及且强大，有助于开发更为复杂的 AI 应用。凭借其专注的推理速度、高效的数据处理能力和确定性架构，这项技术能够实时生成文本、图像、音频乃至视频，有可能减少对本地 AI 硬件的依赖。

结合 RAG，Groq 的芯片可以帮助缓解大语言模型的一些限制，提供更快的相关信息访问速度，甚至减少对广泛上下文窗口的需求。快速高效地处理数据的能力还可以增强 RAG 的优势，如处理快速演变的知识和启用模块化架构。这种先进硬件和 RAG 技术的结合可以导致更强大、高效和适应性强的 AI 系统，这些系统可以更好地满足用户需求，同时保持信息过滤和增强的优势。更少的延迟意味着更好的用户体验，更好的用户体验通常会促使相关技术更快地被采用。

一旦该技术被证实可行，传统的硬件巨头如 NVIDIA、Intel 和 AMD 预计也将很快跟进推出相似产品。

3. 多模态成为主流趋势

近期，大语言模型领域的各大厂商纷纷转向多模态功能的研发。RAG 与多模态 AI 的

结合开启了AI系统在模仿人类理解和交互模式上的新篇章，有望彻底变革我们获取信息、制订决策和交流的方式，使AI更加贴近人类的自然思维习惯。超越单纯的文本和自然语言处理，RAG与多模态AI的融合提升了生成内容的相关性和精准度。例如，在教育软件中，它可以整合文本说明、图表展示、语音解说及互动模拟等多种形式的教学资源；在医疗健康领域，则能综合分析病历、患者历史资料和影像学结果，辅助诊疗决策；而在娱乐产业中，从电子游戏到虚拟现实，其创造沉浸式和互动体验的潜力巨大。

4. AI监管框架逐步形成

如同过往的技术革命一样，AI的飞速进步常常令政府和监管机构措手不及。这是一个充满无限可能性但也伴随着风险的新领域。预计不久之后，各国将更新法律法规，以确保AI的安全合理应用。欧盟率先出台《欧盟人工智能法案》（EU Artificial Intelligence Act, EU AI Act），为AI治理奠定了基础（更多信息请访问 https://artificialintelligenceact.eu）。

该法案依据风险等级对AI应用进行分类，对可能造成危害的应用采取严格管控甚至禁令，如未经同意的生物特征监控和社会评分系统。法案强调了透明度、责任追究以及对高风险AI应用的人类监督，同时强化了个人对AI决策的知情权和申诉权。EU AI Act确立了欧盟在全球AI治理中的领导地位，并可能像《通用数据保护条例》（general data protection regulation，GDPR）对全球数据隐私法规的影响那样，成为他国效仿的标杆。

鉴于此，我们在开发RAG解决方案时需要充分考虑法规变化的趋势。这意味着我们的应用需要具备足够的灵活性，以便在新规限制或禁用特定大语言模型时能够顺利迁移。为了最大限度满足合规要求并提升利益相关者的价值，我们应该致力于以下目标。

- 透明度：设计RAG系统时应注重透明性，确保用户能够了解AI模型的工作原理，包括所用数据来源、检索逻辑及潜在限制。
- 人类监督：针对高风险应用，除了进行全面评估，还需要设置人类监督和控制机制，以便在必要时介入并纠正AI决策。
- 数据隐私与安全：确保RAG工作流具备强大的数据保护措施，遵守数据保护规定，保障用户数据的安全存储与处理，并防范未授权的访问和滥用（https://en.wikipedia.org/wiki/Misuse_case）。

- **公平性与反歧视**：在设计 RAG 系统时应避免不公正的偏见，通过精心挑选数据源、检测偏见并采取措施消除 RAG 输出中的偏见。
- **责任制度**：从治理角度出发，RAG 应用应设有明确的责任机制，包括指定负责人员、建立审核和监控体系，并提供用户投诉渠道。
- **持续监控与改进**：对 RAG 工作流实行持续监控与评估，确保其持续按照预期运作并符合相关规定，定期检查系统性能，解决问题并更新组件以提高准确性和可靠性。
- **利益相关者参与**：建议开发者与用户、监管机构和社会组织等利益相关方保持沟通，收集反馈意见，并将其融入设计和开发流程中，确保系统既能满足需求又能符合伦理和法律规范。

通过遵循上述原则开发和部署 RAG 应用，我们可以确保所提供的解决方案不仅合规，而且可靠、有效，能够为客户带来真正的价值。

11.2.2　一段值得深思的哲理分享

最后，我想与你分享来自 NostaLab 创始人 John Nosta 撰写的一篇文章。作为一名专注于科技、科学与人性交汇点的前瞻观察者，Nosta 先生探讨了大语言模型对人类社会产生的一种微妙影响。以下是他的观点概要。

"大语言模型不仅积累了海量的知识，而且正逐步进化出接近乃至超越人类智慧的能力，从而悄然重塑我们的思考模式。随着这些模型在规模与复杂度上的不断扩展，它们仿佛成为'认知黑洞'，逐渐模糊了人类智能与机器智能之间的边界，预示着二者可能走向融合。Nosta 用'人类逃逸速度'这一生动的隐喻，形象地描绘了在人工智能时代维持人类独特性的挑战。这里的'逃逸速度'象征着我们借助 AI 增强认知、激发创造力并深化伦理判断。然而，随着大语言模型日益深入地融入我们的思维与行为之中，我们必须以审慎的态度探索这片新兴领域。为了构建一种既推动人类进步又促进机器共同发展的和谐共生关系，我们需要积极拥抱而非被动接受 AI 所带来的变革。大语言模型的应用不仅是 AI 领域的一次革命，它还促使我们重新审视智能、意识的本质，以及在这个数字宇宙中，人类究竟意味着什么。"

如果读者对上述观点感兴趣，不妨访问此链接阅读全文：https://www.psychologytoday.com/us/blog/the-digital-self/202403/llms-and-the-specter-of-the-cognitive-black-hole。

11.3　本章小结

这是一次对未来的鼓舞。虽然我们共度的学习旅程即将画上句号，但这不是终点，而是新探险的起点。当你开启这段充满激情的探索之旅时，或许会觉得前方充满挑战。然而，请记住，有志者事竟成。你从这本书中获得的知识和见解将成为宝贵的资源，帮助你在面对未来复杂多变的情景时更加从容不迫。这些理念和技术将是你坚实的基石，助力你在快速变化的人工智能世界里不断创新、成长。我希望在这段旅途中，你能始终拥有一颗好奇的心。

好奇心就像推动我们前行的燃料，促使我们提出问题、寻找答案，并勇于探索未知的世界。通过好奇心，我们可以发现新的可能性，挖掘隐藏的智慧，拓展已知的边界。

最重要的是，永远不要停止学习的步伐，因为追求知识是一条永无止境的道路。